"现代农业产业技术体系"专项(CARS-24)资助

中国食用菌产业发展问题研究

张俊飚 等/著

科学出版社

北京

内 容 简 介

食用菌产业是现代农业产业和农业循环经济发展中的重要组成部分。在中国农业资源日益稀缺、食物营养安全与产品供给保障压力不断增大的情况下，利用循环经济理论来分析和研究食用菌产业发展问题，对促进资源节约型和环境友好型农业发展，大力推进农业产业绿色转型意义重大。本书围绕食用菌产业发展中的生产、市场、贸易、资源环境与效益等一些关键问题，从宏观与微观的角度进行较为深入的系统分析，得出了许多有价值的研究结论并据此提出了许多有价值的建议。

本书可供农业经济管理相关专业研究人员、高等院校相关专业师生、政府相关部门工作人员与农产品生产企业及产业从业人员参考、阅读。

图书在版编目(CIP)数据

中国食用菌产业发展问题研究／张俊飚等著.—北京：科学出版社，2017.8

ISBN 978-7-03-054158-1

Ⅰ.①中… Ⅱ.①张… Ⅲ.①食用菌-产业发展-研究-中国 Ⅳ.①F326.13

中国版本图书馆 CIP 数据核字（2017）第 197191 号

责任编辑：林 剑／责任校对：彭 涛

责任印制：张 伟／封面设计：无极书装

科学出版社 出版

北京东黄城根北街 16 号

邮政编码：100717

http://www.sciencep.com

北京凌奇印刷有限责任公司 印刷

科学出版社发行 各地新华书店经销

*

2017 年 8 月第 一 版 开本：720×1000 B5

2017 年 8 月第一次印刷 印张：18 3/4

字数：368 000

POD定价： 109.00元

（如有印装质量问题，我社负责调换）

前　　言

作为循环经济发展中的特色产业，食用菌产业的兴起在居民食品消费结构调整、农村经济发展、农民就业增收及农业废弃物资源利用与农村生态环境保护等方面发挥了重要作用。近年来，在各级政府惠农政策的支持下，我国食用菌产业保持了持续健康发展，产量、产值及出口增长态势良好。据统计，2015 年全国食用菌产量达 3476.15 万 t、产值 2516.38 亿元，与 2014 年相比，产量增长 6.30%、产值增长 11.44%，成为农业领域成长性较好的重要产业。

在快速发展的过程中，食用菌产业也呈现一系列新的趋势与特点：一是产业空间区域布局不断调整优化，生产格局呈现“南菇北移”和“向中西部地区发展”之势；二是产业基地规模日益扩大，产值过千万元和上亿元的主产县之数量不断增多；三是生产组织化程度不断提高，已有超 4000 家食用菌专业合作社联合传统、分散的作坊式菇农进行标准化生产，生产及贸易的龙头企业数量不断增加，其中工厂化生产的规模企业近 500 家，主板上市企业 5 家；四是市场流通网络不断完善并互联互通，全国已形成了以各类食用菌批发市场为流通中心，以农民经纪人、专业合作社、运销商贩和加工企业为核心的流通网络体系。

虽然产业发展态势良好，但客观分析，影响产业健康持续发展的问题依然不少，如标准化、规范化的生产模式尚未完全形成，产业技术发展及技术效益提升的路途仍任重道远，贸易规模与贸易结构与食用菌大国强国的地位要求还存在较大距离。这就需要对食用菌产业经济及其发展问题开展长期和更加系统的研究工作，同时将理论分析与生产实践研究相结合，探讨并厘清产业发展的内在规律，以便为推进产业健康持续发展提供智力支持。

为此，作为国家食用菌产业技术体系产业经济研究室的负责人和产业经济岗位科学家，在农业部和体系首席科学家及办公室的领导和指导下，在各个岗位专家的大力帮助下，本人与团队成员一起，近年来围绕食用菌产业的生产发展、空间布局、市场供求、国际贸易、资源环境等方面，开展了一系列较为深入的研究工作，并形成了系统性的研究成果。为了让大家能够更加充分地了解这些成果，从而对我国食用菌产业经济的当前发展及内在规律有一个较为全面的了解和认识，特将食用菌产业技术体系产业经济研究室近年来所取得的一些研究成果分门别类地加以梳理并集结汇编，印刷出版，给正在专注于或今后有志于从事食用菌产业经济发展研究的专家学者及产业实践工作者以思路借鉴和理论参考。

本书能够顺利面世和出版，非常感谢农业部科技教育司廖西元司长、刘艳巡视员和徐利群处长以及对现代农业产业技术体系给予大量支持的相关部门及领导，他们为食用菌产业经济的研究提供了条件并创造了平台，同时也给予了许多亲切的指导；十分感谢国家食用菌产业技术体系内的技术专家和试验站站长，尤其是首席科学家张金霞研究员、中国工程院院士李玉教授，他们对产业经济的日常研究给予了大力支持并提供了许多有价值的建议，对研究思路的开拓起到了重要帮助作用；感谢食用菌产业经济研究室的各位同仁，他们不辞辛劳和艰苦，深入农村、农户和企业进行实地调研，相互配合并通力协作，使食用菌产业经济的研究工作得以有序开展，并取得些许成效。

本书在写作过程中参考了大量国内外各类文献资料，在此向所有著者致以最诚挚的谢意！受时间、精力及能力所限，本书中难免存在一些不足，亟待后续研究加强和完善，在此也恳请读者指评指正。

食用菌产业经济研究室主任　张俊飚

2017年3月

目　　录

1 产 业 发 展

1.1 中国食用菌新兴产业发展的战略思考与对策建议

食用菌产业是集高效农业、循环农业、低碳农业和可持续农业特征于一体的现代农业，是经济效益、社会效益和生态效益极其显著的新兴产业，担负着转化农林废弃物资源、增加蛋白质供给和增强食物安全保障能力的重要任务，其产业发展的战略地位不容小觑。培育与发展战略性新兴食用菌产业，是实现农业增效和农民增收的重要举措，也是改进农业供给侧结构、完善现代农业产业体系和推进农村经济快速发展的重要内容。自20世纪90年代以来，伴随着国际食用菌产业发展空间的转移和国内食用菌生产得天独厚的自然条件，在各级政府部门的重视和推动下，中国食用菌产业获得了良好发展，一举成为世界第一的食用菌生产大国。

1.1.1 中国食用菌产业发展现状

中国虽是世界第一的食用菌生产大国，但并不是食用菌产业强国，与发达国家相比，食用菌产业的经济效益和产业水平还存在一定的差距。因此，分析中国食用菌产业现状及特征，探索破解制约食用菌产业发展瓶颈的有效方法，提出科学合理的创新发展构想，对于增加食用菌产业科技含量，挖掘产业发展潜力，提高产业经济效益，实现产业战略性培育并促进其持续健康发展具有积极意义。

1.1.1.1 食用菌产业量值基本状况

改革开放尤其是自进入21世纪以来，我国食用菌产业呈现较快发展势头。据中国食用菌协会统计，就产量规模来看，我国食用菌产量到2003年突破1000万t，2009年增长至2020万t，2015年增长至3476.15万t；就产值规模来看，2001年我国食用菌产值达到314亿元，到2009年食用菌产值突破1000亿元，2015年产值达到2516.38亿元，食用菌产值年均增长幅度达16.0%。与此同时，食用菌产业的国际地位不断提高，自1988年以来我国一直保持着世界食用菌生产第一大国的地位，其中1994年我国食用菌总产量占世界总产量的53.8%，此后不断上升，到2015年，我国食用菌产量已经占到了世界总产量的75%以上。

1.1.1.2 食用菌品种结构及特征

从品种结构来看，我国食用菌种质资源丰富，不仅盛产香菇、平菇、双孢蘑菇、金针菇、草菇、黑木耳、毛木耳等大宗品种，而且培育与发展了银耳、滑菇、猴头菇、鸡腿菇、白灵菇、杏鲍菇、茶树菇、秀珍菇、姬松茸、白灵菇、真姬菇等一大批珍稀品种，此外，以灵芝、天麻、茯苓等为代表的药用菌品种及以松茸、牛肝菌、块菌、羊肚菌等为代表的野生食用菌品种也获得快速发展。当前我国食用菌品种结构呈现两大特征：一是以香菇、平茹等大宗品种为主导，以羊肚菌、猴头菇等珍稀食用菌、野生菌和药用菌快速发展为特征；二是以木腐菌为主，草腐菌为辅的特征。

1.1.1.3 食用菌产业优势区域布局及特征

随着食用菌品种结构调整和栽培资源结构变化，食用菌产业新兴板块优势区域不断发展，逐步形成了太行山南麓食用菌优势区、小兴安岭-长白山食用菌优势区、黄淮平原食用菌优势区、武夷山区食用菌优势区、湘南-桂北-南岭食用菌优势区、四川盆地食用菌优势区、秦巴山区食用菌优势区、西北潜在食用菌优势区等九大优势区域雏形，涵盖了全国 28 个省（自治区、直辖市）的近 300 个县（市、区），品种结构基本覆盖了全国各大宗品种、珍稀品种及野生食用菌品种。九大食用菌优势区域集食用菌菌种选育、标准化和规模化生产、保鲜加工、物流、销售于一体，构建并完善了全国范围内的食用菌产业体系。九大食用菌优势区域的食用菌量值规模及出口创汇额均占全国的 85% 左右，为转化农林废弃物资源、增加蛋白质供给和增强食物安全保障能力发挥了不可替代的作用。

1.1.1.4 食用菌产品出口创汇情况

食用菌产品成为弥补我国农产品贸易逆差的重要产品类别。统计数据显示：1992 年我国食用菌出口 13 万 t，此后，尤其是 21 世纪以来，我国食用菌产品出口量值规模不断增长，据联合国商品贸易数据库数据显示，2015 年中国食用菌出口量达到了 62 万 t，出口创汇 52. 6 亿美元，而同期进口仅为 0. 13 亿美元，有效弥补了我国农产品贸易逆差。伴随着食用菌产业的持续、快速发展，形成了一批以福建古田和漳州，浙江龙泉、庆元、景宁和磐安，河南西峡，湖北随州，河北平泉，山东莘县、邹城及四川大邑和金堂等为基础的和具有国际竞争力的出口基地；在品种结构上形成了，双孢蘑菇以罐头产品为主，香菇以干、鲜香菇为主，木耳以压缩加工品为主，野生菌类以松茸、牛肝菌、羊肚菌、块菌为主的产品结构。

1.1.2 食用菌新兴产业培育与发展的战略意义

食用菌产业具有“不与农争时，不与人争粮，不与粮争地，不与地争肥”的特点，而且“占地少、用水少、投资小、见效快”，可以把大量的农林废弃物转化为可供人类食用的优质蛋白和健康食品，是现代农业产业链条的延伸与生态农业的重要组成部分，在实现农业废物资源转化、推进生态循环经济发展、支撑国家食物安全、引领健康饮食消费及促进社会主义新农村建设方面具有不可替代的战略意义。

1.1.2.1 实现农业废弃物资源转化

食用菌产业具有很强的特殊性，是在利用和转化动植物废弃物的过程中形成自己的产品，以满足人们的消费需求。根据统计数据估算，每年由于农业生产而产生的农业废弃物达到30亿t，由于其处理方式不当、管理绩效较低，已导致严重的“农业立体污染”，主要包括畜禽粪便导致的农业水体污染，农作物秸秆随意堆弃引致的农业面源污染，作物秸秆燃烧引致的农村大气污染。促进食用菌产业的持续健康发展，可以实现农业废弃物资源的有效转化利用，调查数据显示：每吨鲜蘑菇可以转化利用1.5t的农作物秸秆，按照当前国内食用菌产业的量值规模，每年大约可以转化4242万t的农作物秸秆及畜禽粪便等农业废弃物，从而有效地缓解了由于不当处置农业废弃物而带来的农村环境污染问题。

1.1.2.2 推进循环农业经济发展

发展循环农业经济成为当前我国农业现代化建设的重要方向与趋势，食用菌产业的迅速崛起迎合了当前生态文明建设的契机。在我国科技人员和广大菇农的努力下，逐步摸索成功利用木屑、稻（麦）草、玉米芯、玉米秸、豆秸、棉籽壳、油菜秆等农林有机废料代替段木进行食用菌栽培，有效缓解了产业发展与林木资源的矛盾，还缩短了生产周期，提高了农林废弃物资源的利用率。据测算，我国栽培食用菌每年要消耗4000多万t的农业废弃物资源，实现了动物生产（养殖业）与植物生产（种植业）之间物能循环转化。构建完善以食用菌产业为核心，以农业废弃物循环利用的技术体系、物流体系、加工体系等为产业联动效应的生态循环经济发展模式，符合生态循环经济发展的内在要求与基本理念，是生态循环农业经济发展的实践举措，具有重要的生态战略意义。

1.1.2.3 支撑国家食物与粮食安全

随着人们对生态环境质量需求的增强与生态环境的恶化，国家大力实施“退耕还林、退耕还草、退耕还湖”的生态重建政策，确立了以粮食换生态的发展方略。但与此同时，我国又将面临着资源与食物短缺，蛋白质供给不足等食物与粮食安全的重大问题。根据2009年《全国新增1000亿斤粮食生产能力规划（2009—2020年）》，我国秸秆的产量还将增加600亿kg，即秸秆总量将达到7600亿kg，除了满足生活燃料（约40%）、畜禽养殖（约30%）外，剩余的30%约合2280亿kg可以用于食用菌生产，按照50%的生物学效率计算，即可生产食用菌1140亿kg，按照食用菌蛋白质含量19%～35%计算，可以转化为216.6亿～399亿kg蛋白质，433.2亿～798亿kg瘦肉、649.8亿～1197亿kg鸡蛋、2539.9亿～4788亿kg牛奶，能够在国家食物安全与粮食安全体系发挥重要的作用。

1.1.2.4 引领健康饮食文化

随着经济发展和国民收入分配结构的不断优化，居民健康饮食理念不断增强，健康饮食文化逐渐兴起，食用菌的保健功能和营养价值逐渐得到居民认同。据相关数据显示，食用菌产品含有26%的粗蛋白，8%的脂肪、56%的碳水化合物、9%的膳食纤维及1%的矿物质，具有高蛋白、低脂肪、低热量、低胆固醇的特点，富含人体所需多种氨基酸和微量元素，具有调节机体免疫水平，缓解亚健康，提高健康水平等功效，被誉为21世纪的保健食品，满足联合国粮食及农业组织（FAO）倡导的“一荤一素一菇”的科学饮食结构。随着食用菌产业的发展与健康饮食文化的兴起，在中华菌文化节的引导下，食用菌健康饮食文化将逐步发育与成长。

1.1.2.5 促进新农村建设目标的实现

食用菌产业发展符合社会主义新农村建设“生产发展、生活宽裕、乡风文明、村容整洁、管理民主”的目标，具有显著的经济、社会与生态效益。据调研数据显示，食用菌每亩①净产值约2.85万元，是大棚西红柿亩净产值的3.8倍，是棉花亩净产值的29.4倍，是玉米纯收益的53.8倍，是优质小麦的67.1倍。目前，全国在食用菌生产行业中的从业人员超过了2000万人，有效缓解了农村剩余劳动力转移的压力，社会效益显著；食用菌生产地区的农业立体环境（耕地质量、水环境质量、空气质量）明显优于一般地区，生态效益显著。此外，食用菌产业具有“不与人争地、不与粮争地、不与地争肥、不与农争时、不与其他行业争资源”的特点，有力地促进了社会主义新农村建设目标的实现。

① 1亩≈666.7m²。

1.1.3 中国食用菌新兴产业发展的阻碍因素

在政府部门的重视、推动下，虽然我国食用菌产业获得了显著成效，但要进一步做大做强食用菌产业，凸显其战略意义并实现规模化效应，还存在以下几个方面需引起高度重视的障碍因素。

一是生产规模小，机械化水平低，食用菌产业战略作用规模化受阻。当前我国食用菌生产以小规模家庭作坊式的粗放型生产模式为主，种植户的素质和生产条件参差不齐，技术水平较低，承受自然风险和市场风险的能力弱，并且以木腐菌为主的生产结构消耗了大量的森林资源。据统计，2009 年菌农采用大棚种植的食用菌产量占总产量的98.8%；只有 1.2% 来自于工厂化种植。而到 2012 年，食用菌工厂化企业虽然得到了大幅度发展，但具有规模效用和品牌意识的企业数量仍然偏少，日产量小于 5t 的企业数量占据多数。

二是资源培育、环境保护和产业品种结构的协调发展问题，导致生态循环经济发展受阻。一方面，当前我国食用菌品种结构以木腐菌为主、草腐菌为辅，伴随着食用菌规模的快速扩大，中国每年有超过 400 万 m^3 的木材被用于食用菌生产，但是由于阔叶树资源紧缺，培植周期长，菌业的迅猛发展致使主产县阔叶林资源锐减，造成很多木腐菌生产主产区开始出现林木资源的需求与生态环境资源保护之间的矛盾，也影响了菌业的生态、循环和可持续发展。另一方面，随着人类对食用菌认识的提高，对某些具有特殊功能的食用菌或者药用菌，如冬虫夏草等存在过量采挖，导致种质资源的匮乏。而因林木资源快速利用导致的生态失衡，也对菌类种质资源的生存环境产生一定的破坏作用，导致珍稀菌类的种质资源濒临灭绝。

三是缺乏具有自主知识产权的满足工厂化生产的菌种。由于政策、资金和人力等方面的投入不足，中国对野生食用菌种质资源的调查、采集、保藏和开发利用滞后于产业发展需要，造成食用菌种质资源丰度低、遗传基础差，难以选育出适合规模化、工厂化发展需要和具有自主知识产权、高生产潜力的菌种。以双孢蘑菇为例，由于菌种和栽培设施限制，中国每平方米的产量只能够达到 10～20kg，而国际平均产量可以达到 50kg，最高可达到 80kg。此外，由于缺乏对食用菌的基础研究，尽管中国是食用菌资源大国，但是在生产上却只能使用国外的品种，缺乏对育种需要的野生种质资源、栽培种类的基本遗传学和生理学的系统研究，对菌种质量评价、菌种专业生产工艺技术、出菇期的发育调控机理和技术，以及专用设施设备方面的研究成果也极其短缺，因此在国际市场上显得极为被动。

四是以初级产品生产和市场化为主，产业链条短，产业横向与纵向延伸不足。当前国内食用菌产品主要以鲜销（如侧耳属类、金针菇等）、干制（如木耳、香菇等）、盐渍（如双孢蘑菇等）、速冻等初级加工方式为主，产业横向与纵向延伸不足，在可以延伸链条的精深加工领域中产品过少，特别是许多具有特殊保健功能的食用菌加工产品，生产开发程度明显不足。此外，品种研制、栽培种培育、原材料供应和基质规模化生产等链条节点上投入短缺，极大程度地降低了食用菌产业战略作用。

五是缺乏有利于食用菌战略新兴产业培育与发展的政策支持。食用菌产业的发展与战略作用的凸显离不开政策环境与激励机制，虽然食用菌产业存在众多优势，但是与传统大农业相比，惠农的相关政策不足，导致中国缺乏对食用菌产业发展规律的系统、科学研究，产业通用技术和基础技术研究几乎处于空白状态，技术储备十分薄弱，在产业链条上的技术研发、专业化生产、育种研究、菌种生产工艺及栽培设备设施研发等方面也没有形成完全的精准化、专业化的技术模式，再加上学科建设不系统，人才培养机制不健全，我国食用菌产业总体处于经验性生产阶段。

1.1.4 中国食用菌新兴产业培育与发展的战略思考

立足我国食用菌产业的战略意义及战略作用凸显的障碍因素，我国食用菌战略性新兴产业培育与发展需要遵循产业优势与特色并重、整体发展与重点培育并重、产业规划与布局协调并重、产业集聚效应与规模效应并重的原则，立足食用菌产业发展的特点，以现代化工业企业管理思想和技术体系为指引，面向生态循环经济发展、食物与粮食安全、健康消费引领等重大战略，积极探索食用菌产业发展规律，发挥食用菌产业培育与发展相关主体作用，加大政策扶持，深化产业升级，营造良好环境，强化产业科技创新成果转化，抢占产业技术制高点，推动食用菌新兴产业快速健康发展。

1.1.4.1 加强科技创新，提高产业技术创新能力

由于缺乏对食用菌产业发展规律的系统、科学研究，产业通用技术和基础技术研究几乎处于空白状态，技术储备严重不足，支撑产业健康发展的技术支撑能力明显偏弱。为此，必须从以下几个方面加大科技创新：一是加强科学研发和技术改进，提高技术创新能力，实现食用菌生产的优质高产。推进科技体制改革和运行机制创新，增加对食用菌科研工作的财政投入，逐步完善食用菌专业学科建设与人才培养机制，推进我国食用菌科研的技术创新能力，以强化产业发展的技术储备，实现食用菌产业由经验性生产阶段向技术性生产阶段的转变。二是培育新型替代原料，扩大生产资源及循环利用，抢占颠覆性技术制高点。降低现有资

源消耗、培育新型替代原料资源，是凸显食用菌产业战略意义及促进产业健康持续发展的必由之路。要在木腐菌草腐化技术的研发上加大力度，以提高农作物秸秆、畜禽粪便等废弃物原料的转化利用效率，占领食用菌产业发展颠覆性技术制高点，彰显产业发展的生态战略作用；同时，要切实推进菌糠生物炭转化技术研发，实现食用菌清洁生产和减少生态环境污染。三是积极推进工厂化专用生产机械的研发。工厂化、机械化生产是未来食用菌产业发展的必然趋势，也是实现食用菌产业战略作用规模化的重要手段，积极推进工厂化生产的专用机械研发，利用新型科技成果和工业化装备来武装食用菌产业，逐步提高食用菌产业综合生产能力，为食用菌产业的可持续发展奠定良好的技术装备基础。

1.1.4.2 构建资源、环境和产业协调发展的运作机制

食用菌产业的战略性体现在资源培育、环境保护与产业发展的深度融合与协同创新。当前我国食用菌产业发展面临着产业与资源环境的矛盾，积极构建产业发展与资源环境协调的产业化模式与运作机制，有利于推进产业战略作用的规模化实现。一方面，以生态循环经济发展为契机，构建以食用菌产业为核心，现代化循环经济生态园为载体，以专业化人才队伍与先进适用技术为支撑体系的资源环境与产业协调发展的产业化创新模式，实现以植物生产和动物生产为主的传统“二元”农业经济发展模式向实现包含生态链、能量链、食物链和产业链的“四链”有机结合的、稳定的“三元”生态循环经济发展新模式的转变。另一方面，创新并完善食用菌新兴产业市场运营的体制机制。市场经济条件下，食用菌新兴产业的市场化运行机制及体系建设是我国食用菌产业培育与发展的重要组成部分，也是实现资源培育、环境保护与产业协调发展的薄弱环节。为有效促进食用菌生产经营由分散无序逐渐走向集中规范，未来一段时间内，必须立足于食用菌新兴产业发展的现实需要，创新并不断完善食用菌新兴产业市场运行机制。一是创建以 DIY 体验式参与为特色的“Mushroom Mall”食用菌商业运营新模式，宣传推介食用菌优势特色产品，发展食用菌展销与会展经济，着力打造并提升食用菌新兴产业的文化寓意与品位。二是积极探索并不断完善食用菌拍卖交易新模式，制定相应的鼓励发展政策，选择具备条件的地区，有计划地建立食用菌拍卖市场，逐步推动拍卖交易成为食用菌商业流通的重要交易方式。三是以培育食用菌龙头企业发展为重点，推动有条件的食用菌龙头企业挂牌上市，壮大并提升食用菌新兴产业大生产、大流通的组织规模。

1.1.4.3 确立有利于食用菌新兴产业体系发展的政策支持

(1) 强化食用菌产业财政政策支持，构建与完善多元投融资体系

一是实施食用菌良种和农机补贴政策。依据惠农政策要求，将食用菌生产纳

入农业生产政策支持体系的范畴之内，制定和实施食用菌良种补贴和农机补贴政策，并向栽培设施补贴延伸，扩大食用菌补贴规模和补贴范围。二是实施食用菌龙头企业专项补贴政策。对带动食用菌良种繁育、专业化生产、工厂化生产和采用资源节约型技术的食用菌龙头企业，应给予财政专项扶持。三是实施食用菌技术推广支持政策。加大食用菌新型栽培技术推广资金支持力度，重点用于对配套技术的试验、示范和推广应用及对菇农的科技培训工作，促使良种良法配套，进一步提高配套技术的入户率和到位率，强化新技术、新品种的集成创新。四是建立食用菌产业风险补偿基金。联合农业银行、农业发展银行和农村信用合作联社等金融机构，面向菇农发放贴息贷款或低息贷款，有条件的地区可向菇农发放生产补助或开展食用菌种植保险等，降低菇农经营风险。五是加大对食用菌产业发展的财税金融支持力度。要在充分发挥中央财政资金引导作用、国家税收政策激励作用和多层次资本市场支撑作用的同时，逐步建立健全相关政策支持体系，创新支持方式，以加大财税金融对食用菌产业发展的支持力度。

（2）加强支撑食用菌新兴产业发展的基础设施建设力度

加大批发市场、绿色通道、信息网络和冷链物流等事关食用菌产业发展的基础设施建设力度。一是各地政府要继续施行“绿色通道”政策，在保持道路设施逐步完善的基础上，适时扩大“绿色通道”总里程，为食用菌产品顺利销售提供流通保障。二是原产地政府要充分发挥服务型政府的作用，加强信息网络建设，提供食用菌市场信息服务，增强产销地之间的联系沟通，保持信息畅通准确，确保生产者与消费者的有效对接和利益共享。三是鼓励和发展农产品物流业，尤其是冷链物流产业，不断延伸市场销售半径，使食用菌这种生鲜易腐品快速保质地送达到销地市场，扩大各地市场的可选择范围。四是建设食用菌产品批发市场体系。在食用菌主要产区和集散地，分层次抓好一批地方性、区域性的食用菌批发市场建设，打造具有较强辐射功能的专业性批发市场，改造升级传统批发市场，重点培育一批综合性产品交易市场，优化农产品批发市场网络布局，形成以大型综合批发市场为龙头、源产地批发市场为核心、专供出口食用菌产品交易市场为补充的多层次、多种所有制结构共同发展的食用菌产品批发市场体系。五是建立从上到下的覆盖全国食用菌主产区的食用菌产品质量检测机构，建立健全食用菌产品质量安全监管体系，加强监管队伍建设，努力提高服务质量与服务水平的基础设施支撑。

（3）构建食用菌产业生态安全和产品质量安全的政策支持体系

食用菌产业的生态战略和食物安全战略意义巨大，必须加大构建以生态安全和食物安全为核心的政策支持体系。一是，开展法规宣传，使食用菌产品质量安全观念深入人心。通过开展农业技术培训、农业法制宣传月等活动，采取办培训班、制作电视专题片、开通电台热线、举办现场咨询会等形式，广泛深入开展《农产品质量安全法》《循环经济促进法》等法律法规宣传，努力使食用菌产品质量安全法律法规进村入企，家喻户晓。二是，积极推进全流程标准化生产。实现食用菌产业的生态安全与食物安全战略目标，标准化生产是关键，在提高人们认识的同时，狠抓优质食用菌产品生产基地建设，加大产品标准化生产技术推广力度，大力兴办食用菌标准化生产技术示范区，推广食用菌标准化生产。三是，强化食用菌生产投入品监管。围绕保障与支撑食用菌产品的食物安全战略目标，在生产过程中，要强化对农药、菌种、肥料、基质等农业投入品的使用监管，提高从业人员和生产经营者的责任意识，严厉查处和打击生产、销售和使用高毒农药行为，引导经营户实行进货检查验收制度并建立购销台账。四是，实施食用菌产品市场准入制度，并逐步完善产品质量检测体系。推进食用菌产品生产基地质量安全检测站点建设，构建统一的市场准入制度，并建立与完善以产品质量安全追溯为目的的农产品信息数据库。同时建立健全食用菌产品质量安全监管体系，加强监管队伍建设，不断强化农产品质量安全抽检力度，扩大抽检范围，提高抽检频率，全方位保障食用菌产品和食物安全战略目标实现。

（4）扶持龙头企业，提升食用菌产品精深加工水平，延伸产业链条

食用菌产品加工企业规模偏小、精深加工水平低、产业链条短、加工转化率不高是影响我国食用菌产业发展水平提升的重要因素。一是要加大资源整合，通过资产重组和结构调整，以市场前景好、科技含量高、辐射带动力强的食用菌产品加工企业为主体，将“散、小、弱”的企业整合为大型企业（集团），实行跨行业、跨地区和集团化经营，推进食用菌工厂化发展。二是要建立龙头企业发展的长效机制，加大资金支持力度。各级政府要将食用菌产品精深加工纳入战略规划中，加大对食用菌产品精深加工企业的扶持力度。三是要按照“公司+基地+农户”的农业产业化经营模式，整合力量，突出重点，搞好企业与基地对接，不断壮大龙头企业。四是要利用新型科技成果和工业化装备来武装龙头企业，逐步改变食用菌产品精深加工环节技术与工艺薄弱、产业链条短的现状，不断提高食用菌产品加工转化率。五是要围绕食用菌产品的深精加工和多层增值环节发展薄弱的状况，全方位、多层次地加大招商引资力度，借用外商的技术与资本优势，加快壮大食用菌产品加工业。

（5）构建与完善食用菌产业发展的学科体系和人才培养与激励机制

良好的学科体系和完善的人才培养机制可以强化食用菌专业人才队伍储备，是实现食用菌产业持续健康的根本保障。食用菌专业学科系统建设程度不够乃至缺乏建设，人才培养机制不健全严重阻碍了食用菌产业的未来发展。一是抓住西方发达国家经济发展低迷所引发的人才流动与重组的难得机遇，制定专门政策，大力引进食用菌领域领军人才，充实和提高现有的尖端人才队伍。二是重视现有食用菌产业科技人才的培养和使用，通过营造敢为人先、争创一流的创新环境，打造一支既能攀登食用菌科技高峰，又能面向食用菌新兴产业主战场的复合型人才队伍。三是构建与完善食用菌专业学科系统和人才培养机制。调整优化食用菌教育领域的专业设置与培养方案，结合食用菌新兴产业发展的现实需要，突出现代食用菌教育在专业设置中的重要地位，使专业教育与社会需求相匹配，培养适应食用菌新兴产业发展要求的专业技术人才。四是完善食用菌科技人才的考评与激励机制，开展以岗位要求为基础、社会化的科技人员评价工作，通过分配、产权、社会价值激励等多种方式，充分调动科技人才献身食用菌新兴产业发展的积极性。

（张俊飚　李　鹏）

1.2　基于循环经济的我国食用菌产业可持续发展研究

食用菌营养丰富、味道鲜美，其具有高蛋白低脂肪的特点，被联合国粮食及农业组织誉为“21 世纪的健康食品”，是人们公认的理想食品，越来越受到消费者的青睐，消费需求日益旺盛。随着食用菌的生产数量和规模不断扩大，我国食用菌产业也迅猛发展，除了有效改善国民的膳食结构外，也促进了农村经济的发展。2015 年我国食用菌产量达到 3476 多万 t，为世界产量第一，占全球食用菌产量的 3/4 以上。然而，我国食用菌产业在快速发展的同时，也存在着许多问题，如缺乏相关扶持和监管政策、生态资源利用效率较低、农药残留等，因此，基于循环经济视角，找到食用菌产业绿色发展和可持续发展的途径，解决在食用菌产业发展过程中出现的问题，是目前食用菌产业迫切需要解决的关键点，也将有效促使我国食用菌产业走绿色可持续的健康发展道路。

1.2.1　我国食用菌产业发展现状

食用菌产业是农业生产的重要组成部分，其地位在人类生活和世界经济中不断提高，也引起了全世界的广泛关注。改革开放后，我国食用菌产业迅猛发展，现已基本完成了数量上的扩张，成为世界上最大的食用菌生产国和出口国，食用菌已经成为了我国重要的经济作物和创汇作物。

据中国食用菌协会统计，2015 年全国食用菌总产量达到 3476. 15 万 t，较 2014 年的 3270. 1 万 t 增长了 6. 3%；产值达到 2516. 38 亿元，较 2014 年的 2258. 1 亿元增长了 11. 44%。出口量也继续增加，联合国商品贸易统计数据库（UN COMTRADF）显示，2015 年中国食用菌产品出口量达到 62 万 t，出口创汇

52.6亿美元。随着我国经济的发展，民众的生活水平不断提高，居民的消费能力逐步增强，对食品的安全性也更加重视，营养健康的食用菌产品越来越受到大家的青睐，其需求和销量都在不断增加。目前，食用菌已成为我国仅次于粮、果、菜的第四大作物。

我国食用菌品种丰富，经过多年的培育和发展，平菇、金针菇、双孢蘑菇、黑木耳等传统品种在继续保持优势的同时，冬虫夏草、灵芝等珍稀品种也逐步推广，其因极高的药用价值被人们接受和使用。

食用菌生产是一种非耕地生产，可循环利用农业生产性废弃物，加之其市场潜力大、经济效益高，极大地推动了我国建设和发展资源节约型和环境友好型农业的发展步伐。但是，随着食用菌生产规模的不断扩大，部分生产者为了追求短期经济效益，大量砍伐森林，破坏植被，引起了不可逆转的自然灾害。有些地区由于生产后剩下的大量菌渣、塑料菌包无法处理，加重了水土资源的污染，直接影响了农作物和食用菌的正常生产。加之我国政府对食用菌产业发展的管理尚有不足，产业资源化利用率低、标准化体系不够完善、生产经营方式粗放、市场信息化程度不高、科研创新不足等，我国食用菌产业的绿色可持续发展也困难重重，因此，探讨如何促进我国食用菌产业绿色可持续发展十分有必要，且对我国食用菌产业未来发展有一定的指导意义。

1.2.2 我国食用菌产业可持续发展的必要性

1.2.2.1 我国食用菌产业可持续发展的必要性

可持续发展是个涉及经济、社会、文化、技术、自然资源与环境的综合概念，它以资源环境的可持续发展为基础，以经济可持续发展为前提，以实现社会可持续发展为目标；可持续发展的目的是发展，关键是可持续。食用菌产业可持续发展是一个动态过程，它的主要含义是食用菌产业在保障其经济效益的稳步增长的同时，重视生产和安全保障性，发展农村经济，增加农民收入，满足经济增长和社会发展的要求，同时合理持续地利用自然资源，保持和改善农业生态环境，实现经济、社会、生态三大系统的协调发展。

改革开放以来，我国社会经济发展取得了巨大成就，但长期以来制约发展的资源环境约束依然普遍存在，在发展中暴露出的地区差异、“人口-资源-环境”系统失调、生态环境承载力较弱等问题仍未根本解决。在这样的形势下，绿色发展引起了国家的高度重视，党的十八大明确提出要“着力推进绿色发展、循环发展、低碳发展，形成节约资源和保护环境的空间格局、产业结构、生产方式、生活方式，从源头上扭转生态环境恶化趋势，为人民创造良好生产生活环境，为全球生态安全做出贡献”。2015 年 10 月召开的中共十八届五中全会更是将“建设生态文明，坚持绿色发展，推进美丽中国建设”确定为中国国民经济社会长期发展中的一项重大任务。我国食用菌产业在快速发展的同时，也存在资源环境方面的矛盾，与我国绿色发展和可持续发展的发展方向不符。因此，不仅要关注食用菌产业为我国带来的经济效益，也要重视其生态效益。

1.2.2.2 我国食用菌产业循环发展的必要性

我国食用菌产业经过多年发展，各地依据本地区自然资源、环境条件和食用菌生产技术的推广程度等因素，运用了不同的栽培方式及相关品种进行生产种植，并逐渐形成了一定规模。随着食用菌产业的快速发展，菇农对生产原料的需求也在不断增加，而食用菌品种大多以木腐菌为主，生产者为了追求短期的经济效益，必定会扩大食用菌生产，因此对林木资源的需求也急剧增加，将会导致菌料提供者大肆砍伐森林，从而破坏森林植被，加快了林木资源的消耗速度。

更为重要的是，伴随着生产规模的不断扩大，食用菌生产过后产生的废弃物也随之增多，这些废弃物的随意排放与不当处置，必然加重了对生态环境的污染，严重影响了农村正常的生产和生活，甚至因为乱扔乱丢，对出菇场造成杂菌污染，导致出菇率低，影响食用菌的产出，从而制约了食用菌产业的发展。而环境污染、产量减少这些问题，单靠农户或者市场行为是无法解决的，由此也会造成食用菌产业经济效益下滑。为此，必须要同时兼顾经济效益和生态效益两个目标，运用循环经济的理念来指导食用菌生产，从而实现环境与经济的共同发展。

1.2.3 我国食用菌产业发展中存在的问题

1.2.3.1 政府政策尚不完善，法律执行力度不够

近年来，我国各级政府一直把发展循环农业、增加农民收入作为农业工作的重点来抓，有的地方政府虽然认识到了食用菌循环经济发展的巨大潜力，但是在规划和实施中，往往只注重食用菌生产本身创造的经济效益，忽视了食用菌产业在大农业生态循环中所能够发挥的巨大作用，既没有实现资源的循环化高效利用，又不能享受循环经济所带来的多重效益。我国在重视产业发展的过程中，有关食用菌产业发展的相关法律法规尚不完善，执法机构在执法过程中也难以找到相关的执法依据，不利于原产地、知识产权等的立法保障政策实施。

1.2.3.2 生产资源利用率低，野生资源破坏严重

食用菌产业通过栽培各种菇菌，把人类不能直接利用的资源转化为优质健康食品，是生态环保型的农业产业。在我国现阶段的食用菌生产中，已对食用菌生产过程中产生的农业废弃物有一定的利用，但总体来说，产业的发展定位仍立足于经济效益，忽略了生态效益与社会效益，使得资源破坏现象突出，不利于可持续发展。许多地区的食用菌生产仍然处于“先污染，后治理”的阶段，生产资源利用率仍然比较低。我国野生食用菌资源被破坏的问题也十分严重，对野生菌资源保护和永续利用意识淡漠，导致了大量野生菌资源遭到掠夺性采摘，甚至大量被贱卖。农户对野生菌不分时节、大小和品种的过度滥采，对野生资源造成了不可估量的破坏。

1.2.3.3 农药残留成分较多，食品安全意识较弱

一些生产者在种植和培育食用菌的过程中，为了降低生产中病虫害发生的风险，大量使用一些毒性较大的化学药剂，这些防治病虫的化学药剂在发挥杀菌、杀虫作用的同时，也会残留在食用菌内，结果通过食物链化学药剂残留会危害人体，对人体健康造成危害。国际市场对优质健康食用菌产品的需求越来越高，对其质量标准也越来越严格，面对国际上不断高筑的技术性贸易壁垒，我国频频曝出的农药残留超标等食品安全事件对食用菌产品产生了负面的影响。当前，“绿色壁垒”已成为阻碍我国食用菌出口的重要影响因素，食品安全问题给我国食用菌出口造成了不必要的损失。

1.2.3.4 生产规模小而分散，生产经营方式粗放

目前，我国食用菌主要生产方式仍以单户分散型生产农户为主，其生产食用菌的方式还停留在朴素、原始的手工作业水平。食用菌生产的主体仍然是家庭分散型、小规模粗放型的生产方式，由于技术、环境、品种等因素的制约，这种家庭分散型生产经营食用菌的方式存在许多问题，这种生产方式在短期内还很难改变。尽管投资成本低，但家庭分散型生产者承受自然风险能力弱，承受市场风险的能力更弱，不利于食用菌的产业化和可持续发展。

1.2.3.5 市场信息化程度低，行业组织自律性差

我国菇农多是简单生产及农贸集市交易的主体，并未真正成为市场的主体，无法参与市场的直接竞争，更无能力去抵御市场风险和利益侵害。一些食用菌产地因信息不畅影响物流，进而影响效益的事例很多，食用菌产业存在信息流、物

流、生产、销售与需求脱节的现状。这就要求食用菌的信息渠道完备、流通渠道合理和市场信息全面，从而构建食用菌“产、供、销”的一条龙。分散的菇农在一体化的生产体系市场竞争中，始终处于弱势，个体间的无序竞争，使得行业组织自律性差，大多数食用菌龙头企业是以销售为主的贸易型企业，与菇农仅仅是购销关系，目前与菇农联结过程中又出现许多难以解决的困难与矛盾，难以做到统一要求及标准化生产，企业培育优势品牌举步维艰。

1.2.3.6 科技创新投入欠缺，专项人才后备不足

随着我国食用菌产业的快速发展，新品种、新技术、新工艺、新农药等作为产业升级的技术支撑显得越来越重要。虽然我国各食用菌科研机构及大型食用菌公司等科研部门在新品种筛选、技术推广等方面取得了一定的成绩，但由于科研资金投入不足，在食用菌产业发展急需的一些科研攻关项目上，还存在规模小、重复研究、科研和生产不能很好结合等不足。全国大专院校、高职院校设置的食用菌相关专业非常少，致使有食用菌专业背景知识的学生和人才少之又少，现在食用菌产业的技术人员出现一定的空缺，而学生由于经验不足和基础相对薄弱导致其一时还不能迅速在食用菌科技的研发中发挥很大作用，这在一定程度上也制约了食用菌产业的发展。

1.2.4 我国食用菌产业可持续发展对策

1.2.4.1 加强产业制度建设，制定相应扶持政策

产业发展要重视保障政策的制定，积极推进国家立法进程，强化对食用菌产业发展过程中的知识产权保护力度，规范产业市场规则，营造优良的产业发展空间与氛围。逐步构建与完善监管机制，优化食用菌产业的市场环境；同时，注重产业组织机制与主体利益协调机制的建设，并形成发展合力，促进新技术的应用推广和产业的可持续发展。在扶持政策方面，政府要重点支持食用菌产业的利益机制、风险保障机制和积累发展机制的构建；同时，出台一系列的优惠政策，扶持食用菌可持续循环生产的重点农户，起到示范带头效果。还要加大对食用菌产业龙头企业的扶持力度，鼓励食用菌龙头企业集约化处理食用菌菌渣，降低种植的生产成本，提高食用菌产品的市场竞争力。

1.2.4.2 大力保护野生资源，探索产业循环模式

随着食用菌产业的发展壮大，其对原料资源的需求量也在不断增加。一方面，应加强现有森林资源的保护，严格按照新增林木保有量审批用材指标，保障

森林生态环境能够及时得到恢复与改善。同时，加强对林木替代资源的技术研发，提高当前食用菌栽培过程中农作物秸秆等替代原料的利用效率，以提高食用菌的生物转化率，缓解林木资源压力。另一方面，要探索新型农业循环模式，提高食用菌废弃物利用率。可以根据食用菌与农作物生态互补互促的关系，利用食用菌、农作物季节性生产的特点，合理规划休闲的空间和时间，达到一年四季增产增收的效果。

1.2.4.3 规范行业安全标准，建立质检标准体系

加快实施食用菌标准化进程，是提高食用菌产品质量安全的根本措施。政府必须加大改革力度，快速推进标准的制定工作，建立产品质量的监测机制，以食用菌标准化生产基地、批发市场、生产加工企业、零售店为主要对象，开展流通领域食用菌产品质量不定期抽检，把控食用菌产品质量安全动态；强化食用菌生产标准意识，加大相关标准的宣传力度，将农产品标准化渗透到农业产业化的全过程，从源头上解决食用菌产品的“农残”问题，保障食用菌产业的稳步持续发展，有效应对发达国家对我国实施的“绿色壁垒”。同时，需要提高食用菌基地的管理水平和产品质量安全水平，探索“基地化、集约化、规模化、高档化”的食用菌生产新模式，引导基地或食用菌产品品质的相关认证，实现食用菌生产从粗放的数量增产型向集约化的质量效益型转变，提高产品档次和市场竞争力，以便有效消除国际贸易中的技术壁垒。

1.2.4.4 提升市场集散功能，转变生产经营方式

增强食用菌市场辐射功能，保证流通渠道畅通，提高集散能力，稳步提升食用菌成交量，扶持市场经营大户，充分发挥市场服务功能，加强食用菌营销宣传力度，尤其要重视龙头企业带动作用。一方面充分发挥现代商贸流通链整合作用，大力提升商贸聚集与扩散功能。另一方面，转变传统落后的生产经营方式，促成生产流程化、专业化，生产手段科学化、效率化，实现生产自动化、经营管理网络化，促进食用菌产品的深加工和精加工，延长产业链，提升食用菌市场营销能力和国内外影响力。充分发挥菇品集散、冷藏储运、交易结算、休闲购物等功能，完备的食用菌市场必将加快国内食用菌产业转型升级。

1.2.4.5 建立信息服务网络，营造良好营销秩序

要加快网络基础设施的建设步伐，积极推进涉菌企业信息化建设，通过政府引导及政府信息化带动作用，提高涉菌企业信息化水平。开发和利用好各类食用

菌公共信息资源，提高信息资源的经济价值与效益，推动食用菌信息化进程。同时，做好市场监管，通过行业自律和市场调控，创造公平、自由竞争的经营环境，降低经营成本。建立经营行为的惩戒机制，严厉打击无证照经营、假冒伪造、虚假宣传等不良行为。积极推行食用菌经营企业信用分类监管制度，促进食用菌企业诚信经营。例如，通过对食用菌经营企业信用监管等级评定，向社会进行公示，并实施信用分类监管。实行信息披露制度，公布违法行为，营造我国食用菌良好的营销秩序。

1.2.4.6　建立创新激励机制，构建产学研合作体系

食用菌产业当前已成为农业废弃物循环利用及产业发展的典型代表，是我国农业科技进步和创新的体现。而当前食用菌产业的生产方式缺乏有效的创新激励机制，导致创新技术研发、科技成果的集成示范与推广、产品精深加工等相关主体的协同创新动力不足。把加强食用菌生产的教育和培养列入计划，不仅要培育一大批能够掌握先进技术的菇农和加工人员，而且还要培育出一批中、高级科技人才。既要完善创新人才激励机制，加强产业创新人才的培养，也要营造有益于食用菌专业人才交流沟通的平台，形成创新资源的集聚效应，促进我国食用菌产业的升级与跨越发展。

（张安然　张俊飚　张亚如）

1.3　中国食用菌产业发展困境及策略研究

自中国加入世界贸易组织（WTO）之后，食用菌产业取得了飞速发展，一跃成为中国农业经济中仅次于粮菜果之后的第四大产业和我国农村农业经济中的支柱产业与优势产业。这种发展，得益于我国得天独厚的自然条件和相对广阔的内在市场需求，以及各地政府的积极推进政策。但目前仍然存在许多问题，尤其表现为作为食用菌生产大国，却并非生产强国，与发达国家相比，我国食用菌产业的经济效益和发展水平仍存在一定的差距。因此，分析我国食用菌产业发展现状，厘清产业发展面临的困境，提出针对性的战略建议，对食用菌产业的健康发展和提升产业的国际地位具有重要的现实意义。

1.3.1　我国食用菌产业发展现状分析

1.3.1.1　食用菌生产发展现状分析

目前，我国食用菌产业发展取得了辉煌的成绩，一跃成为了世界食用菌产量

第一的国家。尤其是自改革开放以来，中国凭借其优越的气候条件、丰富的生产原料，以及菌种资源、充足的劳动力资源等，实现了食用菌产业的迅速发展。据中国食用菌协会统计，1978 年，我国食用菌产量不足 10 万 t，产值不及 1 亿元。到 2009 年，食用菌产量已达到 2020 万 t，是 1978 年的 200 多倍，总产值已逾 1200 亿元。2012 年，中国食用菌产量达到世界总量的 75% 以上，2015 年中国食用菌生产再创新高，产量为 3476.15 万 t，产值超过 2516 亿元。这显示了近年来我国食用菌产业发展的强势增长状况。

1.3.1.2 食用菌品种结构及特征分析

我国食用菌种质资源丰富，从栽培品种来看，目前，中国人工栽培的食用菌有 60 多种，如双孢蘑菇、香菇、金针菇、平菇、滑菇、黑木耳、猴头菌、杏鲍菇、白灵菇、灰树花、长根菇及真姬菇等，其中香菇、双孢蘑菇等产量均达到百万吨以上。除人工栽培食用菌外，还发展了以灵芝、冬虫夏草、茯苓等为代表的药用菌和以松茸、牛肝菌、块菌、羊肚菌等为代表的野生食用菌。从产区来看，以福建、黑龙江、河北、河南、山东、浙江、江苏、广东和四川等省为重点产区，其中，福建、浙江两省为食用菌出口老产区，河南、湖北、河北和山东为食用菌出口新区，云南、四川则为野生菌的出口区，这几大产区占中国食用菌出口总额的 75% 以上。当前我国的食用菌品种结构呈现两大主要特征：一是大宗品种占主导，珍稀食用菌、野生菌和药用菌快速发展。香菇、平菇、黑木耳、双孢蘑菇、金针菇、毛木耳等大宗品种占全国食用菌总产量的 86%，珍稀品种、药用菌及野生食用菌品种虽然得到了长足发展，但其产量规模仍较小，尚未形成规模化经营。二是木腐菌为主、草腐菌为辅的特征，容易导致食用菌产业发展与森林资源保护之间的矛盾。

1.3.1.3 食用菌出口贸易现状分析

我国食用菌出口呈现以下特征：一是产品结构较为单一，主要以鲜菇、食用菇为主，而对食用菌特殊食用价值的研究不足，产品出口受到极大限制；二是干香菇的出口市场集中在亚洲地区，使得食用菌产业发展受到制约，如何让我国食用菌出口走出亚洲是目前我们探究的重点问题。由于这种相对单一的出口结构和较为集中的出口市场，我国食用菌产品出口极易受到国际市场上不稳定因素的影响，国际竞争力较传统食用菌出口强国仍有一定的差距。荷兰和波兰虽在产量上不具优势，却成为全球出口强国，其发展经验值得学习和借鉴，从而更好地促进了我国食用菌产业的发展。

1.3.2 我国食用菌产业发展面临的困难

1.3.2.1 生产规模小，机械化程度低，产业规模化发展受阻

受我国传统小农生产方式的影响，我国食用菌生产仍然以家庭经营为主，其主要特点为生产规模小、机械化程度低，难以实现大规模的机械化生产，限制了产业的进一步发展。食用菌家庭作坊生产经营模式粗放，种植户的素质和生产条件参差不齐，技术水平较低，承受自然风险和市场风险的能力较弱，并且其以木腐菌为主的生产结构消耗了大量的森林资源。现阶段，食用菌工厂化企业虽然已有了大幅度的发展，但具有规模效益和品牌意识的企业尚属少数，因而产业规模化发展受到阻碍。

1.3.2.2 资源培育、环境保护和品种结构不协调，生态循环经济发展受阻

随着食用菌产业的发展，木腐菌、草腐菌实现了广泛栽培，但随之而来也出现了一系列的环境问题。一方面以木腐菌为主的生产结构必然消耗大量木材及森林资源，由于其生产周期短、消耗量大，每年用于生产食用菌的木材达到400多万立方米，加大了森林资源的消耗速度。而另一方面，阔叶树资源短缺、培植周期较长。木腐菌产业的迅速发展造成了木腐菌主产区开始出现不同程度的林木资源需求与生态资源保护相矛盾的问题，影响了菌业的生态、循环和可持续发展。此外，一些珍贵菌类的药用价值得以研发，人们对其认识迅速提高，造成了某些菌种的过度开采。林木资源快速损耗导致生态失衡，也对菌种资源的生存环境产生了一定的破坏，导致珍稀菌种的种质资源濒临灭绝。

1.3.2.3 缺乏具有自主知识产权、满足工厂化生产需求的菌种

由于政策、资金及人才等多方面的原因，我国食用菌科研团队在野生食用菌种质资源的调查、采集、保藏及开发等方面进展缓慢，难以满足食用菌产业的快速发展需求。我国食用菌菌种资源呈现如下特点：一是种质资源不丰富，种类缺乏；二是筛选出的食用菌菌种遗传基础差，难以培植优质菌种；三是难以选育出适合规模化、工厂化发展需要的优质菌种；四是自主研发能力弱，难以研发出适合我国的高生产潜力的菌种资源。以双孢蘑菇为例，受到菌种和栽培设施限制，我国双孢蘑菇每平方米产量仅为10～20kg，而国际平均水平为50kg以上，最高可达80kg。此外，由于我国严重缺乏对食用菌的基础研究，优质菌种资源多依赖国外引进，而引进的菌种又存在适应性问题，在我国的应用效果并不理想。由于缺乏对育种需要的野生种质资源、栽培种类的基本遗传学和生理学的系统研究，

对菌种质量评价、菌种专业生产工艺技术、出菇期的发育调控机理和技术，以及专用设施设备方面的研究成果也极其短缺，我国菌种资源呈现匮乏状态，食用菌产业发展也停滞不前。

1.3.2.4 产业链条的横向与纵向延伸不足

产业链条的横向延伸与纵向延伸不足，对食用菌产业发展也造成了极大阻力。我国食用菌产业以鲜销（如侧耳属类、金针菇等）、干制（如木耳、香菇等）、盐渍（如双孢蘑菇等）及速冻等初级加工为主，很少将食用菌产品进行再研发或整合研发生产，食用菌生产与销售均受到了极大限制。产品精深加工不足，一方面是由于我国食用菌产业研发团队科研能力有限，另一方面是由于我国政策支持力度不够，未给予研发团队足够的政策支持。我国幅员辽阔，菌种繁多，资源丰富，劳动力充足，但由于食用菌生产投入和支持政策不足，许多具有特殊保健功能的食用菌尚未得以开发。此外，品种研发、栽培种培育、原材料供应和基质规模化生产等链条节点上的投入短缺，也极大地弱化了食用菌产业的作用发挥，严重阻碍了我国食用菌产业的发展。

1.3.2.5 产业发展政策的引导与支持力度不够

任何产业的健康、快速发展都离不开市场的引导和政府的政策支持，而现阶段政府对食用菌产业的政策支持力度难以满足食用菌产业的快速发展。虽然食用菌在农产品贸易中占据了重要地位，为我国农产品出口创汇做出了巨大贡献，但与主要农产品生产相比，食用菌产业并未得到相应的政策扶持，惠菌政策的缺乏导致产业链条上的技术开发、专业化生产、育种研究、菌种生产工艺及栽培设备设施研发等方面无法形成完全的精准化、专业化技术模式。此外，由于政策支持力度不够，宣传效应不强，学科建设不系统，人才培养机制不健全等问题的存在，我国食用菌产业总体上仍处于经验性生产阶段，科学生产的机制尚未完全建立。

1.3.3 对我国食用菌产业发展的政策建议

面对我国食用菌产业的发展现状和影响产业发展的主要症结，如何克服产业发展面临的现实困境，打破影响产业发展的瓶颈，成为一个非常重要且急需解决的问题。据此提出如下政策建议。

1.3.3.1 加强食用菌产业的科技研发，强化产业发展技术支撑

由于缺乏对食用菌产业发展规律的系统科学研究，产业通用技术和基础技术

研究几乎处于空白状态，技术储备严重不足，支撑能力明显偏弱。可从以下几方面入手加大科技创新：一是加强科学研究和技术改进，提高技术创新能力。促进科技体制改革和运行机制创新，增加对食用菌科研工作的财政投入，逐步完善食用菌专业学科建设与人才培养机制，增强食用菌科研的技术创新能力，以强化产业发展的技术储备，实现食用菌产业由经验性生产阶段向技术性生产阶段的转变。二是培育新型替代原料，扩大生产资源来源渠道，实施循环利用，抢占颠覆性技术制高点。加大木腐菌草腐化技术的研发力度，提高农作物秸秆、畜禽粪便等废弃物原料的转化利用率，占领食用菌产业颠覆性技术创新制高点，彰显产业发展的生态战略作用；同时，切实推进菌糠生物炭转化技术研发，实现食用菌清洁生产和减少生态环境污染。三是积极推进工厂化专用生产机械的研发。工厂化、机械化生产是未来食用菌产业发展的必然趋势，也是实现食用菌产业战略作用规模化的重要手段，积极推进工厂化生产的专用机械研发，利用新型科技成果和工业化装备武装食用菌产业，逐步提高食用菌产业综合生产能力，为产业可持续发展奠定良好的技术装备基础。

1.3.3.2 强化机制构建，加大资源培育、环境保护和产业的协调发展

食用菌产业的战略性主要体现为资源培育、环境保护与产业发展的深度融合与协同创新。我国食用菌产业的发展面临产业发展与资源环境的矛盾，积极构建产业发展与资源环境相协调的产业化模式与运作机制，有利于推进产业战略作用的规模化实现。一方面，以生态循环经济发展模式为契机，构建以食用菌产业为核心，现代循环经济生态园为载体的政策支持平台，以专业化人才队伍与先进适用性技术为支撑体系的资源环境与产业协调发展的产业化创新模式，实现以植物生产和动物生产为主的传统“二元”农业经济发展模式向包含生态链、能量链、食物链和产业链的“四链”有机结合的稳定的“三元”生态循环经济发展新模式的转变（张俊飚等，2014）。另一方面，创新并完善食用菌新兴产业市场运营的体制机制。市场经济条件下，食用菌新兴产业的市场化运行机制及体系建设是我国食用菌产业培育与发展的重要部分，也是实现资源培育、环境保护与产业协调发展的薄弱环节。为有效促进食用菌生产经营由分散无序逐渐走向集中规范，未来一段时间内，必须立足于食用菌新兴产业发展的现实需求，创新并不断完善食用菌新兴产业市场运行机制。

1.3.3.3 加大人才引进，加强对食用菌从业人员的技术指导

我国食用菌产业存在从业人员质量严重参差不齐的情况，食用菌的生产销售者既有目不识丁的老农民，也有具备完全知识武装的高级知识分子，从业人员知

识水平参差不齐不利于食用菌产业的整体发展。所以加强对从业人员的技术指导对于食用菌产业的进一步发展具有非常重要的现实意义。由于食用菌产业尚处于摸索发展期，对于不同品种食用菌的生产环境、成长方式的研发尚在进行中，所以急需组建一支高水平的科研队伍。而现在食用菌科研人员力量不足，实力有限，政策的支持力度不够更是造成科研水平进程缓慢的重要原因。所以改善产业的人才引进机制，积极吸引专业人才投入食用菌科技研发，才是食用菌产业未来发展的必由之路。

1.3.3.4 强化对食用菌产业发展的政策支持力度

与传统农业一样，食用菌产业的发展同样需要政府政策的大力支持，同时政府也要根据食用菌产业的特殊性制定针对性的政策。第一，对食用菌产业给予财政扶持。一方面食用菌的研发需要大量的科研人才、设备，故而财政支持必不可少；另一方面也体现在对农户的支持上，食用菌产业未来要走规模化发展之路，但小农户资金短缺的特点限制了这一发展的可能性，所以要加强对菇农的资金投入，为其向规模化转变提供便利。第二，拓宽食用菌产销渠道。政府应继续实施食用菌产业“绿色通道”政策，原产地要充分发挥服务型政府的作用，加强信息网络建设，提供全面的食用菌市场供求信息，鼓励和发展农产品物流业，尤其是冷链物流产业，不断延伸食用菌产业的市场销售半径。第三，加强食用菌产业生态安全、产品质量安全两方面的政策支持体系建设。绿色生态安全和食品安全问题是近些年来非常重要的两个问题，完善食用菌生产的循环生态体系，建立完善的食品质量检测系统，对于我国食用菌产业在国际上赢得良好的声誉具有非常重要的意义。第四，走规模化发展之路，引导地方龙头企业更好更快发展，提升食用菌产品精深加工水平。构建并完善食用菌产业发展的学科体系和人才培养机制，从根本上解决食用菌产业的菌种不足问题。

（李　鑫　张俊飚　张亚如　丰军辉）

1.4 食用菌产业结构优化升级中的人力资本投资问题研究

食用菌产业作为“高产、优质、高效、生态、安全”的重要产业，对促进农村产业结构调整，建设“资源节约型和环境友好型”农业，确保农业增效、农民增收和农村环境友好具有重要影响。进入21世纪以来，我国食用菌产业取得了飞速发展，食用菌已经成为主要经济作物和创汇作物，我国也跃居为世界第一食用菌生产大国。但毫无疑问，食用菌产业发展也面临着诸多新的问题，其中最为重要的是食用菌产业结构亟待调整优化。目前的食用菌产业结构难以满足环境保护和资源充分利用的要求，也无法适应市场需求。而在食用菌产业结构优化升级的过程中，人力资本发挥着至关重要的作用。因此，探讨中国人力资本投资推动食用菌产业结构升级过程中存在的问题及原因，并在此基础上提出相应的政策建议，具有非常重要的理论意义和实践价值。

1.4.1 人力资本投资推动食用菌产业结构优化升级的内在机理

人力资本理论萌芽于17世纪50年代后期。英国古典经济学的创始人威廉·配第在其著作《赋税论》中指出："土地为财富之母，而劳动则是财富之父和能动的要素。"威廉·配第还指出，人的劳动使人力的货币价值生息，教育和培训能够提高人的劳动生产能力。在货币价值比值上，海员所受到的训练，使得"一个海员实际上等于三个农民"。20世纪50年代末，舒尔茨指出，"人的知识、能力、健康等人力资本的提高对经济增长的贡献远比物质、劳动力数量的增加重要得多"，在《论人力资本投资》一书中，他将人力资本（human capital）定义为"体现于劳动者身上的知识、能力和健康，是通过教育、在职培训、医疗保健和迁移等专门的人力资本投资以及'干中学'积累所形成的"。

通常认为，人力资本是产业结构优化升级的基础，决定了产业结构优化升级的方向（Ciccone and Papaioannou, 2009）。人力资本之所以能够成为决定食用菌产业结构优化升级的重要因素，关键在于其具有特殊的要素功能和效率功能。人力资本的要素功能主要体现在劳动力贡献上。食用菌从业人员的智力开发对提高食用菌产业劳动生产率水平具有决定作用。现代食用菌栽培技术只有与具备一定文化素质的劳动力相匹配，才能够快速、有效地转化为现实生产力。尤其是近年来，食用菌生产技术由传统生产工艺向轻简化方向发展。以食用菌生产设备、原料及生产工艺的轻简化为代表的食用菌轻简化技术正逐步形成，并开始在生产领域有所推广。这进一步提高了对劳动力的文化素质的要求。人力资本的效率功能则体现在为食用菌产业结构优化升级提供近乎无限的动力。食用菌种植户通过正规教育、技术培训、干中学、知识外溢等方式，具有稳定和不断向前发展的特征，随着食用菌种植户受教育程度的增加及社会阅历的积累，可以无限制地增长，甚至诱发技术创新，而这种创新无疑对食用菌生产率具有积极的影响。

1.4.2 人力资本投资在推动食用菌产业结构优化升级中存在的主要问题

综合来看，中国人力资本投资在推动食用菌产业结构优化升级中存在的问题主要表现在三个方面：一是人力资本的结构和成本难以适应我国食用菌产业结构优化的要求；二是人力资本在产业间配置不均衡制约我国食用菌产业结构优化；

三是人力资本利用效率不高制约我国食用菌产业结构优化。

1.4.2.1 人力资本的结构与成本难以适应食用菌产业结构优化的要求

在食用菌产业结构升级调整的过程中，必须要有一定的人力资本存量和结构与之相适应。如果人力资本存量和结构与食用菌产业结构升级调整不相适应，那么将导致食用菌产业所需的物质资本不能得到充分的利用，先进的搭架技术、品种技术、栽培技术、发菌技术不能得到有效的实施，甚至可能导致失业增加、收入差距扩大等不良后果。

（1）从业人员老龄化现象严重，技术推广率低

随着劳动力资源配置市场化程度的提高，以及由此带来的就业空间的扩张，农业劳动力是否能够很好地就业，在很大程度上受到了自身年龄、文化程度、是否具有专业技能等因素的制约。目前，我国食用菌产业面临着从业人员老龄化现象严重，技术推广率低等问题。2011 年，国家食用菌产业技术体系产业经济研究室在浙江省丽水市云和县展开调研表明，当地菇农平均年龄为 46 岁，其中，40 岁以下占 13.33%；40 至 50 岁占 66.67%；50 至 60 岁占 13.33%；60 岁以上占 6.67%；从受教育程度来看，菇农的受教育程度普遍比较低，其中，小学及以下文化程度的占 53.33%；初中文化程度的占 40%；高中或中专文化程度的占 6.67%。这种状况使得当地菇农难以掌握、应用难度相对较高的食用菌栽培技术。另外，目前从事食用菌生产的劳动力年纪普遍较高，青壮年从事食用菌生产的屈指可数。劳动力的老龄化，使新技术的推广受到了限制，加上没有经常性的技术指导，出现较低的技术推广率，栽培效益不理想。而这种情况又反过来降低了青壮年从事食用菌生产的意愿，从而形成了一种恶性循环。

（2）食用菌管理、服务队伍发展滞后

食用菌产业对从业人员的技术水平和管理水平要求较高，尤其是在发菌期间和出菇期间，需要对温度、湿度进行控制调节，及时做好灭菌消毒处理，若是管理不当，很容易造成产品质量的参差不齐。2011 年，国家食用菌产业技术体系产业经济研究室调研小组针对湖北省武汉市新洲区徐古镇开展的调研结果表明，尽管新洲区高度重视食用菌生产技术的推广和培训工作（例如，积极组织和邀请专家学者开设食用菌生产技术培训班、开通技术咨询热线电话等），但是新洲区部分菇农在制种上仍旧依据自身有限的栽培经验采用自繁自种的方式进行生产，再加上设备较为简陋、管理上的经验也不足以应对复杂多变的气候条件，导致部分菇农生产的蘑菇减产或是出菇时间推迟。此外，在食用菌生产废弃物（如废弃的菌棒、菌糠等）处理上，由于缺乏相应的废物搜集、服务队伍，加之菇农自身对食用菌的生产工作认识不足，仍有 13.3% 的菇农选择“直接扔掉”，6.7% 的选择“在卖不出去的情况下扔掉”。

（3）劳动力成本较高，妨碍食用菌产业结构升级

近年来，在经济飞速发展的推动下，加之农业比较优势较低，农业劳动力成本与日俱增。毫无疑问，较高的劳动力成本不利于食用菌产业生产要素的流动。目前我国食用菌产业基本上还处于劳动密集型产业阶段，尽管近年来工厂化栽培技术发展迅速，但在广大农村，食用菌生产仍旧以家庭小生产为主。以新洲区为例，由于许多家庭的青壮年劳动力选择在收入较高且工作强度较低的行业打工，劳动力成本逐年攀升，食用菌产业廉价劳动力的生产优势正在逐渐消失。在劳动力数量减少和成本增加的趋势下，该地区食用菌生产从备料、配料、灭菌、栽培管理、运输加工到产品销售都不得不依靠家庭自有劳动力或不同家庭之间的“换工”“请工”来完成。2011 年，国家食用菌产业技术体系产业经济研究室对甘肃省天祝县、永昌县的调研也表明，在全国食用菌产量屡创新高的大趋势之下，两地区由于劳动力成本较高等原因，食用菌规模不但未见增长，反而还大幅减少。以永昌县双孢蘑菇为例，2008 年栽培面积超过 80 万 m^2，而 2011 年萎缩至 40 万 m^2。

（4）专业技术人才匮乏，废弃物难以实现循环利用

良好的专业技术人才队伍储备体系是食用菌产业结构顺利实现优化升级的根本保障。许多食用菌生产大县目前建立了食用菌科技开发服务中心和农业技术推广服务中心，然而，从整体上看，在大部分县区中，专门从事食用菌栽培技术推广，尤其是食用菌废弃物循环利用技术的科技人才队伍较为稀少。这与我国政府大力推行的生态文明建设的背景严重不符。食用菌是生态链上处于还原者位置的真菌，将其引入农业废弃物的处理环节中，不仅能够减少农业废弃物对生态系统的破坏，还能“变废为宝”，生产出美味可口且富含营养的食用菌产品。然而，食用菌生产过程中同样会产生菌渣、废弃薄膜等废弃物，如若处理不当，将引发环境污染和产量下降等问题。以全国食用菌示范县青川县为例，该县具有丰富的劳动力资源，从事食用菌生产的菇农曾一度接近 2 万户，占全县农户总数的 1/3，但废弃物处理却未能得到菇农的高度重视，由此引发了多起食用菌废弃物污染问题，对食用菌产业的可持续发展造成了较大的影响。

1.4.2.2 人力资本在产业间配置不均衡制约我国食用菌产业结构优化

作为经济可持续发展及食用菌产业结构升级基础的人力资本，其数量上的增加对产业结构优化升级的作用要小于人力资本在产业间配置的作用。只有当人力资本与食用菌产业结构相匹配时，才能够促进经济增长和产业结构优化升级。目前，我国食用菌产业结构优化升级的一大障碍是人力资本的配置不均衡。

(1) 人力资本在产业间配置不均衡

由于人力资本投资对产量的增长具有乘数效应，因此，人力资本在产业间分布的不平衡主要体现在不同种类食用菌产量的差异上。从20世纪80年代开始，平菇、金针菇、滑菇、猴头菇等发展迅速，逐渐成为我国商业化栽培的主要种类。此后因科学技术的进步，多种食用菌的栽培技术陆续推广，栽培种类随之增加，目前人工栽培种类达70多种，形成商品规模的超过50种。2013年，在这些商品化栽培食用菌品种中，香菇、平菇、黑木耳、金针菇、双孢蘑菇、毛木耳、滑子菇、杏鲍菇等大类品种的产量占食用菌总产量的84.12%，而灵芝、冬虫夏草等稀有珍贵食用菌类的占比非常低（表1.1）。以浙江省丽水市为例，“十一五”期间，全市各类袋栽食用菌年均生产规模6.90亿袋，总产量258.36万t，但从品种结构上来说，丽水市的香菇、黑木耳的产量占到食用菌的总产量高达90%以上，其他菇种的生产规模都很小。随着人们消费水平的提高，以及对饮食营养均衡重视程度的提升，人们已经不满足于购买香菇、黑木耳等大类品种，转而偏好稀有珍贵食用菌类。

表1.1 2013年全国部分食用菌产量 （单位：t）

食用菌	产量	食用菌	产量
香菇	7 103 175	鸡腿菇	235 424.32
平菇	5 948 335.34	白灵菇	141 580
双孢蘑菇	2 377 327.12	杏鲍菇	673 210.67
金针菇	2 729 097.73	茶薪菇	625 976.17
草菇	275 989.83	灰树花	20 957.41
黑木耳	5 563 896.68	秀珍菇	202 137.88
毛木耳	1 308 741.46	灵芝	83 448.96
银耳	385 213.28	天麻	77 725
滑菇	960 295.34	茯苓	328 328.6
猴头菇	123 447.66	松茸	4 004

(2) 人力资本在食用菌产区分布的不平衡

同样的，人力资本在食用菌产区分布的不平衡还体现在不同省份食用菌产量的差异上。这种差异最为直接的影响就是，许多地方缺乏龙头企业和科研院所的带动和推动，食用菌产业结构难以调整，特别是以边疆和少数民族地区为主的食用菌产业发展相对较弱的地区，受到人力资本等因素的影响，食用菌产业规模相对较小、发展速度缓慢。由表1.2不难发现，香菇产量排在前五位的省份依次是河南、湖北、河北、辽宁、浙江；平菇产量排在前五位的省份依次是山东、河北、江苏、四川、吉林；黑木耳产量排在前五位的省份依次是黑龙江、河南、吉林、浙江、山东；金针菇产量排在前五位的省份依次是山东、江苏、广东、浙江、四川、河北；双孢蘑菇产量排在前五位的省份依次是广西、江苏、山东、福建、四川；毛木耳产量排在前五位的省份依次是四川、山东、福建、广西、江苏；滑菇产量排在前五位的省份依次是江苏、辽宁、河北、黑龙江、福建；杏鲍菇产量排在前五位的省份依次是山东、湖南、河北、福建、江西。由此可见，山东、黑龙江、湖北、河北、辽宁、浙江、河南、湖南、福建、广西、广东、江苏等地为食用菌产业发展较快的省份，而其他省份由于人力资本积累不足，产业结构调整面临较大的困难。

表 1.2　2013 年全国部分省份食用菌产量（分品种计算）

（单位：t）

省份	香菇	平菇	黑木耳	金针菇	双孢蘑菇	毛木耳	滑菇	杏鲍菇
北京	34 014	42 180	1 355	24 349	1 956	—	—	24 486
天津	25 000	15 000	0.5	32 000	300	0.5	—	18 200
河北	602 790	871 120.6	33 880.4	138 353.6	44 659	—	207 895	68 652
山西	19 680	122 770	18 200	10 800	17 900	1 550	85	10 900
辽宁	551 000	252 000	71 600	31 500	36 300	—	245 000	8 100
吉林	31 500	354 000	857 000	35 800	260	—	17 500	770
黑龙江	43 618	82 265	2 471 508	3 914	—	—	170 481	—
上海	4 468	—	—	61 598.4	9 363.2	—	—	8 355.4
江苏	100 475.9	571 514.5	5 744	645 464.3	468 582.7	39 187.5	298 989.5	—
浙江	535 776.25	5 500.4	361 507.13	210 539	95 829.3	—	—	6 881
安徽	70 000	250 000	—	12 000	35 000	20 000	—	20 000
福建	377 492.26	49 742.07	83 867.97	81 225.47	322 205.35	228 396.77	19 838.84	66 994.99
江西	146 237	220 379	67 312	49 359	93 512	38 278	272	56 381
山东	298 628.4	1 826 229	161 210.5	662 074.2	378 188.8	284 212.1	—	195 579.6
河南	2 280 052.8	—	1 093 390	—	—	—	—	—
湖北	960 420	136 226	61 202	72 036	42 540	2 880	—	18 950
湖南	165 600	189 090	15 050	137 000	56 400	24 870	—	73 200
广东	28 918	137 614	—	238 069	5 692	8 190	—	54 920

续表

省份	香菇	平菇	黑木耳	金针菇	双孢蘑菇	毛木耳	滑菇	杏鲍菇
广西	127 489.09	116 376.27	64 424.18	34 109.76	617 773.77	67 273.59	—	960.68
四川	124 250	418 300	79 400	175 932	100 200	591 100	—	15 780
贵州	43 820	—	1831	10 352	13 780	—	—	—
云南	129 779	37 092	5 201	16 562	8 875	2 803	150	—
陕西	357 564.3	122 406.5	104 513	3 935	3 510	—	84	16 600
甘肃	40 000	100 000	4 500	32 000	20 000	—	—	1 500
新疆	4 600	28 500	1 200	10 000	4 500	—	—	6 000

(3) 缺乏食用菌深加工人才，出口产品附加值不高

由于缺乏食用菌深加工人才，我国的食用菌加工企业产品主要以初级产品加工为主，产品附加值低，缺乏高附加值、精深加工产品。初加工产品包括干制品、速冻品、盐渍品、糖浸品、膨化品、鲜品等，如低糖菇脯、冻干食用菌、食用菌罐头等，以及利用残菇和下脚料加工成的休闲食品或者即食食品等。食用菌深加工主要集中在灵芝、冬虫夏草等稀有珍贵食用菌类，对香菇、平菇、双孢蘑菇等大宗食用菌的深加工产业化利用率较低。通过对食用菌产品出口数据的统计（表1.3）可以发现，加工程度低、价格低廉的用醋或乙酸以外的其他方法制作或保藏的蘑菇及块菌仍是我国食用菌出口创汇最大的品种，而一些精加工、单位创汇能力强的冷冻牛肚菌、天麻及其他干蘑菇及块菌等食用菌品种的出口量值依然较低。毫无疑问，食用菌深加工人才的缺乏，已经在一定程度上引致了我国出口产品附加值不高的问题，这对我国食用菌产业结构优化升级必将产生不利影响。

表1.3 2014年全国食用菌出口（分品种计算）

品种	数量/kg	金额/美元	单价/(美元/kg)
蘑菇及块菌，用醋或乙酸以外的其他方法制作或保藏	270 893 526	605 346 313	2.23
蘑菇菌丝	44 548 061	29 670 282	0.67
伞菌属蘑菇	2 981 887	4 474 875	1.50
鲜或冷藏的其他蘑菇或块菌	48 658 570	160 064 129	3.29
冷冻松茸	732 411	14 222 997	19.42

续表

品种	数量/kg	金额/美元	单价/(美元/kg)
暂时保藏的伞菌属蘑菇	15 008 120	35 587 620	2.37
其他暂时保藏的蘑菇及块菌	12 539 463	42 244 478	3.37
干伞菌属蘑菇	152 683	2 247 222	14.72
干木耳	32 634 686	558 600 472	17.12
干银耳	3 523 260	61 533 203	17.46
其他干蘑菇及块菌	69 404 894	1 239 544 274	17.86
冬虫夏草	556	11 417 505	20 535.08
天麻	143 157	2 301 580	16.08
茯苓	9 192 935	41 711 283	4.54
冷冻牛肚菌	4 341 627	24 287 404	5.59

资料来源：国家海关信息网

1.4.2.3 人力资本利用效率不高制约我国食用菌产业结构优化

内生增长理论（the theory of endogenous growth）认为，专业化的人力资本积累是经济增长的重要源泉。同样的，食用菌产业结构的优化升级也离不开菇农的意识形态、价值观念、传统文化和科技文化水平及其生产行为方式、手段等人力资本要素的提升。在农业现代化的条件下，现有农业生产要素在食用菌生产、食用菌经营中的应用范围越来越大，比例越来越高，只有高素质的菇农才能合理地组织生产要素，从而降低食用菌产品的生产成本，提高各种生产要素的利用率和产出率。目前，我国人力资本利用效率不高的原因主要体现在两个方面：一是生产方式以菇农分散经营为主，菇农组织化程度低；二是管理方式粗放制约了人力资本利用效率的提升。

（1）生产方式以农户分散经营为主导致人力资本利用效率不高

当前，我国食用菌生产基本上还处于劳动密集型产业阶段，以家庭为主要生产单位，手工是主要生产方式，从制种、栽培到产品销售全部由菇农完成。以湖北省随州市的三里岗地区香菇生产为例，菇农的生产规模一般在5000～15 000袋，双胞蘑菇则在2000～3000平方尺①，规模仅相当于发达国家菇农生产规模的1/10，甚至几十分之一。以菇农为主体的小规模生产方式主要依靠菇农自身积累

① 1平方尺≈0.111m^2。

的经验，加之菇农自身投入能力有限，生产设备较简陋，导致食用菌生产过程管理不规范、产量相对低，质量难以保证。总体而言，当前我国食用菌小规模分散生产经营方式具有生产计划自发及生产效率低下的特点。而在组织化程度方面，根据国家食用菌产业技术体系 2009 年对湖北、山东、河南等共计 11 省份 45 个区县的 616 个菇农的调查显示，只有 49.60% 的菇农加入了中国食用菌协会。此外，现有的专业合作组织由于组织不健全、管理不规范等问题的存在，大多流于形式。同时，各合作组织之间、合作组织与加工龙头企业之间，缺乏有效的信息、技术等沟通和交流，导致人力资本利用效率不高，难以调动菇农的生产积极性。

（2）管理方式粗放制约了人力资本利用效率的提升

与欧盟及美国、日本等发达国家（地区）的食用菌生产相比，我国菇农从事食用菌生产通常要涵盖菌种制作、培养料制备、栽培管理等几乎食用菌生产的全过程，因此，受限于家庭规模和自身精力，菇农食用菌生产管理方式难免不够精细。同时，粗放的管理方式也影响着食用菌生产的专业化程度，进而不利于人力资本利用效率的提升。国外食用菌生产分工明确，菌种、培养料、覆土材料等食用菌各个生产环节均由专业的生产公司负责，菇农只负责出菇管理，不但生产技术容易得到提升，而且多个生产环节也将整个食用菌生产中的风险进行分散。而我国由于专业化程度不够，菇农不仅需要掌握全方位的食用菌生产知识与经验，同时也要承担食用菌生产各个环节面临的风险，不利于自身经济利益的实现。在企业方面，国内食用菌设备生产企业中的技术人员，绝大多数只懂技术，不懂食用菌生产工艺，大部分没有经过系统专业技术培训，知识更新和技能培训欠缺，高素质的产品研发人员、管理人员和市场营销人员多处于“引不进、留不住”的状态，人力资本利用效率令人担忧。

1.4.3 食用菌产业人力资本投资存在问题的原因探析

食用菌产业人力资本投资存在问题的原因是多方面的，具体而言，主要体现在以下 4 个方面：一是食用菌专业人才缺乏。长期以来，国内高校的专业设置中，食用菌专业属于目录外专业。尽管华中农业大学、山西农业大学、吉林农业大学等少数学校开设了食用菌专业，但由于时间较短，难以为食用菌产业提供充足的专业人才。而目前，我国食用菌生产多依赖菇农在实践中的经验摸索，技术传播也多依靠菇农间的相互传递，难以形成对食用菌产业持续发展的强大推力。二是在职培训效果不佳。一方面，各地举办食用菌专业培训的次数较少，远远无法满足菇农的需求。加之菇农的学习、吸收、应用新知识的能力有限，培训的效果在实践操作中往往大打折扣。另一方面，缺乏培训效果评估机制。目前，食用菌技术培训多为一次性培训，在培训结束之后，缺乏有效的反馈机制与评估机制，导致培训的针对性不强。三是产学研一体化运行机制不健全。高校、科研机构、涉农企业各自聚集了大量科技资源。通常，高校在知识创新方面具有优势地位，科研机构在应用研究方面领先，而涉农企业则在产品开发和市场开发方面有专长。然而，目前我国食用菌产业中各类创新主体的创新动力依然不足，因此必须尽快构建与完善创新激励机制，构建高效率的创新发展体系，形成产学研一体化的创新网络。四是推广体系健全程度较低。一方面，由于食用菌技术推广体系尚不完善，一些食用菌领域的专家不得不牺牲一定的科研时间用于食用菌技术的推广与培训，从而在客观上减缓了我国食用菌的科研发展进程。另一方面，由于缺乏健全的激励机制，基层科技推广人员的积极性不高，推广效果不能令人满意。

1.4.4 政策建议

1.4.4.1 构建与完善食用菌产业学科系统

良好的学科系统可以强化食用菌专业人才队伍储备，是实现食用菌产业向战略性新兴产业转变的重要保障。伴随着食用菌产业发展的需要，以食用菌作为专业名称的全日制食用菌专业教育必将在社会需求的增强下而有所发展。一是要重视食用菌产业学科系统建设。集高效、循环、生态与可持续特征于一体的食用菌产业，是经济、社会和生态效益较为显著的新兴产业。政府与高校应当支持食用菌专业的开设，重视食用菌产业学科系统建设。二是要调整优化食用菌教育领域的专业设置与培养方案。应以培养一批具备熟练的实践操作技能，能够在食用菌相关企事业单位、科研单位、生产第一线从事食用菌生产、加工、研究、建设、管理、服务及营销等工作的全面发展的科学技术人才为目标。三是建立高等学校食用菌专业人才奖励机制，促进人力资本积累。除了进一步完善本科生（研究生）奖学金、助学金等机制之外，还应鼓励食用菌企业在高校设立奖学金，提高食用菌专业人才服务于食用菌产业的积极性。

1.4.4.2 创新食用菌培训体制与模式

构建以“科研院所+技术推广站+协会+龙头企业”的“四位一体”的人才培养机制，并结合我国基层农技机构改革，在食用菌优势区的重点基地县，优先建设新技术推广与培训基地，开展对县、乡、村技术人员及示范户的技术培训工作。重点加强培训设施建设，开办食用菌职业学校，加强实际操作能力训练，开展多种方式的技术培训，不断提高食用菌从业人员专业技术的综合运用能力。在食用菌技术推广与培训基地构建的基础上，在创新性的培训体制与模式指导下，整合国家、地方、企业、乡镇技术推广站的食用菌研究、管理、推广、经营、生产的优秀人才，构建创新队伍，以尽快与国际食用菌研究水平接轨，实现原始创新、集成创新和引进技术消化吸收再创新，增强食用菌产业发展的人才支撑与基地支撑。

1.4.4.3 完善食用菌产学研一体化运行机制

食用菌产业各利益相关主体涉及菇农、专业协会组织、技术推广部门、产业管理部门、涉农企业、高等学校、研究机构等。当前我国食用菌产业参与主体的协同创新能力整体处于“协调且一般有效”状态（李鹏等，2014）。因此，一方面，要不断完善以食用菌产业发展相关利益主体为构架的连接机制。尤其是随着国家现代食用菌产业技术体系的不断发展，体系平台建设的不断完善，食用菌产业发展主体间的功能衔接与提升将更为迫切。另一方面，逐步完善食用菌产业发展主体的协调机制。一是以国家现代食用菌产业技术体系平台为基础，逐步构建与完善食用菌产业发展主体的信息共享平台；二是出台鼓励高校、科研机构和涉农企业进行食用菌产学研科技创新投入的优惠政策，以充分发挥食用菌企业的科技创新成果转化的优势，以及高校与科研机构的创新能力。

1.4.4.4 健全食用菌技术成果推广体系

健全食用菌技术成果推广体系，既是食用菌产业可持续发展的重要手段，又是提升人力资本利用效率的有效措施。一方面，应建设一批新型栽培技术的试验示范基地，展示食用菌生产新技术、新品种、新成果，试验和示范一批符合国情特点的新型栽培模式，突出良种良法配套。重点加强高标准试验基地及展示室等设施建设，加大机械设备设施配套等。另一方面，应加大食用菌新型栽培技术推广资金支持力度，重点用于对配套技术的试验、示范和推广应用，以及对菇农的科技培训工作，促使良种良法配套，进一步提高配套技术的入户率和到位率，强化新技术、新品种的集成创新。此外，设立专项基金，鼓励食用菌技术基层推广工作。

（何　可　张俊飚　曾杨梅）

1.5 全球食用菌生产分析：基于 FAO 1961～2014 年的统计数据

人类认识与利用食用菌的历史源远流长。考古发现，早在新石器时代中国祖先便开始以食用菌为食，考古及相关文献分别记载了1世纪时期的中国与希腊原始方式下的食用菌种植。20世纪30年代食用菌实现商业化种植以来，凭借自身丰富的食用价值、药用价值和生态价值，食用菌产业在全球农业经济中扮演不可或缺的角色，产量持续增长。在耕地资源日益紧张的现代社会，食用菌生产过程中可不占用耕地就可生产优质食物，有助于缓解人类食物供给压力。而且，食用菌具有循环利用农业废弃物的产业特点，能有效减少农业废弃物污染、改善农业生态环境。中国作为食用菌生产的先驱一直是食用菌的主产地，并带动了大量劳动力就业与农民致富，在全球食用菌生产贸易中的地位举足轻重。在国际经济一体化趋势下，世界食用菌产业格局在不断地重塑调整，中国食用菌产业也势必受全球食用菌生产格局影响。因此，了解世界主要食用菌生产国情况，分析并厘清全球食用菌生产格局，对于规划中国食用菌产业发展、指导食用菌企业和菇农生产具有现实意义。基于此，本节利用联合国粮食及农业组织（food and agriculture organization of the United Nations，FAO）数据库①，汇总分析了半个世纪（1961～2014年）以来全球食用菌生产格局的演变发展。

1.5.1 FAO数据库说明

FAO采用分散型统计系统，统计范围涵盖农业、林业和渔业、土地和水资源及利用、气候、环境、人口、性别、营养、贫困、农村发展、教育和卫生等诸多领域。在FAO数据库中，有关作物生产的数据收录始于1961年，课题组使用的最新数据更新至2014年；数据内容包括产量、种植面积和单产三类；数据来源包括各国的官方统计、非官方统计及数据估算。由于历史原因，部分国家（地区）的早期数据残缺较为严重。

相比其他大宗农产品，食用菌产业相对小众，加之早期农业统计制度不完善，食用菌的统计口径有别于露地栽培作物，使得食用菌数据的收录缺失相对更多，尤其是种植面积和单产数据。需要指出的是，FAO收录的食用菌主要是指蘑菇和块菌（包括人工栽培或者野生采摘的牛肝菌、姬松茸、羊肚菌和松露），由于统计方法和口径上的差异，FAO收录的数据和我国统计公布的数据有一定出入。

1.5.2 全球食用菌产量演变

根据图1.1和表1.4，长期来看，全球食用菌产量不断稳步增长，且产量主

① FAO数据库地址：http://www.fao.org/faostat/en/#data。

要集中于亚洲、欧洲和美洲。具体而言，1961 年全球不完全统计的产量仅为 49.51 万 t，而后逐年增加，至 2014 年全球产量达 1037.82 万 t，年平均增长率达 5.91%。全球食用菌生产中，以亚洲、欧洲和美洲为主要产区，其中：以亚洲历年产量占全球比例最大，1961～2014 年累计产量占比 62.49%，1961 年产量为 33.96 万 t，占全球产量的 68.59%，2014 年产量为 795.67 万 t，占全球产量的 76.67%，产量的年均增长率为 6.13%，但亚洲食用菌占当年全球产量比例并非一直居高不下、稳居首位，1961～1989 年伴随欧洲和美洲食用菌产量的快速增加，亚洲食用菌产量占比不断下降甚至被欧洲所超越，其 1989 年占比仅为 35.54%。

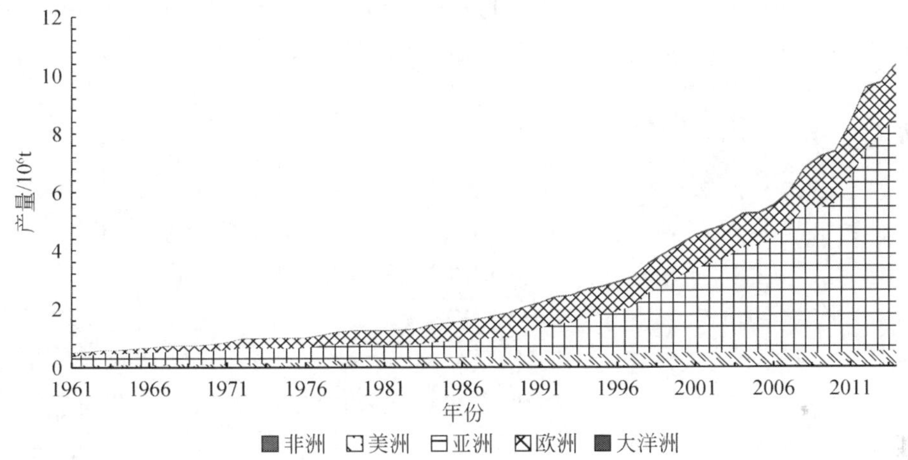

图 1.1 1961～2014 年全球食用菌产量走势

表 1.4 1961 年以来主要年份的年各大洲食用菌产量 （单位：万 t）

地区＼年份	1964	1974	1984	1994	2004	2014
非洲	0.03	0.07	0.07	0.92	1.25	2.48
美洲	7.33	14.42	29.66	41.09	47.23	53.46
亚洲	39.27	51.14	54.58	125.77	359.22	795.67
欧洲	11.93	35.30	60.18	95.59	114.52	180.14
大洋洲	0.07	0.32	1.30	4.49	5.48	6.06
全球	58.63	101.25	145.79	267.86	527.70	1 037.82

1961~2014年，欧洲食用菌累计产量占全球总产量比例为26.11%。其中，1961年产量为9.71万t，占全球产量的19.62%；2014年产量为180.14万t，占全球产量的17.36%，产量的年均增长率为5.66%。20世纪80年代中后期由于亚洲产量不增反减，不断增加的欧洲食用菌产量甚至一度跃居第一。

美洲食用菌历年产量稳居第三，1961~2014年累计产量占全球总产量的10.33%。其中，1961年产量为5.78万t，占全球产量的11.67%，2014年产量为53.46万t，占全球产量的5.15%，产量年平均增长率为4.29%。

非洲、大洋洲产量相对较少，1961~2014年两者食用菌累计产量占全球比例分别为0.23%和0.85%，1961年两者产量均为0.3万t，均占全球产量的0.06%，2014年非洲、大洋洲产量分别为2.48万t和6.06万t，分别占全球产量的0.24%和0.58%，产量的年平均增长率分别为8.69%和10.54%。

1.5.3 全球食用菌单产演变

结合表1.5和图1.2、图1.3，长期来看，全球食用菌单产水平整体波动上升，但地区间单产水平差异悬殊。具体而言，全球食用菌1961年单产水平为167.84t/hm^2，2014年单产水平为369.18t/hm^2，为1961年单产水平的2.20倍，1961~2014年的单产水平的年平均增长率为1.50%，而不同地区之间则呈现巨大的技术差异，且变动趋势也不尽相同。其中，欧洲的食用菌单产水平历年遥遥领先，但年际间波动巨大。得益于现代栽培技术的发展，以双孢蘑菇为主的欧洲食用菌产业在20世纪中叶便已步入工业化、集约化发展阶段，所以早在1961年其单产水平便达到1387.47t/hm^2，加之20世纪60年代中后期也开始了菌种与栽培的专业分工，因此60年代至70年代初单产大幅提高，1972年单产达峰值3089.52t/hm^2。随后，欧洲多国实行社会政治经济改革，经济得以发展，如图1.4所示，落后地区加入食用菌生产从而降低了欧洲整体单产水平，但落后地区通过技术扩散使欧洲整体单产水平在80年代不断恢复。80年代末期至90年代初，伴随东欧剧变、苏联解体等局势变动，原社会主义阵营的多数国家生产力得以解放，带动了食用菌的大规模生产，而沿用原有的生产技术也使得欧洲整体单产水平再次被拉低。此后，这些新兴的食用菌生产区技术水平提升使得欧洲单产水平回升。

表1.5 1961年以来全球主要年份的食用菌单产走势（单位：t/hm^2）

年份 地区	1964	1974	1984	1994	2004	2014
亚洲	112.37	137.79	167.99	197.48	247.57	298.27

续表

年份 地区	1964	1974	1984	1994	2004	2014
欧洲	1 282. 44	2 206. 11	2 019. 54	1 124. 66	1 330. 54	1 483. 38
大洋洲	53. 08	91. 51	176. 16	265. 62	282. 41	274. 35
全球	162. 81	259. 20	402. 63	362. 57	339. 03	369. 18

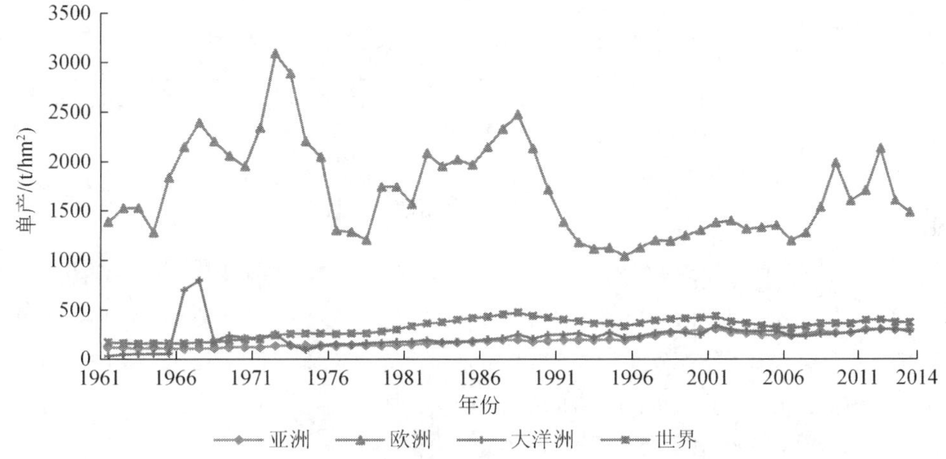

图 1. 2　1961 ~ 2014 年全球食用菌单产走势

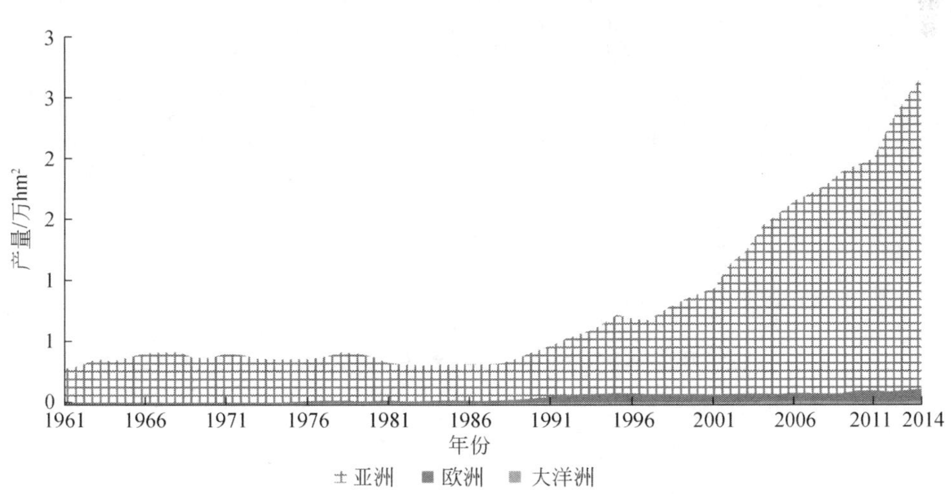

图 1. 3　1961 ~ 2014 年全球食用菌生产规模走势

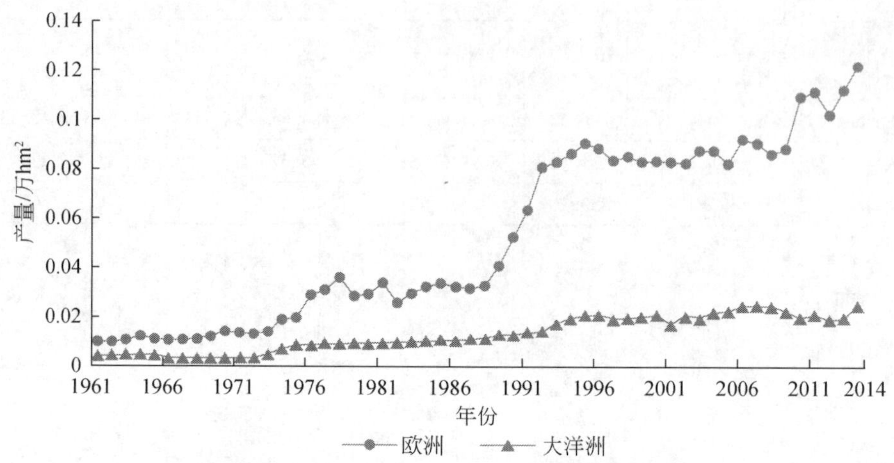

图 1.4　欧洲及大洋洲食用菌生产规模走势

亚洲作为食用菌主要产区（图 1.5），其单产水平在稳步上升的同时仍远低于欧洲水平。1961 年亚洲食用菌单产水平为 118.33t/hm²，为同期欧洲单产值的 8.53%。2014 年亚洲单产为 298.27t/hm²，较 1961 年增加 1.52 倍，年平均增长率为 1.76%，为同期欧洲单产值的 20.11%。亚洲食用菌产量及生产规模占全球生产的份额较大，使得全球单产水平与之相近。

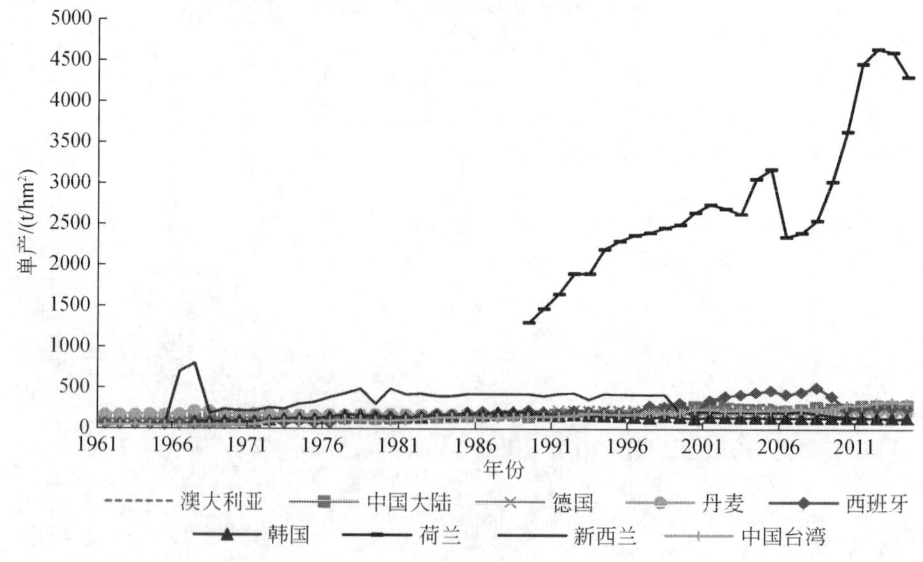

图 1.5　1961～2014 年部分国家（地区）食用菌单产走势

大洋洲作为食用菌非主产区，单产水平整体与亚洲类似，但早期波动较大。1961年大洋洲单产水平为30.00t/hm^2，为同期欧洲单产值的2.16%。随后在20世纪60年代中后期，由于生产规模调整，使得整体单产在数值上有较大的跃升变化。之后的发展过程中，大洋洲技术水平趋于稳定并在小幅波动中缓慢提升，至2014年单产水平达274.35t/hm^2，较1961年单产值增加8.14倍，年平均增长率达4.26%，但仍与欧洲有较大差距。

1.5.4 全球食用菌生产格局演变

如图1.6～图1.11所示，长期来看，全球食用菌产业在产量增加的同时，空间分布也呈现扩散发展趋势，由20世纪60年代主要以东亚、西欧和北美为主拓展至21世纪第一个十年以东亚、欧洲和北美为中心，其间大洋洲、西亚、东南亚、非洲南部及地中海南部地区共同发展的格局（表1.6）。

20世纪60年代，全球食用菌生产主要集中于东亚、西欧和北美地区。以1964年为例（图1.6），全球食用菌产量共计58.63万t，其中60.16%产自中国，而美国、法国、日本和英国的食用菌产量分别占11.09%、7.87%、6.48%和4.12%。产量排名全球前十的还有德国、加拿大、荷兰、南斯拉夫与丹麦等国，但其产量均在10万t以下。

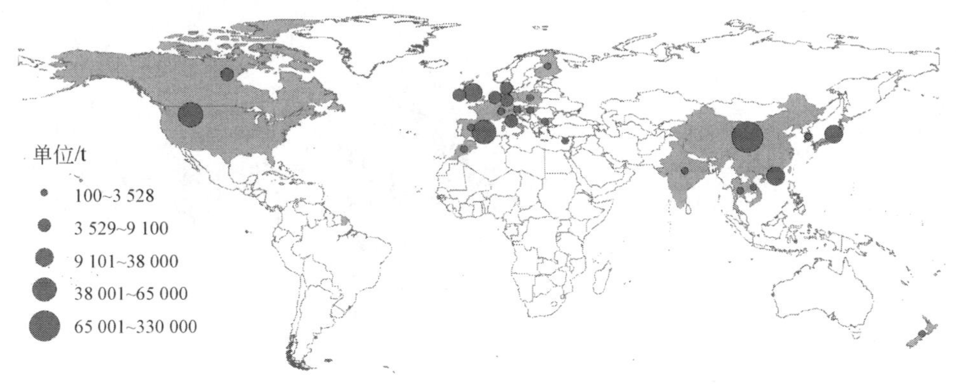

图1.6 1964年世界食用菌产量分布

20世纪70年代，欧美与东亚的食用菌产量平分秋色。以1974年为例（图1.7），全球食用菌产量为101.24万t，较1964年增长72.68%。其中，从绝对量来看，中国食用菌生产的仍占首位，同比60年代增加19.48%，但占全球产量比例跌至41.63%，主要由欧美食用菌生产国产量的成倍增加所导致，如法国、美国的产量同比分别增加1.79倍和1.95倍，两者1974年产量占比分别达12.70%和12.52%，亚洲地区日本与韩国的食用菌产量增幅也超过100%。

图 1.7　1974 年世界食用菌产量分布

在 20 世纪 80 年代，延续了 70 年代的发展态势，使得欧美食用菌产量反超亚洲跃居首位。以 1984 年为例（图 1.8），全球食用菌产量为 145.79 万 t，较 1974 年增加 44.00%。其中中国产量增速放缓，十年来产量仅增加 5.49%，占全球产量比例继续下跌至 30.49%，而欧美食用菌生产国产量增速依旧，除中国外产量前三的依旧是美国与法国，产量占比分别为 17.47% 和 12.74%，产量同比 70 年代分别增加 100.49% 和 44.48%。此外，继澳大利亚之后，东南亚地区食用菌产业也陆续形成。

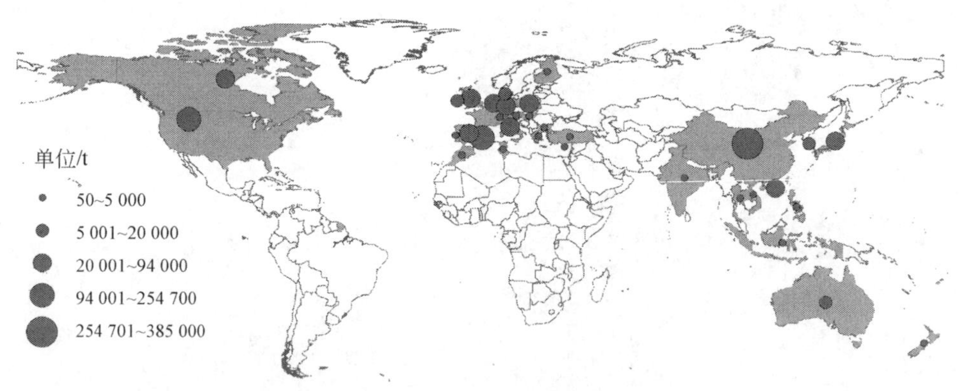

图 1.8　1984 年世界食用菌产量分布

20 世纪 90 年代，亚洲产量增速反超欧美，产量趋于相近。以 1994 年为例（图 1.9），全球食用菌产量为 267.86 万 t，较 80 年代同比增加 83.73%。其中，中国产量为 109.00 万 t，较 80 年代增长了 145.18%，占全球产量比例回升至 40.69%，这主要得益于改革开放后的农业产权变革与市场经济发展，中国菇农生产积极性被调动，加之七八十年代中国在菌种技术和菇木林栽培技术等方面的研发推广，中国食用菌产业由庭院经济迅速发展至特种蔬菜生产，成片集约化阶段，种植规模和单产水平双双攀升。其他食用菌生产大国中，除荷兰产量持续保持高速发展跃居全球第三外，其余国家产量增速均放缓，其中法国当年产量同比甚至下降了 8.59%。此外，西亚、地中海南部和非洲南部的食用菌产业开始发展。

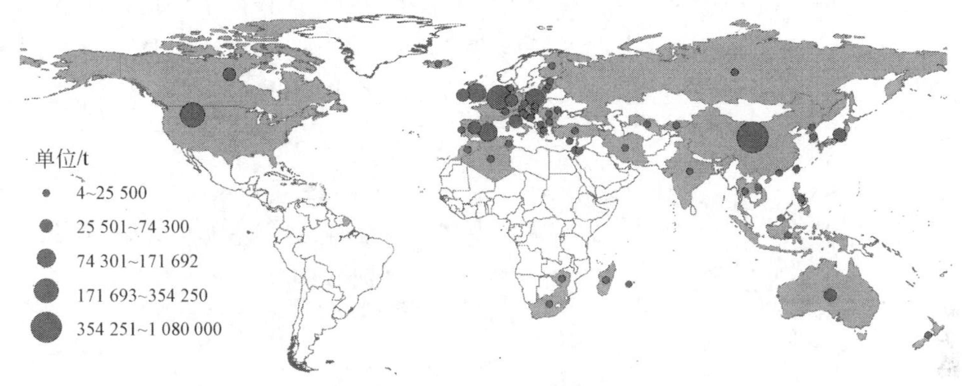

图 1.9 1994 年世界食用菌产量分布

21 世纪初与 20 世纪 90 年代近似，亚洲产量继续占据绝对主导地位。以 2004 年为例（图 1.10），全球食用菌产量达 527.70 万 t，较 20 世纪 90 年代同比几乎翻了一番。其中，中国产量为 336.05 万 t，同比增加 2 倍多，占全球产量比例提升至 63.68%。这主要是由于中国在 21 世纪步入了工厂化发展阶段，生产规模增速强劲，但单产水平在 2002 年达峰值后至 2010 年呈现的“U”形变动，单产整体有所下降。欧美食用菌产量增速平缓，部分传统生产大国如法国、英国等产量有所下降，亚洲地区日本产量也有所下降。而中亚、中欧地区食用菌产业的发展也奠定了如今全球食用菌生产的空间格局。

图 1.10 2004 年世界食用菌产量分布

21 世纪初，亚洲保持产量领先，欧美产量基本平衡但内部发生交替。以 2014 年为例，全球食用菌产量达 1037.82 万 t，较 2000 年增长 96.67%，整体增速稳定。其中，中国产量达 763.50 万 t，占全球产量的 73.57%，同比增加 127.20%，单产趋于稳定下的增长主要得益于生产规模的进一步扩大。欧美传统生产国生产规模趋于稳定，产量增速平缓，部分国家在成本压力下缩减产量，同时新兴的中欧国家在产量逐步扩张下替代了传统生产国，如意大利在 2007 年后急剧扩张，至 2012 年产量高达 101.69 万 t。期间伊朗的产量也反超日本成为亚洲第二（图 1.11）。

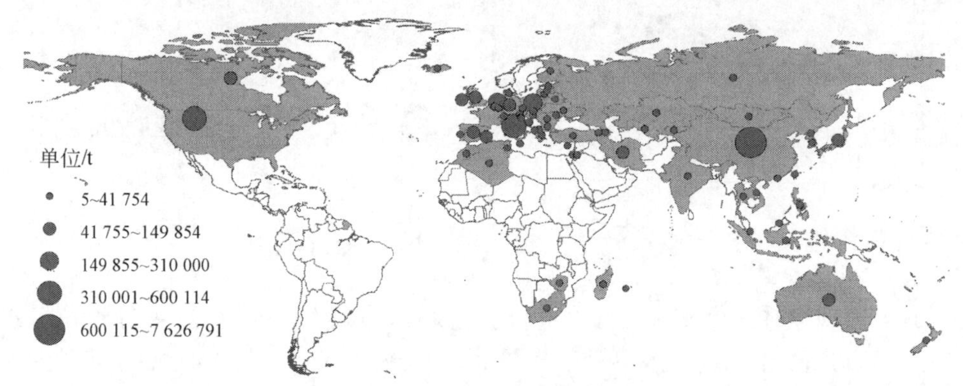

图 1.11　2014 年世界食用菌产量分布

表 1.6　1961 年以来主要年份的食用菌产量前十国家

1964 年		1974 年		1984 年		1994 年		2004 年		2014 年	
国家	产量	国家	产量	国家	产量	国家	产量	国家	产量	国家	产量
中国	35.27	中国	42.14	中国	44.46	中国	109.00	中国	336.05	中国	763.50
美国	6.50	法国	12.86	美国	25.47	美国	35.43	美国	38.76	意大利	60.01
法国	4.61	美国	12.68	法国	18.58	荷兰	22.00	荷兰	26.00	美国	43.21
日本	3.80	日本	5.70	荷兰	9.40	法国	17.17	法国	16.55	荷兰	31.00
英国	2.42	英国	5.60	英国	8.70	英国	13.38	波兰	15.00	波兰	25.42
德国	0.91	荷兰	3.90	日本	7.39	波兰	10.20	西班牙	13.88	西班牙	14.99
加拿大	0.83	德国	3.87	意大利	5.23	日本	7.43	意大利	9.42	法国	10.85
荷兰	0.80	意大利	3.12	德国	4.30	西班牙	7.08	加拿大	8.47	加拿大	10.25
南斯拉夫	0.62	韩国	2.87	西班牙	4.25	意大利	6.82	英国	7.40	英国	9.49
丹麦	0.54	加拿大	1.74	加拿大	4.19	德国	5.80	日本	6.62	伊朗	8.02
合计	56.30		94.48		131.97		234.31		478.15		976.74

续表

1964 年		1974 年		1984 年		1994 年		2004 年		2014 年	
国家	产量	国家	产量	国家	产量	国家	产量	国家	产量	国家	产量
全球产量	58.63		101.24		145.79		267.86		527.70		1037.82
全球占比	96.03%		93.32%		90.52%		87.47%		90.61%		94.11%

注：食用菌产生单位为万 t。数据来自于 FAO，其食用菌产品的范围多以蘑菇为主

1.5.5 主要结论

基于 FAO 数据库，本节整理分析了 1961 年以来全球食用菌生产格局的发展演变，得出如下主要结论：

（1）自 1961 年以来，全球食用菌产量持续增加，年平均增量速度为 5.91%，产业发展前景较为乐观。洲际层面上，全球食用菌生产主要集中于亚洲、欧洲和美洲，三大洲的食用菌产量逐年递增，产量年平均增速分别为 6.13%、5.66% 和 4.29%。就占全球食用菌产量的比例来说，亚洲产量全球占比在 20 世纪 80 年代中后期一度被欧洲反超而退居第二。

（2）单产方面，全球食用菌单产水平整体波动上升，单产年平均增速为 1.50%。洲际层面，全球食用菌单产的空间差异显著，欧洲单产水平数倍于亚洲水平，且在历史变革中剧烈变动，而亚洲单产水平相对较低，但呈稳定增长态势，凭借产量的绝对比例使得全球单产水平与之相近。

（3）生产格局方面，全球食用菌产业的空间分布越加广泛。20 世纪 60 年代主要集中于东亚、西欧和北美；七八十年代大洋洲和东南亚食用菌产业相继形成；21 世纪前后，东亚、西亚、地中海南部、非洲南部、中亚和中欧食用菌产业也陆续形成规模，并奠定了如今食用菌产业的基本格局。在亚洲食用菌产业不断强化绝对数量优势的同时，欧美食用菌产业内部也发生传统产地向新兴产地的转移交替。

（赖晓敏　张俊飚　畅华仪　程文能）

1.6 中国黑木耳产业的时序演进与空间差异分析

1.6.1 引言

食用菌产业是集高效农业、循环农业、低碳农业和可持续农业特征于一体的现代农业，是经济效益、社会效益和生态效益极其显著的新兴产业，担负着转化

农林废弃物、增加蛋白质供给和增强食物安全保障能力的重要任务，其产业发展战略地位不容小觑。食用菌产业的培育与发展是实现农业增效与农民增收的重要举措，也是完善现代农业产业体系和推进农村经济快速发展的重要内容。20 世纪 90 年代以来，随着国际食用菌产业发展格局的变动，以及国内食用菌生产得天独厚的自然条件，在各级政府部门的重视和推动下，我国食用菌产业获得了良好的发展，跃居成为世界第一的食用菌生产大国。

食用菌产业以不与人争粮、不与粮争地、不与地争肥、不与农争时、不与其他行业争资源为显著特点，可点草成金，变废为宝，其潜藏的经济、社会与环境效益受到越来越多的关注。纵观人们对食用菌及其产业的研究，主要集中于 5 个方面，即食用菌产业发展现状、特征的研究，食用菌（菇类）市场特征与国际贸易格局分析，食用菌产业管理与技术需求，食用菌产业资源利用与环境治理，区域食用菌产业发展。虽然众学者的研究均取得了较具价值的研究成果，有利于国家食用菌产业体系的持续健康发展。但仔细分析不难发现，这些研究多以整个食用菌产业为研究对象，针对具体大类食用菌的时序演进与空间差异分析研究较少。因此，若围绕此方向展开研究，将进一步完善我国食用菌产业体系的建设，具有一定的理论与实践指导意义。

黑木耳是我国食用菌产品大类之一，更是人们日常生活中经常食用的菌类之一。从产量方面看，2015 年，我国黑木耳产量达 624.7 万 t，占全国食用菌总产量的 17.97%，仅次于香菇的产量，位于第二位。从营养成分看，因黑木耳蛋白质含量堪比动物食品，故具有“素中之荤”的美誉。除此之外，黑木耳还含有丰富的维生素 E、维生素 K、铁、钙等元素，是美容养颜、减肥清肠、预防心血管疾病的重要食物来源。基于此，本节以食用菌细类黑木耳为主要研究对象，归纳总结 2001 ~ 2013 年我国黑木耳产业的时序演进特征，并对其时空分布格局进行深入分析，以挖掘我国黑木耳产业发展趋势及空间差异的内在机理。

1.6.2 研究方法

本书的中国食用菌总产量及黑木耳产量均来源于联合国粮食及农业组织数据库（FAOSTAT）。基于研究目的，本节利用探索性空间数据分析法（exploratory spatial data analysis，ESDA）描述我国黑木耳产业空间分布规律及结构，并将研究结果以可视化图谱的方式表达。具体而言，首先，利用全局 Moran's I 指数探索我国黑木耳产业的空间分布特征，判断是否存在集聚现象；其次，利用局部 Moran's I 指数考察省域黑木耳产业的空间异质性，并结合 LISA 散点图判断各个省份的集聚类型及其对集聚的贡献度。

Moran's I 指数的计算公式为

$$\text{Moran's } I = \frac{\sum_{i=1}^{n}\sum_{j\neq 1}^{n} W_{ij}z_i z_j}{\sigma^2 \sum_{i=1}^{n}\sum_{j\neq 1}^{n} W_{ij}} \tag{1.1}$$

式中，n 为研究区域中的地区数量；$z_i = \frac{x_i - \bar{x}}{\sigma}$，$z_j = \frac{x_j - \bar{x}}{\sigma}$，$\bar{x} = \frac{1}{n}\sum_{i=1}^{n} x_i$，$\sigma^2 = \frac{1}{n}\sum_{i=1}^{n}(x_i - \bar{x})^2$；$x_i$ 与 x_j 分别为 i 省与 j 省的黑木耳产量；W_{ij} 为邻接空间权重，其中当区域 i 与区域 j 相邻时，$W_{ij}=1$；否则，即不相邻时，$W_{ij}=0$。通过计算可知，Moran's I 指数取值在-1～1，其中［-1，0）表示空间负相关，0 表示空间不相关，（0，1］表示空间正相关。当然，利用统计量中的 Z 值与概率 P 值，可以检验结果的显著程度。

类似的，给出局域空间自相关系数 local Moran's I 的计算公式，具体见式（1.2）。当局域空间相关系数取值为正时，表示同类型属性值的要素相邻近，负值则表示不同类型属性值相邻近。

$$I_i(d) = z_i \sum_{j\neq 1}^{n} W_{ij} z_j \tag{1.2}$$

1.6.3 我国黑木耳产业的时序演进

以 FAOSTAT 数据库中我国食用菌产量、黑木耳产量的数据为基础，可以绘制出 2001～2013 年我国黑木耳产量变动的趋势图，具体如图 1.12 所示。图中折线图表示 2001～2013 年我国黑木耳产量占食用菌总产量比例的变化趋势，柱状图表示我国黑木耳产量的时序演进趋势。

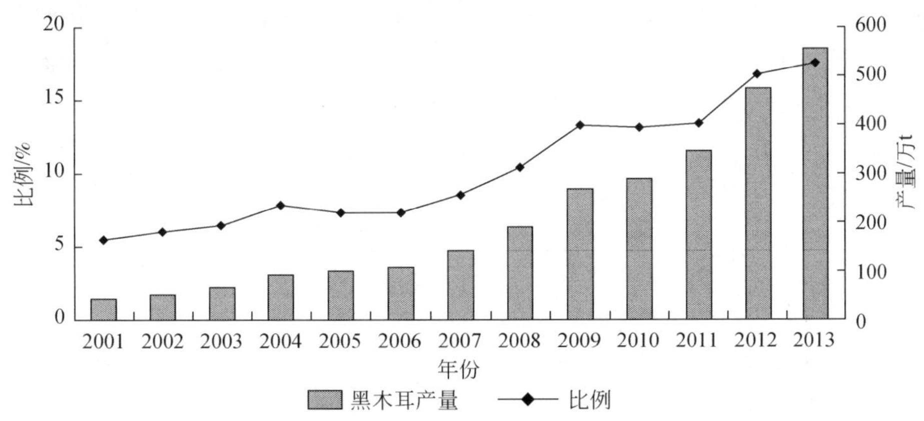

图 1.12　我国黑木耳产量及其占食用菌总产量比例情况

由图 1.12 可知，从产量的绝对量看，我国黑木耳产量呈明显的上升趋势。具体而言，2001 年我国黑木耳产量为 42.50 万 t，2013 年，黑木耳产量高达 556.39 万 t，是 2001 年产量的 13.09 倍，年均增速达 21.88%。其中，2006 年、2009 年、2011 ~2013 年，我国黑木耳产量分别突破 100 万 t、200 万 t、300 万 t、400 万 t 与 500 万 t。从增长速度（较上一年）看，样本考察期内增幅多高于 20%，但也存在明显的年际差异。其中，2009 年增幅最大，高达 41.59%；2005 年增幅最小，仅为 7.32%；最大增幅与最小增幅相差约 34 个百分点。从折线图趋势看，我国黑木耳产量在食用菌总产量中的比例总体呈上升趋势，并呈波动状。一方面，研究期间，黑木耳产量占食用菌总产量比例由 2001 年的 5.44% 增长到 2013 年的 17.55%，增长了约 12 个百分点；另一方面，2001 ~2013 年，黑木耳产量比例整体呈“海鸥状”，波动较大。2004 年与 2009 年达到 2 个峰值，而 2006 年与 2010 年则出现了 2 个谷值。

为了进一步分析我国黑木耳产业的时序演进规律，总结归纳黑木耳产业的时序演进特征，本书对各省份黑木耳产量进行简单分析。由表 1.7 可知，无论从省份还是从时序来看，我国黑木耳产量均呈现出较大的差异。从省份看，研究期间，我国从事黑木耳生产的省份可大致分为四类，即一直从事黑木耳生产的省份，如浙江、河南、湖北、湖南；少数年份从事黑木耳生产的省份，如内蒙古、广东、甘肃、宁夏、新疆；非黑木耳生产省份，如上海、海南、青海；其余为多年从事黑木耳生产的省份，如山西、辽宁、吉林、黑龙江等，共 20 个省份。

为了便于比较分析，本书着重分析 2001 年、2005 年、2009 年与 2013 年四个年份的各省份黑木耳产量的演进特征。若不考虑产量的大小，2001 年我国从事黑木耳生产的省份数目为 18 个，2005 年与 2009 年，省份数目为 21 个，2013 年省区数目增至 22 个。2001 年，黑木耳产量位于前 3 的省份依次为，黑龙江（20.01 万 t）、河南（3.50 万 t）、陕西（3.48 万 t）；2005 年，黑龙江依然位于第一位，黑木耳产量达 35 万 t，吉林黑木耳产量为 25 万 t，位于第二位，湖北以 11.16 万 t 的产量位于第三位；2009 年，黑龙江（124.25 万 t）与吉林（68.50 万 t）仍分别位于第一、第二位，河南（20.83 万 t）位于第三；2013 年，黑龙江以 247.15 万 t 的产量稳居第一位，河南以 109.34 万 t 的产量位于第二位，吉林以 85.70 万 t 位于第三位。

1.6.4 我国黑木耳产业的空间分析

以我国黑木耳产业时序演进规律为分析基础，首先，对全国各个省份的黑木耳产业的空间变化进行简要分析；其次以 1.6.2 节所述的 ESDA 空间分析方法为

表 1.7　2001 ~ 2013 年我国各省份黑木耳产量一览表

（单位：t）

省份＼年份	2001	2002	2003	2004	2005	2006	2007	2008	2009	2010	2011	2012	2013
北京	18	11	41	—	469	6 750	2 058	22 177	4 867	5 091	1 877	1 548	1 355
天津	—	—	—	120	—	100	200	1 000	800	1 000	500	—	0. 5
河北	100	—	—	—	15 429	7 265	—	200	57 464	14 090	41 971	36 535	33 880
山西	30 500	30 500	5 000	—	4 000	4 100	2 000	2 600	2 160	15 210	16 600	17 900	18 200
内蒙古	16 760	16 760	16 760	—	—	—	—	—	—	—	—	—	—
辽宁	3 600	4 000	3 150	—	1 429	3 952	6 102	10 002	10 142	16 603	57 277	67 760	71 600
吉林	20 000	20 000	100 000	—	250 000	280 000	—	350 000	685 000	761 500	860 000	843 270	857 000
黑龙江	200 050	210 000	250 000	—	350 000	350 000	534 650	897 500	1 242 500	1 524 190	1 724 190	2 061 017	2 471 508
江苏	—	3 924	—	7 766	6 495	4 435	5 145	3 266	4 086	2 456	7 494	7 500	5 744
浙江	10 280	87 019	91 370	3 000	20 000	20 000	30 000	57 000	70 000	90 000	179 000	180 000	361 507
安徽	20 000	14 500	5 548	5 000	16 421	8 910	1 812	1 812	9 486	—	—	—	—
福建	5 000	—	17 000	231 100	28 000	7 700	41 384	44 976	31 489	8 596	26 546	40 676	83 867
江西	—	—	30 000	20 000	5 000	5 500	5 000	6 000	8 000	26 800	39 400	54 371	67 312
山东	—	12 470	24 600	2 500	31 100	57 800	63 600	78 800	115 500	77 250	110 713	146 111	161 210
河南	35 029	41 274	31 558	449 061	70 400	109 852	162 004	144 343	208 322	195 578	177 319	1 087 710	1 093 390
湖北	32 000	41 600	62 000	3 600	111 600	116 000	161 962	167 800	145 240	27 450	48 305	60 409	61 202
湖南	10 000	9 000	2 000	11 000	2 320	2 500	2 710	5 620	8 050	13 050	13 050	13 050	15 050
广东	—	—	—	1 860	—	—	10	—	—	—	—	—	—
广西	—	1 000	1 200	1 751	13 481	11 291	22 082	44 322	19 132	20 557	38 080	54 986	64 424
重庆	—	1 840	—	1 000	4 570	3 450	13 480	3 811	3 971	4 368	—	—	—

续表

省份＼年份	2001	2002	2003	2004	2005	2006	2007	2008	2009	2010	2011	2012	2013
四川	1 820	3 000	1 930	171 000	3 500	—	—	—	—	18 000	25 000	78 500	79 400
贵州	3 000	800	3 000	—	600	2 000	50	30	50	50	—	1 421	1 831
云南	2 000	27 840	820	100	40 490	1 000	1 100	50	450	—	—	—	5201
陕西	34 800	14	24 178	—	210	74 106	45 698	63 893	70 607	74 060	93 315	—	104 513
甘肃	—	—	—	—	—	—	—	—	—	—	—	1 400	4 500
宁夏	12	—	10	150	—	—	—	—	—	—	—	—	—
新疆	—	—	—	—	—	—	—	—	—	—	—	—	1 200
总计	424 969	525 552	670 165	909 008	975 584	1 076 711	1 441 047	1 905 002	2 697 316	2 895 899	3 460 637	4 754 164	5 563 897

注：①表中数据来自 FAOSTAT 数据库，由作者整理所得；②表中数据不包括上海、海南、青海及港澳台地区

工具，利用全局 Moran's *I* 指数考察黑木耳相邻省域是否存在明显的集聚现象及溢出效应；基于全局自相关结果并结合 LISA 散点图考察黑木耳生产省域的局部自相关性，即分析省域黑木耳产业对各个集聚类型的贡献度。

1.6.4.1 黑木耳生产空间分布

以我国各个省域黑木耳产量为基础（表 1.7），可以绘制出 2001 ~ 2013 年我国黑木耳产业的空间分布图，为了保持时序与空间两个维度综合分析的一致性，着重分析 2001 年、2005 年、2009 年和 2013 年四个年度黑木耳的生产情况。如图 1.13 所示，以黑木耳产量为基础，对我国黑木耳产业进行等级划分，并以颜色的深浅表示区域产量高低的不同，其中颜色从深到浅依次表示黑木耳高、次高、中、低、贫瘠 5 个产区。

由图 1.13 可知，2001 年，我国黑木耳高产区仅包括黑龙江 1 省，其黑木耳产量高达 20 万 t，远高于其他省份；河南（3.50 万 t）①、陕西（3.48 万 t）、湖北（3.2 万 t）、山西（3.05 万 t）4 省属于第二组，即黑木耳次高产区；吉林（2 万 t）、安徽（2 万 t）、内蒙古（1.68 万 t）、浙江（1.03 万 t）、湖南（1 万 t）5 省（自治区）属于第三组，即黑木耳中产区；福建（0.50 万 t）、辽宁（0.36 万 t）、

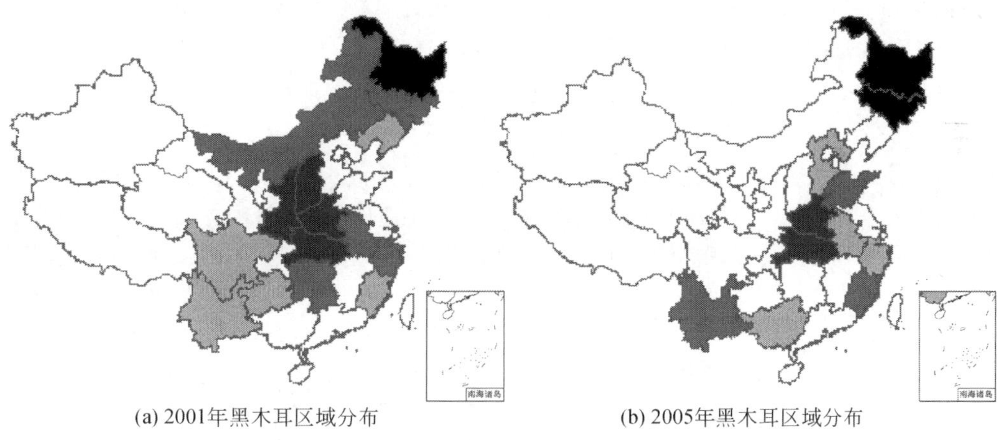

(a) 2001年黑木耳区域分布　　(b) 2005年黑木耳区域分布

图 1.13　我国黑木耳生产区域分布

① 括号内的数值为对应省份的黑木耳产量，如河南（3.50 万 t）表示河南省当年黑木耳产量为 3.50 万 t。

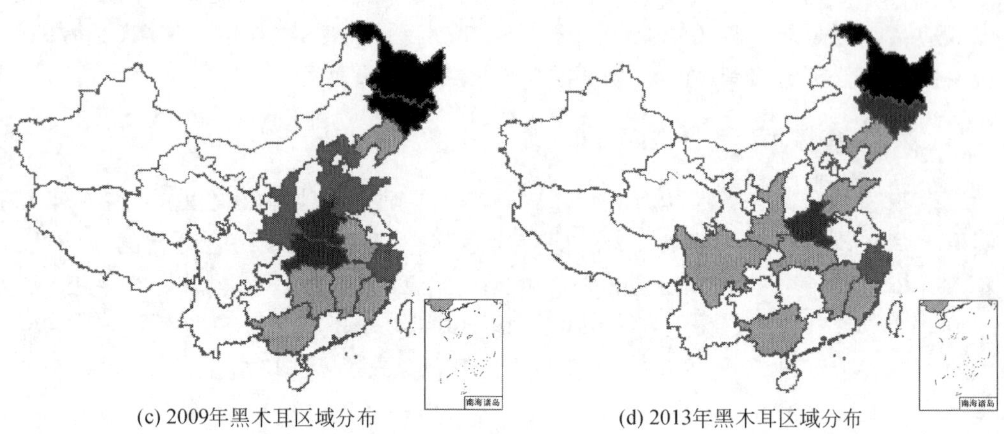

(c) 2009年黑木耳区域分布　　(d) 2013年黑木耳区域分布

图 1.13　我国黑木耳生产区域分布（续）

贵州（0.30 万 t）、云南（0.20 万 t）、四川（0.18 万 t）5 省属于第三组，即黑木耳低产区；其余省区属于黑木耳生产贫瘠区，其中，北京与天津，有少量黑木耳生产，其余省份黑木耳产量为零。

较于 2001 年，2005 年我国省域黑木耳产量整体有所上升，省域黑木耳产量最高达 35 万 t，增长了 74.96%，但各个省份的位次变化较大。具体而言，从省域分布看，吉林省（25 万 t）跻身于高产区域，与稳居第一的黑龙江省（35 万 t）属于第一组（黑木耳高产区）；黑木耳次高产区、中产区与低产区包括省份数目有所减少，其中高产区仅包括湖北（11.16 万 t）、河南（7.04 万 t）2 省；中产区包括云南（4.05 万 t）、山东（3.11 万 t）与福建（2.80 万 t）3 省；低产区包括浙江（2 万 t）、安徽（1.64 万 t）、河北（1.54 万 t）与广西（1.34 万 t）4 省（自治区）；其余省份为黑木耳生产贫瘠区，其中江苏、江西、重庆、山西、四川、湖南、辽宁、贵州、北京与陕西 10 省（直辖市）仍有少量黑木耳生产，其余省份黑木耳产量为零。

2009 年，我国省域黑木耳产量继续大幅度上升，最高产量突破 100 万 t，但是省域黑木耳产量差距仍然显著。具体而言，黑龙江（124.25 万 t）、吉林（68.50 万 t）2 省仍为黑木耳高产区；次高产区仍包括河南（20.83 万 t）与湖北（14.52 万 t）2 省，不同于 2005 年的是，河南黑木耳产量超过湖北省，在全部省份的排名中位于第三位；中产区包括山东（11.55 万 t）、陕西（7.06 万 t）、浙江（7 万 t）与河北（5.74 万 t）4 省；低产区包括福建（31.49 万 t）、广西（1.91 万 t）、辽宁（1.01 万 t）、安徽（0.95 万 t）、湖南（0.81 万 t）、江西（0.80 万 t）6 省（自治区）；其余省份属于黑木耳生产贫瘠区，其中，北京、江苏、重庆、山西、天津、云南、贵州 7 省（直辖市）仍有少量黑木耳生产，其余省份黑木耳产量为零。

2013 年，我国省域黑木耳产量再创新高，突破 200 万 t，高达 247.15 万 t。然而，同于其他几个样本年份，省域黑木耳产量差异显著。其中，黑木耳高产区、次高产区包括省份减少，仅分别包括 1 省，高产区为黑龙江省，次高产区为河南省（109.34 万 t）；中产区包括吉林（85.70 万 t）与浙江（36.16 万 t）2 省；低产区包括山东（16.12 万 t）、陕西（10.45 万 t）、福建（8.39 万 t）、四川（7.94 万 t）、辽宁（7.16 万 t）、江西（6.73 万 t）、广西（6.44 万 t）与湖北（6.12 万 t）8 省（自治区）；其余省份为黑木耳生产贫瘠区，当然也有一些省份具有少量的黑木耳产量，在此不再一一赘述。

综上所述可知，我国黑木耳各主产省份的产量呈不断上升趋势，2013 年最高省份的黑木耳产量较于 2001 年增长了 12.35 倍。此外，省份间的黑木耳生产优劣势凸显，且差异显著。具体的原因可解释为：一方面，由于我国幅员辽阔，地域、省域之间的气候差异显著，导致部分省份不具有黑木耳生产的自然条件；另一方面，由于部分省份黑木耳产业起步较早，累积了较丰富的黑木耳生产经验，在黑木耳生产中具有一定的技术优势。也正是由于我国省域黑木耳生产中的显著差异，形成了不同等级的黑木耳生产区域。

1.6.4.2 空间自相关分析

1.6.4.1 节分析了我国省域黑木耳的空间分布，并简要概述了黑木耳不同产区形成的原因，然而并未详细地说明我国省域黑木耳生产是否存在明显的集聚与溢出效应，也未进一步阐述哪些省份对当前黑木耳生产格局的贡献度比较大。因此，接下来，本节将从空间自相关的角度探讨省域黑木耳生产的空间特征及差异。

（1）全局自相关分析

借助于 ArcGIS 和 GeoDa 1.2.0 软件，选取蒙特卡洛模拟 999 次检验黑木耳的全局 Moran's I 指数，具体结果见表 1.8。表 1.8 给出了 2001 ~ 2013 年我国黑木耳产业的全局 Moran's I 指数、期望值、标准差及 Z 值与 P 值检验结果。

表 1.8 黑木耳产量全局 Moran's I 指数统计检验结果

年份	Moran's I	期望值	标准差	Z 值	P 值
2001	0.0920 **	−0.0303	0.0545	2.1759	0.030
2002	0.0215	−0.0303	0.072	0.6737	0.215
2003	0.2218 ***	−0.0303	0.0778	3.1823	0.009
2004	−0.0855	−0.0303	0.0786	−0.7653	0.199

续表

年份	Moran's I	期望值	标准差	Z 值	P 值
2005	0.3088***	-0.0303	0.0891	3.7931	0.009
2006	0.3203***	-0.0303	0.0886	3.9695	0.007
2007	-0.0301	-0.0303	0.0644	-0.0352	0.429
2008	0.2222***	-0.0303	0.0701	3.572	0.008
2009	0.3003***	-0.0303	0.0739	4.4087	0.007
2010	0.2914***	-0.0303	0.0716	4.4541	0.008
2011	0.2902***	-0.0303	0.0681	4.70887	0.004
2012	0.1843**	-0.0303	0.0762	2.7975	0.021
2013	0.1615**	-0.0303	0.0712	2.6766	0.021

*** 代表通过1%的显著检验；** 代表通过5%显著性检验；* 代表通过10%的显著性检验

由表1.8可知，2001～2013年我国黑木耳全局 Moran's I 指数大部分为正值，占样本考察期指数总数目的84.62%，仅2004年与2007年的指数值为负。其中，黑木耳全局 Moran's I 指数的最大值为2006年的0.3203，最小值为2004年的-0.0855。就其显著性而言，除2002年、2004年与2007年之外，其余10个年份的全局自相关指数均通过不同置信水平下的显著性检验。具体而言，2003年、2005年、2006年、2008～2011年共7个年份通过了1%的显著性检验；2001年、2012年和2013年3个年份通过了5%的显著性检验。

从黑木耳全局 Moran's I 指数的变动轨迹看，我国黑木耳全局 Moran's I 指数的变动可划分为两个阶段，即2001～2008年的波动上升期和2009～2013年的稳定下降期。具体来看，在波动上升期内，2001～2005年，出现了“降—升—降—升”的趋势；并于2005年达到研究期内的峰值0.3088，于2004年和2007年分别出现了研究的2个谷值，也是整个研究期仅有的负值，即2004年的-0.0855与2007年的-0.0301，但2个谷值均在次年迅速回升。在稳定下降期内，我国黑木耳产业的全局 Moran's I 指数下降幅度达44.22%，2009～2011年，我国黑木耳全局 Moran's I 指数下降幅度并不明显，仅达3.36%，但自2011年起，下降幅度增大，至2013年，3年下降幅度达44.35%。

深入分析全局自相关系数的绝对量及变动趋势可知，我国黑木耳全局 Moran's I 指数变动趋势较大，且部分年份全局 Moran's I 指数存在负值（图1.14）。然而，仍可以简单地推测出，我国黑木耳生产在地域上存在一定的正相关性，即某一省份的黑木耳生产会对相邻省份的黑木耳产业起到一定的影响作用，从而使黑木耳生产在地域上形成一定的集聚或者溢出效应。

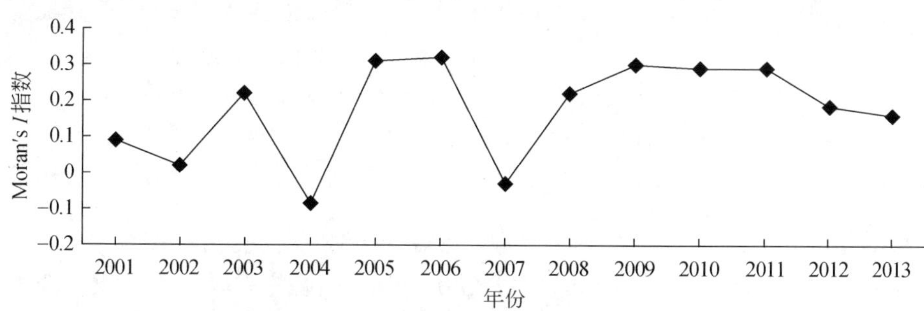

图 1.14 我国黑木耳全局 Moran's I 指数分布图

(2) 局部自相关分析

基于我国省域黑木耳产量数据（表 1.7），结合空间数据分析方法，可以计算得到局部自相关指数及其 LISA 散点图，为了便于分析，本节直接给出我国省域黑木耳 LISA 散点图对应区域（表 1.9）。由表 1.9 可知，可以将我国省域黑木耳生产的集聚效应分为高-高集聚、低-高集聚、低-低集聚与高-低集聚四种类型。实际上，上述四种类型对应着 LISA 散点图的四个象限，即第一象限为高-高集聚，第二象限为低-高集聚，第三象限为低-低集聚，第四象限为高-低集聚。为了保持本书时序演进分析与空间自相关分析的一致性，并考虑到有限的篇幅，仍以 2001 年、2005 年、2009 年及 2013 年为主要样本年份。

表 1.9 我国黑木耳 LISA 散点图对应区域

年份	高-高集聚	低-高集聚	低-低集聚	高-低集聚
2001	黑龙江、内蒙古、吉林、山西、河南、湖北、陕西、安徽	辽宁、山东、江西、海南、河北、重庆、宁夏	甘肃、广西、广东、江苏、上海、新疆、西藏、天津、青海、北京、云南、贵州、福建、四川、浙江、湖南	
2005	黑龙江、吉林、河南	辽宁、内蒙古、安徽、江西、海南	山西、陕西、河北、重庆、宁夏、甘肃、广西、广东、江苏、上海、新疆、西藏、天津、青海、北京、贵州、福建、四川、浙江、湖南	湖北、云南、山东
2009	黑龙江、吉林	山西、安徽、海南、内蒙古、辽宁	江西、陕西、河北、重庆、宁夏、甘肃、广西、广东、江苏、上海、新疆、西藏、天津、青海、北京、贵州、福建、四川、浙江、湖南、云南	山东、湖北、河南

续表

年份	高-高集聚	低-高集聚	低-低集聚	高-低集聚
2013	吉林、黑龙江	内蒙古、山东、辽宁、山西、安徽、湖北、河北、上海	海南、江苏、福建、陕西、江西、新疆、宁夏、西藏、湖南、云南、贵州、广东、天津、青海、甘肃、重庆、北京、广西、四川	河南、浙江

由表1.9可知，从样本观测年份看，在不同年份下，我国省域黑木耳生产集聚类型存在一定的差异性。具体而言，2001年，我国黑木耳产业集聚类型只包括三个象限，属于高-低集聚区的省份为零，且我国黑木耳产业主要集聚于高-高集聚区与低-低两个区域。其中，高-高集聚区包括8省份，低-低集聚区包括16省份。2005年、2009年、2013年我国黑木耳产业分布包括四种集聚类型，且均主要集聚于低-高与低-低集聚区，即LISA散点图中的二、三象限。其中，2005年二、三象限（低-高与低-低集聚区）分别包括5省份和20省份；2009年二、三象限分别包括5省份和19省份，2013年二、三象限分别包括8省份和19省份。

从省域分布看，2001～2013年，我国主要年份不同省份的黑木耳集聚类型存在明显的差异。具体而言，

1）高-高集聚区，位于该区域的省份，黑木耳产量较高，且周围省份也多属于黑木耳高产省份，此集聚区溢出效益明显。从样本年份看，黑龙江、吉林2省一直属于该集聚区，黑木耳产量较高。但在2001年，该区域包括省份较多，除了黑龙江、吉林2省之外，还包括山西、河南、湖北、陕西、安徽和内蒙古；2005年该集聚区省份数目降为3个，仅有黑龙江、吉林、河南3省；2009年与2013年仅有黑龙江与吉林2省。

2）低-高集聚区，位于该区域的省份黑木耳产量不高，但周围省份属于黑木耳高产区，该区域易向高高集聚区过渡。其中，除辽宁省稳居于该区域外，其他省份分布略有不同。具体而言，2001年该集聚类型还包括重庆、宁夏、山东、江西、海南、河北；2005年包括内蒙古、安徽、江西、海南；2009年除了内蒙古、安徽、海南外，还包括山西；2013年，除内蒙古和安徽外，还包括山东、山西、湖北、河北及上海。

3）低-低集聚区，类似于上述分析，位于该区域的省份黑木耳产量较低，且其周围省份黑木耳产量也不高，容易形成低低集聚现象。由表1.9可以明显地看出，该集聚区域包括省份最多，如甘肃、广西、广东、江苏、新疆、西藏、天津、青海、北京、贵州、福建、四川、湖南均一直属于该集聚区域；其余所包括的省份中，上海、浙江在2001年、2005年与2009年均属于低-低集聚区，2013

年分别属于低–高集聚区与高–低集聚区；陕西、重庆、宁夏在 2005 年、2009 年、2013 年均属于低–低集聚区，2005 年陕西属于高–高集聚区，重庆、宁夏则属于低–高集聚区；山西省仅在 2005 年属于低–低集聚区，河北省于 2005 年与 2009 年属于该集聚区，江西省于 2009 年和 2013 年属于低–低集聚区，海南省仅在 2013 年属于低–低集聚区。

4）高–低集聚区，位于该集聚区域的省份黑木耳产量较高，但是其周边省份的黑木耳产量较低，故形成了高–低集聚区。2001 年，没有省份属于该集聚区；2005 年该集聚区有湖北、云南、山东 3 省；2009 年，湖北、山东 2 省仍属于此集聚区，但云南省变为了低–低集聚区，河南省则由 2005 年的高–高集聚区进入高–低集聚区；2013 年，河南省依然属于该集聚区，湖北、山东 2 省进入了低–高集聚区，浙江省由 2009 年的低–低集聚区进入当前的高–低集聚区。

综合上述分析可知，我国黑木耳生产具有明显的空间集聚效应，且省域间黑木耳产业的空间集聚类型存在很大的差异性。具体而言：高–高集聚区主要分布在我国东北地区，尤以黑龙江、吉林 2 省份较为突出；低–高集聚区分布较为零散，主要涉及我国渤海湾、东部沿海以及中部的一些省份；低–低集聚区包括的省份数目最多，大致分布同于低–高集聚区，除此之外，还涉及部分西部省份；高–低集聚区主要集聚于中部及东部沿海省份。

1.6.5 结论与讨论

1.6.5.1 研究结论

首先，基于食用菌产业在现代农业发展中的作用，本节简要分析了黑木耳在整个食用菌产业发展中的地位，以及其在人们日常生活中的作用；其次，在文献梳理的基础上，对黑木耳产业的时序演进与空间分布进行了分析；最后，借助于 ESDA 分析方法中的 Moran's *I* 指数对我国黑木耳产业的空间自相关进行分析，主要得出以下 3 个方面的研究结论。

第一，无论从黑木耳产量的绝对量还是其占食用菌总产量的比例看，我国黑木耳产业呈现出良好的生产势头，但兼具年际生产不稳的时序演进特征。具体而言，从产量的绝对量看，我国黑木耳产量呈明显的上升趋势，但年际差异显著；从占比来看，我国黑木耳产量在食用菌总产量中的比例总体呈波动上升趋势。

第二，依据我国省域黑木耳产量，可将我国黑木耳生产划分为黑木耳高、次高、中、低、贫瘠 5 个产区。我国各个黑木耳主产省份的产量呈不断上升的趋势，但省份间黑木耳生产的优劣势明显，且差异显著。究其原因，可能是由于黑木耳生产区域的自然条件及生产技术差异所致。

第三，我国黑木耳生产具有明显的空间集聚效应，且省域间黑木耳产业的空间集聚类型存在很大的差异性。其中，高-高集聚区主要分布在我国东北地区，尤以黑龙江、吉林2省较为突出；低-高集聚区分布较为零散，主要涉及我国渤海湾、东部沿海以及中部的一些省区；低-低集聚区包括的省区数目最多，大致分布同于低-高集聚区，不同之处在于，低-低集聚区还涉及部分西部省份；高-低集聚区主要集聚于中部及东部沿海省份。

1.6.5.2 讨论

综上所述，本书归纳了我国黑木耳产业发展的时序演进特征，并划分了省域黑木耳的空间分布及空间集聚类型，获得一定的研究结论，但同时也存在一定的不足。例如，作者并未明确地计算出各个省（自治区、直辖市）对其所在集聚区域的贡献度等。当然，在以后的研究中，作者将以此作为研究的重点，不断地完善我国黑木耳产业发展领域的研究。依据本书现有的研究结论，并结合当前我国黑木耳生产现状，可从以下三个方面促进我国黑木耳产业的发展。

首先，应注重科技在黑木耳产业发展中的作用。科学技术是第一生产力，加之当前黑木耳产业发展面临更大、更多的自然资源约束，因此若想促进黑木耳产业的长久持续发展，必须提高整个产业的科技含量。此外，我国省域黑木耳产业的差异多是由自然条件或技术差异导致的，通常情况下，自然条件很难被完全改变，因此只能通过提升技术含量来缩小各个省域之间黑木耳生产的差异。

其次，应注重发挥黑木耳产业的集聚效应。我国黑木耳产业发展存在明显的集聚效应，且集聚类型包括高-高、低-高、低-低、高-低四种。因此，在以后的黑木耳产业发展中，应在“因地制宜”原则下，积极推动高产区带动低产区，促使低-高、高-低两种集聚类型向高-高集聚类型的转变。当然，在提升黑木耳产量的同时，应注重增加产业链条的附加值，集聚区内的省份可以依据自身优势进行不同的产业分工，从而优化各类资源配置，提高整个黑木耳产业链的价值，进而提高我国黑木耳产业的综合竞争力。

最后，应在黑木耳产业增产增值的同时，注重产业的环境效益。食用菌产业是现代农业的缩影，不但具有使农民增收、农业增效，促进新农村建设的社会与经济效益，更隐藏了巨大的环境效益。此外，环境问题又是各个领域较为关注的热点问题，若在以后的黑木耳产业发展中，能充分地重视并提高其环境效益，将会提升黑木耳产业，甚至是整个食用菌产业的综合效益，更有利于促进产业体系的发展。

（陈祺琪　张俊飚　程琳琳　王茹慧）

2 市 场 供 需

2.1 信息流动与菇农食用菌销售渠道选择

2.1.1 引言

随着全球化进程的推进，国际农业和食品体系也正经历着重大的变革。这种变革不仅体现在从自给自足到商品化生产，从沿街为市到现代零售业态，也体现在从食物短缺到饮食多样化，从食不果腹到注重营养健康等诸多方面。作为一种新兴朝阳产业，食用菌产业已成为继粮菜果之后的第四大种植产业，其在农业经济中的作用和地位也日益凸显。同时，作为一种纯天然食品，食用菌富含蛋白质、维生素和氨基酸等营养元素，具有独特的保健功效，越来越受到世界各国广大消费者的青睐。

据相关统计显示，2015 年我国食用菌总产量为 3476.15 万 t，占到全世界食用菌总产量的 75% 以上，产值达到 2516.38 亿元，已成为我国农业与农村经济的重要产业。随着食用菌产业的快速发展，食用菌如何低成本、高效率地进入市场，菇农与市场之间实现良好流通显得尤为重要。然而，菇农在食用菌菌种购买、生产、管理和销售过程，不是很了解市场信息，仅依靠自己的经验进行决策，食用菌销售渠道选择仍是以实体信息流动为主（卢敏等，2010），食用菌进入市场的壁垒较高，市场流通体系存在绩效低下、交易关系不稳定等问题，与此同时，没有很好地利用虚拟的网络信息流动平台，菇农与市场之间的信息流动没有充分发挥作用，制约着食用菌产业持续健康发展。

因此，完善食用菌的销售渠道，对于降低农户的生产风险，提高农民的生产积极性，增加农民的收入，满足消费者多样营养的需求，推动现代农业的发展，具有重要的作用和意义。

2.1.2 文献综述

目前，众多学者针对农产品销售渠道选择及相关方面做了大量研究，并形成了较为丰富的研究成果，其中研究较多的方面主要集中于农户农产品销售渠道选择的影响因素。

首先，由于农户在文化程度、年龄、收入、家庭背景、社会资本等方面的差异，农户及其生产的社会经济特性对其农产品销售渠道的选择影响十分明显（Berdegue et al.，2006；郑鹏，2012；宋金田，2013）。

其次，随着研究的不断深入，诸多学者逐渐将供应链垂直协作理论引入，以更好地解释农户农产品销售渠道选择及农户与交易对象的关系等。而在这其中，交易成本是农户及农业生产组织选择某种垂直协作模式的决定性因素（Frank and Hende Yson，1992），不仅包括信息流动成本，还包括谈判成本及执行成本等。一般而言，信息成本、谈判成本和运输成本会阻碍农户的市场参与度，而合作组织可以在一定程度上降低这些交易成本，改变农户的销售渠道，进而增加农户参与市场的机会（Alene et al.，2008）。因此，降低交易成本和交易风险成了农户选择垂直协作模式的主要原因（Degla，2012）。

与此同时，随着信息逐渐成为与劳动、资本、技术、知识等类似的生产要素，作为农户生产经营成本（或生产投入）的一部分，其在农产品生产和市场交易中作用愈加重要，而对于农产品销售的重要性也不言而喻（赵梦平和符刚，2009）。当然，由于不同的信息流动机制的利弊存在差异，农户对农产品销售信息流动模式的选择也会有所不同。但不可否认的是，随着信息技术的快速发展与广泛应用，信息流动在农产品销售过程中作用愈加明显，控制信息流动成本、提高信息的经济效益应是农民的生产经营目标之一（常微和娄策群，2010）。

毋庸置疑，关于农产品销售渠道选择的相关研究成果较为丰硕，这为本节的研究提供了坚实的基础。但就当前我国食用菌销售市场的诸多现实情况来看，本节认为相关研究仍有进一步拓展的空间和余地，特别是在菇农与市场对接之间的信息流动方面。与此同时，目前关于我国菇农信息流动的诸多研究均关注于相关理论的探讨，鲜有学者对我国菇农的信息流通情况给予实证分析，难以清晰地把握我国食用菌市场的真实发展水平，这不利于我国食用菌产业健康持续发展。因此，基于信息流动等理论，本书运用有序 Logit 模型对我国 15 个省份 585 户菇农的食用菌销售渠道选择及信息流动状况进行探讨，以期为我国食用菌产品的顺利流通与销售，以及产业成本的降低和良性发展提供一定的参考价值。

2.1.3 数据来源与描述性统计

2.1.3.1 数据来源

本书所用数据均来自于国家食用菌产业技术体系产业经济研究室于 2009 年 4~6 月对菇农的问卷调查。调查区域涉及全国 15 个省份，主要有东北三省（黑龙江、吉林、辽宁）的 10 区县、湖北的 4 区县、山东的 4 区县、河南的 7 区县、河北的5区县、江苏的6区县、陕西的4区县、浙江的8区县、福建的6区县及北京、甘肃、上海、新疆等地（样本量较少）（表2.1）。鉴于2008年上述11个省份的食用菌总产量和总产值分别占到全国77.44%和78.11%的事实，在很大程度上已覆盖了我国食用菌主产区域，能够基本上反映我国食用菌产业的发展概况，具有较强的代表性，所以选择它们对相关问题进行考察。

表2.1 调查区域分布情况

地区	调查农户的具体地域分布	有效调研样本合计	所占比例/%
辽宁	丹东市、庄河县	19	3.25
吉林	敦化市、磐石市、汪清、蛟河	76	12.99
黑龙江	海林市、伊春市、尚志、牡丹江市	63	10.77
湖北	宜昌市远安县、十堰市房县、随州市、武汉市新洲区	57	9.74
山东	烟台市牟平县、定陶县、莘县、邹城市	36	6.15
河南	南阳市、濮阳市、洛阳市、平顶山市、泌阳县、夏邑县、汤阴县	97	16.58
河北	石家庄市、保定市、承德市、衡水市、遵化市	89	15.22
江苏	泗阳、沐阳、丹阳、金坛、连云港、徐州市丰县及铜山县	74	12.65
陕西	汉中地区勉县及略阳县、强县、威武市凉州区	12	2.05
浙江	江山市、常山市、平湖市、嘉兴市、平湖市、杭州市、湖州市、磐安县	26	4.45
福建	漳州市、龙海市、仙游县、屏南县、南平市顺昌县、古田县	31	5.30
北京、上海等	北京市房山区、天津市、新疆米泉、上海市奉贤区	5	0.85

2.1.3.2 样本农民基本特征

本次调查共收回调查问卷628份，剔除数据缺失严重等原因造成的无效问卷，所使用的有效问卷共计585份，问卷的有效率为93.15%。

被调查的菇农中，以男性为主，为357人，占总体比例61.0%；女性228人，仅占总体的39.0%。年龄方面，菇农的平均年龄为44.32岁，40～60岁的农户比例最高，约占到总体的65.5%，这反映出当前从事食用菌生产的农民主要是中年劳动力。在受教育程度方面，初中及以下文化程度的菇农共444人，占到被调查菇农总量的近76%，而大专及以上学历的菇农仅占3.1%，这与当前我国农业经营者整体受教育程度偏低的现实也基本一致，菇农的受教育程度有待提升。参加合作组织的菇农占比为40.5%。综合来看（表2.2），样本具有一定的代表性，数据比较可靠。

表 2.2 被调查菇农基本特征

项目	指标	样本量	所占比例/%
菇农性别	男	357	61.0
	女	228	39.0
菇农年龄	40 岁以下	169	28.9
	40～60 岁	383	65.5
	60 岁及以上	33	5.6
受教育程度	小学及以下	100	17.1
	初中	344	58.8
	高中或中专	123	21.0
	大专及以上	18	3.1
合作社/协会成员	参加食用菌合作社/协会	237	40.5

2.1.3.3 菇农食用菌销售渠道选择模式

根据实地调研菇农的基本情况可知，按照菇农进入食用菌市场的难易程度来划分，其食用菌销售渠道大致可有以下五种（表 2.3）。

表 2.3 被调查菇农的食用菌销售渠道选择情况

渠道	菇农+消费者	菇农+零售商	菇农+合作社	菇农+食用菌公司	菇农+商贩
样本数	103	31	45	15	391
所占比例/%	17.6	5.3	7.7	2.6	66.8

（1）“菇农+消费者”。菇农通过零售市场或沿街贩卖将食用菌销售给个体消费者，交易双方在交易时间、交易价格、交易地点等方面都没有事前约定，交易是随机的、一次性的，具有不确定性。这种销售方式的特点是单次销售量小，运输成本高。在调查中发现，有 17.6% 的菇农选择直接销售给消费者，说明部分菇农食用菌销售渠道选择存在不确定性，食用菌的流通关系不太稳定。

（2）“菇农+零售商”。该销售渠道模式是菇农将食用菌销给售卖者，通常是大批量、一次性地销售完农产品，所以，销售价格比“菇农+消费者”较低；但交易双方在交易时间、地点、价格、产品检测等方面均已事先达成一致，交易关系比较稳固。调查结果显示，选择这一销售渠道的菇农仅占 5.3%，只是一少部分菇农销售食用菌直接与零售商对接，交易关系较稳固。

（3）“菇农+合作社”。该销售渠道模式是指菇农自愿加入关于食用菌的专业合作组织，按照合作社的要求进行生产和销售，合作社负责技术指导、生产资料统一购买和包装加工等。对比参加食用菌合作社/协会的样本及通过合作社渠道销售食用菌的菇农数，可以看到参加食用菌合作社的成员有 237 个，而通过合作社销售食用菌的仅有 45 个。说明大部分食用菌合作社并没有真正地发挥作用，在菇农销售食用菌时仅仅只是走走形式。

（4）“菇农+公司”。这种情形下食用菌公司作为交易型公司出现，统一收购菇农的食用菌，实力较强，可以有效减少菇农的交易成本，提高菇农的生产积极性。在被调查的菇农中，仅有 2.6% 的农户是选择食用菌公司销售，所占比例最少。一方面可能是因为食用菌公司数量较少，另一方面说明了菇农获取交易型公司的信息不足，没有有效掌握食用菌需求信息。

（5）“菇农+商贩”。一般情况下，菇农销售食用菌过程中信息流动不是很及时充分，所以菇农搜寻信息的成本很高。此时菇农会选择以较低的价格，就近将食用菌销售给商贩。可以看到大多数被调查的菇农选择商贩这一销售渠道，所占比例为 66.8%。这揭示了菇农在食用菌销售中信息流动成本过高，并且价格较低，从而导致菇农的收入减少。总体而言，菇农与市场对接的信息获取能力还是较弱。

2.1.4 信息流动成本对菇农食用菌销售渠道选择的影响结果分析

2.1.4.1 模型构建

本节主要考察信息流动成本对菇农食用菌销售渠道选择的影响情况，由于菇农食用菌销售渠道选择这一因变量属于离散选择变量，分析这类问题时，Logit、Probit、Tobit 等概率模型是有效的计量方法。当因变量大于两类且存在内在定序含义时，应采用有序多元 Logit 模型。

假设菇农食用菌销售渠道（y_i）是一个连续变量，其取值取决于食用菌需求信息了解途径（x_1）、食用菌市场行情了解程度（x_2）、菇农个体特征（x_3），则可建立如下实证分析模型：

$$y_i^* = \alpha + \beta x_{1i} + \gamma x_{2i} + \delta x_{3i} + \varepsilon_i \tag{2.1}$$

式中，菇农个体特征（x_3）包括菇农年龄、性别、文化程度、是否为合作社/协会成员等。变量 x_1、x_2 反映的是菇农食用菌销售过程中的信息流动成本，是本节重点关注的与销售渠道选择相关的变量。ε_i 为误差项，代表所有未被包括到模型中但会影响菇农食用菌销售渠道选择的因素。

被解释变量 y_i^* 为第 i 个被调查者菇农选择的销售渠道。由于 y_i^* 是一个潜在变量（latent variable），是不可观测的，但调查中可以获得被调查者菇农的回答（y_i）按照程度依次选择不同的取值，因此，在关于菇农食用菌销售渠道选择的文献中，通常把被调查者对食用菌销售渠道的选择当做一个排序的过程。例如，“菇农+消费者”的销售渠道为1，“菇农+零售商”为2，“菇农+合作社”为3，“菇农+食用菌公司”为4，“菇农+商贩”为5。据此，本节采用有序 Logit 模型（ordered Logit model）来分析信息流动成本对菇农食用菌销售渠道选择的影响，定义非连续变量如下：

$$y_i = \begin{cases} 1\text{，如果 } y_i^* \leqslant \theta_0 \\ 2\text{，如果 } \theta_0 \leqslant y_i^* \leqslant \theta_1 \\ 3\text{，如果 } \theta_1 \leqslant y_i^* \leqslant \theta_2 \\ 4\text{，如果 } \theta_2 \leqslant y_i^* \leqslant \theta_3 \\ 5\text{，如果 } \theta_3 \leqslant y_i^* \end{cases} \tag{2.2}$$

当 y_i^* 低于 θ_0 时，被调查的菇农会选择将食用菌直接销售给消费者；当 y_i^* 高于 θ_0 但低于 θ_1 时，被调查菇农会选择的销售渠道是零售商；当 y_i^* 高于 θ_1 但低于 θ_2 时，菇农会选择加入合作社这一销售途径；当 y_i^* 高于 θ_2 但低于 θ_3 时，被调查者选择销售至食用菌公司；当 y_i^* 高于 θ_3 时，菇农才会将食用菌贩卖给商贩。在式（2.1）中，假定 ε_i 服从 Logistic 分布，则简写为 $y_i^* = aX + \varepsilon_i$，用 $F(\cdot)$ 表示其累积分布函数，则菇农选择销售渠道 y_i^* 的概率可以表达如下：

$$\begin{aligned} P(y_i = 1) &= F(\theta_0 - ax) \\ P(y_i = 2) &= F(\theta_1 - ax) - F(\theta_0 - ax) \\ P(y_i = 3) &= F(\theta_2 - ax) - F(\theta_1 - ax) \\ P(y_i = 4) &= F(\theta_3 - ax) - F(\theta_2 - ax) \\ P(y_i = 5) &= 1 - F(\theta_3 - ax) \end{aligned} \tag{2.3}$$

本节通过构造菇农对每一种食用菌销售渠道选择的似然函数，利用极大似然法估计出参数 β、γ 及 δ。但是，与通常的回归模型不同，有序 Logit 模型变量的回归系数本身并不存在精确的定量意义，主要通过符号和显著性来判断变量的影响方向和影响程度。要比较解释变量的影响程度大小，需要进一步计算各个变量的边际效应。

因为本节关注的菇农食用菌销售渠道选择主要是非连续变量（取值为 1 ~ 5），不同于一般的连续变量，所以，计算非连续变量 x 前后的变化 Δx_i 的影响更为合适。参照 Cameron 和 Trivedi（2005）的研究，假设其他变量不发生变化，变量 x 的变化对于食用菌销售渠道不同选择的影响可以表述为

$$\Delta P(y = j/x) = P(y = j/x + \Delta x_i) - P(y = j/x) \tag{2.4}$$

式中，y 为菇农食用菌销售渠道；j 表示选择 1，2，3，4，5。

2.1.4.2 变量说明

根据本节研究目的及数据的可获得性，在此按市场进入难易程度排列的菇农食用菌销售渠道选择作为因变量的替代变量；自变量主要选取能够反映信息流动成本的食用菌需求信息了解途径、食用菌市场行情了解程度等，以及控制变量即菇农的年龄、性别、文化程度、是否参加合作社/协会。各变量的含义、描述性统计详见表 2.4。

表 2.4 变量含义、描述统计

变量类型	变量名称	含义及赋值	均值	标准差
因变量	销售渠道	“菇农+消费者” =1；“菇农+零售商”=2；“菇农+合作社”=3；“菇农+食用菌公司”=4；“菇农+商贩”=5	3.96	1.595
信息成本	食用菌需求信息了解途径（x_1）	菇农与买主联系方式：自己联系买主=1；中间人介绍=2；买主主动联系菇农=3	2.28	0.746
	食用菌市场行情了解程度（x_2）	不了解=1；了解一点=2；了解=3	1.88	0.883
菇农个体特征	年龄	实际年龄（岁）	44.32	8.852
	性别	菇农性别：女=0；男=1	—	—
	文化程度	小学及以下=1；初中=2；高中或中专=3；大专及以上=4	2.10	0.704
	是否为合作社/协会会员	否=0；是=1	—	—

2.1.4.3 有序 Logit 模型估计结果

本节利用 Stata 软件对数据进行实证分析，模型估计结果详见表 2.5。从回归结果看，模型拟合效果比较好，信息流动成本及其特征对菇农销售渠道选择有影响。回归结果中系数为负，说明该变量越大，替代变量的取值越小，反之亦然。

表 2.5 菇农销售渠道选择模型估计结果

变量类型	变量名称	系数	标准误差	Z 值
信息流动成本	食用菌需求信息了解途径（x_1）	−0.339**	0.130	−2.62
	食用菌市场行情了解程度（x_2）	−0.030	0.112	−0.27

续表

变量类型	变量名称	系数	标准误差	Z 值
菇农个体特征	年龄	0.012	0.011	1.12
	性别	-0.324	0.120	-1.62
	文化程度	-0.140	0.136	-1.03
	是否为合作社/协会会员	-0.533 **	0.188	-2.84
对数似然比	-536.756	伪判决系数	0.1022	
Prob>chi2	0.000	伪	0	

***、**、*分别表示在1%、5%、10%的水平上显著

食用菌需求信息了解途径变量在5%的置信水平下显著，系数为负。这说明，在卖方市场，菇农对食用菌需求信息了解越多，菇农的销售渠道选择越倾向于直接销售给消费者，减少销售的中间环节，选择空间越大。统计结果显示，有82.4%是买方自己或者通过第三方主体主动联系菇农；而菇农联系买主的比例仅为17.6%。说明菇农销售食用菌确实存在信息不对称，菇农处于被动的一方。对于食用菌需求信息，大多数菇农是处于被动接受的状态，并没有主动掌握市场的需求量及价格。

食用菌市场行情了解程度变量对菇农食用菌销售渠道选择的影响也为负。这说明，菇农对市场行情了解程度越高，越倾向于直接进入市场。但是菇农对市场行情了解程度并不高，菇农在市场行情的利用效率较低，反映在销售渠道的选择作用也较弱。数据显示，高达45.8%的被调查者对食用菌市场行情不了解，20.7%的被调查者表示仅了解一点。这也就解释了市场行情了解程度变量不显著的现象。菇农总体并没有十分了解食用菌的市场行情，也就没有体现市场行情信息流动的益处。另外，统计数据显示，在了解食用菌市场行情的菇农中，21.4%的被调查者会选择直接销售，不经过中间商；不了解市场行情的被调查的菇农有14.6%。这也表明了食用菌市场行情信息流动不充分，菇农了解的信息较少，大部分菇农选择食用菌商贩这一销售渠道。

菇农个体特征变量中，参加合作社/协会对菇农食用菌销售渠道选择产生显著负向影响，说明合作社在一定程度上可以有效增加菇农食用菌的销售。参加合作社/协会的菇农比例越大，说明菇农越倾向于选择交易成本较低的销售渠道，即通过合作社和协会来减少销售环节，提出销售效率；并且，参加合作社/协会，菇农不再是单一农户面对市场，在食用菌生产、技术指导、销售等方面相互支持，合作社/协会会员在销售食用菌方面也就更具优势。而菇农性别、年龄、文化程度对其影响并不显著，说明食用菌种植更注重的是经验技术水平。

2.1.5 简要结论及政策启示

基于信息流动等相关理论，本节利用有序 Logit 模型揭示了信息流动与菇农食用菌销售渠道选择的关系，并得出以下主要结论：在影响菇农食用菌销售渠道选择中，信息流动成本会对菇农食用菌销售渠道的选择产生一定程度的影响，即菇农获取需求信息的途径变量对其销售渠道选择产生显著的负向影响，影响变动程度为0.339；食用菌市场行情了解程度变量对其销售渠道选择产生负向影响，变动程度为0.030。其他因素，如菇农是否为合作社/协会会员，对菇农食用菌销售渠道选择产生显著的负向影响。

鉴于目前菇农销售食用菌过程中信息流动并不充分，菇农与市场缺乏有效的沟通，结合本节研究，可得出如下启示：

第一，在菇农食用菌销售渠道选择中，重要的是完善食用菌信息网站，使更多的菇农了解相关方面的信息流动情况，更重要的是建设和完善食用菌电子商务网站，有效实现菇农与大市场的直接信息流动。这有利于在我国农村信息化程度不高、农民信息素养普遍较低的情况下，实现小农户与大市场的直接信息流动，解决了农业生产与市场信息缺乏沟通及农业信息鸿沟问题，提高了信息流转化为物流、资金流的效率，缩短了信息流的转化周期，也降低了信息发布与搜寻成本。

第二，各地应实施与食用菌销售的信息流动相适应政策法规和监管措施，重点是电子商务的监管。不同地区食用菌销售的信息流动存在的问题及薄弱环节是不尽相同的，要因地制宜，政府等监管部门就要抓住主要问题，克服薄弱环节，力求保证食用菌的信息流动的真实和有效，以确保菇农的利益不受中间商的损害，维持市场秩序的正常进行。发展食用菌电子商务，关键是要完善相关的政策法规，这是保障菇农利益的前提，也是食用菌电子商务持续发展的基础。

第三，鼓励食用菌合作社/协会的发展。个人和家庭的力量相对比较薄弱，而食用菌合作组织/协会，可以增强菇农食用菌种植的各方面的能力，包括食用菌信息获取的能力的提高。菇农通过参加合作组织，个人信息逐步扩展为小部分公众信息，可以有效提高食用菌销售过程中的信息流动；并且也可以增强菇农的议价能力，降低销售成本。

第四，关于菇农食用菌销售渠道选择中信息流动方面的分析较少，还存在进一步探讨的空间。另外，本节没有给出在食用菌销售过程中信息流动给菇农所带来的经济效益，不能直观地感受完备的信息流动系统对菇农收入水平提高的程度。

（张亚如　张俊飚　程琳琳）

2.2 中国食用菌市场的出口集中度与依赖度分析

2.2.1 引言及文献综述

近年来，国家对“三农”问题的高度重视，食用菌产业与党和政府提出的建设环境友好型、资源节约型社会高度保持一致，是延长农业产业链条和发展生态农业的重要组成部分，担负转化农林废弃物资源、增加蛋白质供给和增强食物安全保障能力的重要任务。进入21世纪后中国食用菌产量不断增加，目前已占全球总量的75%以上，在国际市场占有率方面，也高达55%以上，从进出口来看，2015年出口创汇52.6亿美元，而进口仅为1250万美元，成为弥补我国农产品贸易逆差的重要产品。研究食用菌的出口集中度及依赖程度，可以为食用菌产品寻求可靠的贸易合作伙伴，稳步推进食用菌产业的对外贸易发展。

中国食用菌国际贸易问题已引起国内外学者关注，在世界蘑菇贸易动向中，蘑菇贸易与生产主要集中在欧洲、亚洲与北美洲，其中，中国食用菌市场占有率较高，而且中国食用菌因价格低廉，导致欧盟蘑菇罐头大量积压，但中国食用菌想保持并发展竞争优势必须提升生产技术和产品质量（Ian Hart 2002；乔雯等，2008；Adam Sharpe 2009；Sun，2010）。在对出口地理集中度与依赖程度的研究方面，徐颖君（2006）用Gini-Hirschman系数对我国出口商品集中度和地理集中度进行了测算；刘靖等（2006）以地理集中化指标、出口多样化指数等为研究变量，对中国农产品贸易地理集中度与出口不稳定性进行了探讨；美国学者乔治·弗里德曼和梅雷迪思·勒巴德于1992年在《下一次美日战争》中分析日本进口矿物原料依赖性的方法；董桂才（2008）结合贸易平衡指数改进了依赖系数的测算，并利用这种方法测算了我国农产品出口对主要国家的依赖程度。在中国食用菌出口结构上，大多学者采用出口金额和出口总量的排序进行衡量，分析发现，我国食用菌主要出口到日本、美国、加拿大以及欧盟的意大利、法国等国，出口品种主要有鲜或冷藏的蘑菇，冷冻松茸、香菇，短时保藏的菌类，干蘑菇、香菇，用醋制作的松茸，小蘑菇罐头，非用醋制作或保藏的蘑菇及菌块、松茸，糖渍松茸等。其中，罐装类产品是主要出口品种，其次是干品，最后是鲜或冷藏品。

国内外学者对中国食用菌国际贸易格局进行了大量的研究与探讨，但分析的品种类别有限，更未涉及各类产品对各个主要进口国家依赖程度的分析。本节采用CR指数、赫芬达尔-赫希曼指数定量分析了我国不同类型的食用菌产品出口市场集中度，并在此基础上考察了各类食用菌产品对各个主要进口国的依赖程度，以期更好地把握我国食用菌的出口市场结构状况，从而为中国食用菌贸易健康发展提供对策参考。

2.2.2 数据来源与方法介绍

2.2.2.1 数据来源

本节选取中国加入 WTO 后 2002～2011 年的数据作为测算依据，采用海关统计分类，主要分为：鲜或冷藏类食用菌、盐水腌制类食用菌、干品类食用菌、罐头类食用菌。食用菌贸易数据均来源于联合国商品贸易统计数据库，食用菌总量是 HS 分类下的 070951，070952，070959；071151，071159；071230，071231，071232，071233，071239；2003 加总得出。

2.2.2.2 方法介绍

（1）食用菌出口市场集中度测度方法

拟采用 CR 指数与赫芬达尔-赫希曼指数（HHI）测算中国食用菌出口市场的集中度，CR 指数能直观反映最大的几个进口国总体规模，但没有考虑其余国家的分布情况，所以结合赫芬达尔-赫希曼指数来展开综合性分析，能够较好地反映出口市场的分布问题。

1）出口市场集中度（CR），是绝对集中度的衡量指标，指进口中国食用菌最多的前几位国家的有关数值 X 占整个中国食用菌出口量的份额。其中，X 为中国对出口市场的出口金额，计算公式如下：

$$\mathrm{CR}_n = \frac{\sum_{i=1}^{n} X_i}{\sum_{i=1}^{N} X_i} \tag{2.5}$$

式中，CR_n 为中国食用菌出口市场中份额最大的前几个国家的集中度；X_i 为中国出口到第 i 个国家的金额；n 为要统计的大规模国家数量；N 为中国出口的所有国家的数目。

2）赫芬达尔-赫希曼指数，是反映出口市场综合度的指标，指中国食用菌出口市场上所有进口国的市场份额的平方和，计算公式如下：

$$\mathrm{HHI} = \sum_{i=1}^{N} S_i^2 \tag{2.6}$$

式中，HHI 为赫芬达尔-赫希曼指数；S_i 为中国对第 i 个国家出口食用菌金额占总出口金额的比例；N 为中国出口的所有国家的数目。

（2）食用菌依赖度测算方法

单纯的贸易集中度并不能完全反映对主要进口国的依赖程度，所以，作者将进一步测算出中国食用菌对各主要进口国的依赖系数。综合考虑中国食用菌对某一个进口国出口额及中国食用菌的总出口额、该进口国从中国进口食用菌数量及该国食用菌总进口数量，以及贸易平衡指数，按以下步骤计算：

步骤一，中国对某国出口食用菌的总金额除以中国出口食用菌的总金额，数值越大，则表明中国食用菌对该国市场的依赖度越强。

步骤二，用某国从中国进口食用菌的数量除以某国食用菌的总进口量，数值越大，则表明某国对中国食用菌的依赖度越强。

步骤三，用步骤一结果除以步骤二结果，数值越大，则表明中国依赖该国进口，而该国不依赖中国出口，则中国的出口依赖性更明显。

步骤四，用某一个进口国食用菌的进口金额除以世界食用菌的总进口金额，然后把结果与步骤三的结果相乘，结合进口国在世界市场上的重要程度综合评价中国对该进口国的依赖程度。

步骤五，计算出贸易平衡指数，并与步骤四结果相乘，得出依赖系数。贸易平衡指数计算公式如下：

$$B_i = \left(X_i \Big/ \sum_{i=1}^{n} X_i\right) \Big/ \left(M_i \Big/ \sum_{i=1}^{n} M_i\right) \tag{2.7}$$

式中，B_i 为贸易平衡指数；X_i 为中国对 i 国的出口额；$\sum_{i=1}^{n} X_i$ 为中国的总出口额；M_i 为中国从 i 国的进口额；$\sum_{i=1}^{n} M_i$ 为中国的总进口额。

当贸易平衡指数大于 1 时，说明该国在中国的出口中占据更重要的地位，即中国贸易依赖该国市场，当指数小于 1 时该国在中国的进口中占据更重要地位，即该国贸易依赖中国市场。

2.2.3 食用菌输出集中度与依赖度的实证分析

2.2.3.1 中国食用菌产业输出市场变化的统计分析

2002～2011 年，就中国[①]各类食用菌产品输出的总体来看：日本、美国、欧盟、中国香港是最大的输出国家及地区。就各类产品具体来看：①新鲜或冷藏类食用菌产品。日本是中国新鲜或冷藏类食用菌产品的最大国外市场，其比例占我国同类食用菌产品出口总额的 67.94%，年均进口量达 16 269.8t。美国是继日本后的第二大进口国，此外，韩国、意大利、马来西亚、法国、荷兰、中国香港等国家（地区）也是我国新鲜或冷藏类食用菌产品的主要输出市场。②盐水腌制类。此类产品主要输出市场是意大利与日本，意大利平均进口量可达 15 547.5t，平均份额为

① 本书中所提中国数据皆为中国内地数据，不包含香港、澳门特别行政区及台湾地区数据。

42.83%，日本在2002~2004年为第一，2005年回落到第二位，德国的进口相对稳定，主要在第三、第四位变化，其后，西班牙、马来西亚、叙利亚、乌克兰、泰国也是盐水腌制类产品的主要输出市场。③干货类。此类产品进口量最大的是日本与中国香港，在2008年中国香港一度减少进口量跌至第五位，日本与中国香港平均份额占27.39%与18.25%，第三位主要在德国与泰国之间变换，所占份额分别为4.50%与7.66%，此外马来西亚、美国、意大利也是干货类产品的主要输出市场。④罐头类。相较其他三类产品来说，罐头类产品的输出市场比较分散，排名前三位的主要在日本、美国、俄罗斯之间变化，其中，对俄罗斯输出量的增长较快，2011年出口量是2002年4.63倍，每年增长率平均为16.57%，中国香港2002~2003年为第一位，后慢慢减退，2009~2011年退出前5位，此外罐头类产品的主要输出市场还有德国、马来西亚、荷兰和韩国（表2.6）。

表2.6 2002~2011年中国食用菌输出市场前5位变化情况

类别	2002年	2003年	2004年	2005年	2006年	2007年	2008年	2009年	2010年	2011年
鲜或冷藏类	日本	日本	日本	日本	日本	日本	日本	日本	日本	日本
	美国	美国	意大利	意大利	美国	美国	美国	美国	美国	美国
	韩国	法国	美国	美国	意大利	意大利	韩国	韩国	韩国	马来西亚
	中国香港	意大利	法国	法国	法国	法国	荷兰	马来西亚	马来西亚	韩国
	法国	韩国	荷兰	韩国	韩国	中国香港	中国香港	荷兰	荷兰	荷兰
盐水腌制类	日本	日本	日本	意大利	意大利	意大利	意大利	意大利	意大利	意大利
	意大利	意大利	意大利	日本	日本	日本	日本	日本	日本	日本
	德国	德国	德国	西班牙	德国	叙利亚	马来西亚	叙利亚	巴西	巴西
	巴西	荷兰	西班牙	德国	西班牙	西班牙	德国	德国	叙利亚	叙利亚
	泰国	叙利亚	巴西	马来西亚	乌克兰	德国	叙利亚	荷兰	法国	德国
干货类	日本	日本	日本	中国香港	日本	日本	日本	日本	越南	越南
	中国香港	中国香港	中国香港	日本	中国香港	中国香港	泰国	泰国	中国香港	中国香港
	德国	法国	泰国	泰国	泰国	马来西亚	德国	中国香港	日本	泰国
	法国	德国	美国	马来西亚	美国	美国	意大利	马来西亚	泰国	日本
	意大利	美国	法国	美国	法国	意大利	中国香港	美国	马来西亚	马来西亚
罐头类	中国香港	中国香港	日本	日本	俄罗斯	美国	美国	美国	美国	俄罗斯
	日本	日本	美国	美国	日本	俄罗斯	俄罗斯	日本	俄罗斯	美国
	德国	美国	中国香港	俄罗斯	美国	日本	日本	俄罗斯	日本	日本
	马来西亚	德国	德国	德国	德国	中国香港	中国香港	德国	德国	马来西亚
	加拿大	马来西亚	马来西亚	马来西亚	中国香港	德国	马来西亚	荷兰	韩国	德国

资料来源：据联合国商品贸易统计数据库（UN COMTRADE）整理得出

2.2.3.2 食用菌输出市场集中度分析

根据 CR 指标计算结果，我国食用菌输出市场集中度从高到低依次为新鲜或冷藏类、盐水腌制类、干货类、罐头类，同时各类的集中度除个别年份外，都存在着下降趋势。据贝恩的市场结构分类标准，在指标 CR_4 下，新鲜或冷藏类、盐水腌制类都属于极高寡占型，干货类属于高度集中寡占型，罐头类由最初的中（上）集中寡占型变为中（下）集中寡占型。在指标 CR_8 下，除罐头类同 CR_4 一样由最初的中（上）集中寡占型变为中（下）集中寡占型，而其他三类均属于高度集中寡占型。根据 HHI 计算结果，同 CR 指标一样，集中度从高到低依次为新鲜或冷藏类、盐水腌制类、干货类、罐头类。据日本公正交易委员会 1980 年分类标准，新鲜冷藏类由高寡占Ⅰ型逐步变为高寡占Ⅱ型，盐水腌制类属于高寡占Ⅱ型，干货类由高寡占Ⅱ型逐步变为低寡占Ⅱ型，但在 2008 年后开始变为低寡占Ⅰ型，罐头类除最初的 2002 年外，其余年份都属于竞争Ⅰ型（表 2.7）。

表 2.7 2002～2011 年中国食用菌输出市场集中度

分类	指标	2002 年	2003 年	2004 年	2005 年	2006 年	2007 年	2008 年	2009 年	2010 年	2011 年
新鲜或冷藏类	CR_4	0.9406	0.9368	0.934	0.9124	0.8761	0.8558	0.914	0.863	0.8687	0.866
	CR_8	0.9788	0.9751	0.9772	0.9642	0.9503	0.9466	0.9605	0.9509	0.9475	0.9493
	HHI	0.7619	0.7115	0.644	0.571	0.4951	0.3725	0.4741	0.3679	0.3279	0.2819
盐水腌制类	CR_4	0.8006	0.7879	0.7864	0.77	0.7428	0.7306	0.6728	0.7606	0.748	0.7891
	CR_8	0.8938	0.8703	0.8687	0.8678	0.863	0.8439	0.8057	0.88	0.8652	0.8919
	HHI	0.2757	0.2476	0.2518	0.2559	0.245	0.2446	0.2333	0.2494	0.2132	0.2313
干货类	CR_4	0.7273	0.7353	0.7054	0.6961	0.6602	0.6173	0.5144	0.5696	0.6346	0.6716
	CR_8	0.8746	0.8696	0.8679	0.855	0.8232	0.8125	0.7678	0.7796	0.8287	0.8512
	HHI	0.2149	0.259	0.195	0.1761	0.1766	0.1439	0.0998	0.1074	0.1264	0.1509
罐头类	CR_4	0.5471	0.5044	0.4679	0.4746	0.4422	0.4212	0.3977	0.4514	0.4793	0.4546
	CR_8	0.7304	0.6932	0.6758	0.6769	0.6808	0.6535	0.6121	0.6591	0.6485	0.6209
	HHI	0.1007	0.0848	0.0756	0.0763	0.0704	0.066	0.0598	0.0708	0.0705	0.0679

资料来源：据联合国商品贸易统计数据库（UN COMTRADE）整理得出

综合上述两种指标的测度结果，除罐头类外，我国各类食用菌产品输出集中度非常高，集中程度按照高低排序依次为：新鲜或冷藏类>盐水腌制类>干货类>罐头类，其输出主要集中在欧洲、日本、美国、中国香港、韩国及东南亚国家。结合进口国的具体变化来看，新鲜或冷藏类出口集中度由高寡占向寡占在降低，由日本、美国为主要输出国家向欧洲和韩国分散，这种变化有利于输出市场结构的优化；盐水腌制类属于寡占集中型且较为稳定，HHI 值始终保持在 0.23 ~ 0.27，其输出主要集中在意大利、德国、叙利亚、日本、巴西与马来西亚；干货类的集中度较高，但总体趋于下降，输出呈现由中国香港、日本、欧洲向东南亚国家扩散的趋势；罐头类食用菌较于前三类而言，其集中程度最低，且整体呈下降趋势，属于市场竞争型，市场结构较为合理。

2.2.3.3 中国食用菌出口依赖度分析

结合集中度的分析结果，对中国主要食用菌出口品种份额之和占中国各类食用菌出口份额 70% 以上的国家（地区），计算其依赖系数，按照依赖度测算步骤进行分析，结果如下。

从图 2.1 来看，中国新鲜类食用菌对欧洲国家的依赖程度最高，英国尤为突出，其依赖系数平均值为 1.321，其次是日本与美国，中国香港、韩国、泰国和马来西亚的依赖程度较小且变化不大。从变化趋势来看，在 2002 ~ 2006 年对欧洲国家的依赖程度呈波动上升趋势，且在 2006 ~ 2008 年快速上升，在此之后开始回落并趋于平稳，其原因可能是 2008 年金融危机的爆发，国际食用菌消费市场萎靡，欧洲主要进口国家进口量锐减，导致依赖系数下降，伴随着 2010 年全球经济复苏，购买力增强，欧洲食用菌消费逐渐趋于平稳；日本政府对我国采取紧急进口限制政策，导致此类食用菌对日出口呈逐年下降的趋势；与日本相反，此类食用菌产品对美国的依赖程度呈逐年上升的趋势，究其原因可能是美国新鲜食用菌最大的进口国加拿大对其供应量逐年下降，进而美国增加从中国的进口量，以至于两国新鲜类食用菌贸易呈相互依赖的关系。

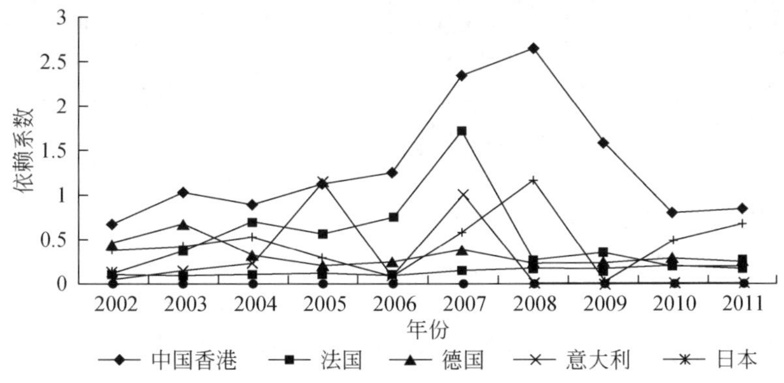

图 2.1 2002 ~ 2011 年新鲜或冷藏类食用菌依赖程度变化图

注：据联合国商品贸易统计数据库（UN COMTRADE）及《中国统计年鉴》2002 ~ 2011 年数据整理得出

从图 2.2 可以看出，盐水腌制类的出口对意大利与叙利亚的依赖程度最高，其依赖系数平均为 0.4231 和 0.316，其次是欧盟及其他主要进口国，如日本、巴西、俄罗斯，依赖程度相对较低的是马来西亚、泰国和韩国。从发展趋势看，对意大利的依赖前期呈快速上升趋势，在 2004～2007 年的年均增长率为 32.12%，可能是因为欧盟蘑菇生产国受到“绿霉病”的侵害，产量下降，进而增加其从中国的进口量，但受金融危机影响，2008～2009 年从中国进口的食用菌量减少，以至于中国对其依赖程度降低。2005～2010 年，叙利亚前期较为平稳，2006～2008 年随着两国贸易关系加强，中国成为叙利亚最大的贸易国，导致中国在盐水腌制类食用菌产品出口上对其依赖程度大幅增加，后随着金融危机的全面爆发及蔓延，该国食用菌消费市场萧条引起依赖程度快速回落；美国、英国、韩国、泰国的变化相对平稳。

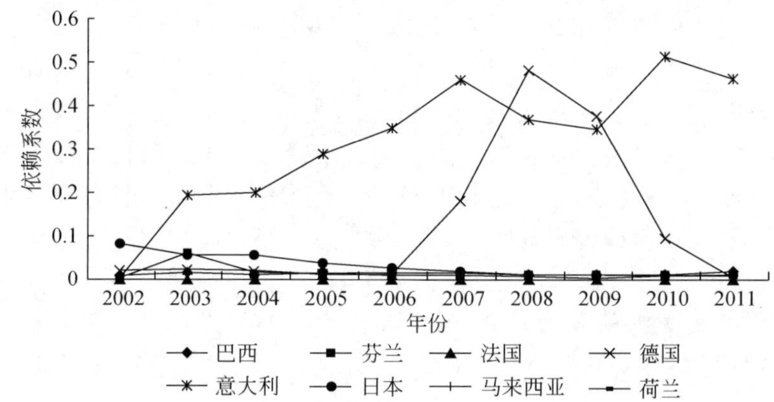

图 2.2　2002～2011 年盐水腌制类食用菌依赖程度变化图

注：据联合国商品贸易统计数据库（UN COMTRADE）及《中国统计年鉴》2002～2011 年数据整理得出

从图 2.3 可以看出，干货类食用菌对中国香港的依赖程度始终处于较高水平且呈波动上升趋势，其依赖系数均值达到 0.296，主要是由于干货类总出口量剧烈变化，而香港的进口量又保持不变；其次是对欧盟与日本的出口依赖程度较高，导致中国干货类食用菌出口在欧盟与日本市场存在较大的不安全因素；东南亚国家的依赖系数相对较小，但随着消费市场的开拓，对其依赖程度呈逐年上升的趋势。

从图 2.4 可以看出，中国罐头类食用菌出口依赖系数值整体偏低，且依赖程度大都呈下降趋势。其中，美国、德国和荷兰的依赖程度相对较高，澳大利亚、新加坡、乌克兰、韩国的依赖程度最低。究其原因，可能是欧洲遭受“绿霉病”的侵害，导致蘑菇减产和市场供应不足，并且中国蘑菇罐头价格低廉，进口国大

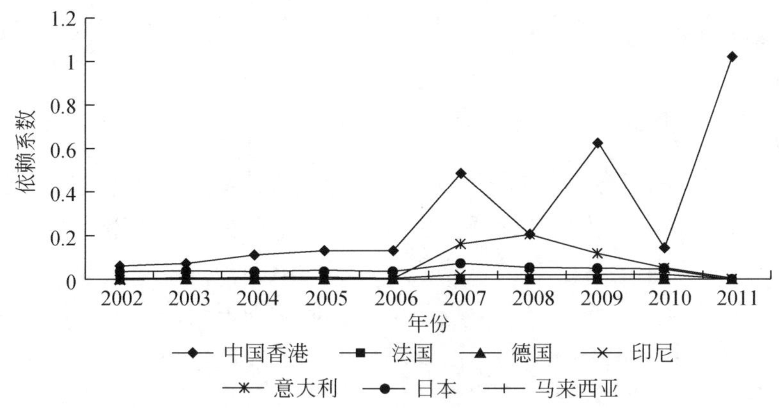

图 2.3　2002～2011 年干货类食用菌依赖程度变化图

注：据联合国商品贸易统计数据库（UN COMTRADE）及《中国统计年鉴》2002～2011 年数据整理得出

量进口，进而引起中国罐头类食用菌对进口国依赖程度降低。但是俄罗斯较为特殊，对其依赖程度总体呈上升趋势，主要是因为俄罗斯人素爱食用罐头蘑菇，随着国内经济复苏和居民消费能力增强，从而引起进口量的增加。

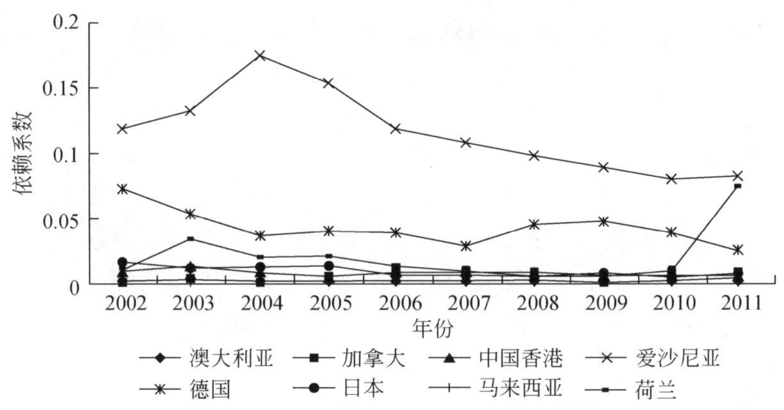

图 2.4　2002～2011 年罐头类食用菌依赖程度变化图

注：据联合国商品贸易统计数据库（UN COMTRADE）及《中国统计年鉴》2002～2011 年数据整理得出

整体来看，中国食用菌不仅输出市场集中，而且对个别国家或地区的依赖程度也非常高，在一定条件下，可以利用市场多元化来规避由于高度集中的市场所带来的政治风险和市场风险，促使出口市场稳定和实现产业可持续发展。

2.2.4 主要结论与对策建议

2.2.4.1 主要结论

1）中国食用菌总体出口市场的集中度非常高，新鲜或冷藏类主要的出口市场集中在日本、美国、欧洲及韩国；盐水腌制类主要集中在欧盟、日本、巴西与马来西亚；干货类主要集中在中国香港、日本、欧洲与东南亚国家，同时有向其他国家扩散的趋势；罐头类属于竞争型产品，低于前三类集中程度，而且整体呈下降趋势。出口集中度是决定出口市场结构的重要方面，虽然出口集中在一定程度上有利于建立良好的贸易合作关系，但也易增加食用菌市场的出口风险。

2）依赖度测算结果显示，我国食用菌产业发展出口集中度高的国家也是依赖程度高的国家或地区，依赖程度最高的是欧盟，其次是日本、美国、中国香港，最后是韩国和东南亚国家。结合食用菌贸易摩擦综合分析，欧洲、日本、美国及韩国是最不安全的国家，我国不仅对其依赖系数高，而且这些国家均对我国食用菌实施过非关税壁垒的贸易摩擦，所以是中国食用菌贸易风险较高的地区；与之相对应，基于巴西、马来西亚、泰国、越南及中国香港的综合依赖系数、地缘、政治等因素，可以认为这些地区是相对较安全的出口市场。

2.2.4.2 对策建议

基于上述分析结论，特提出以下建议：

1）努力开拓新兴市场，不断优化国际市场结构，降低对高依赖出口市场的风险。加大企业开拓国际市场能力，在稳定好传统出口市场的同时，要充分开发东南亚、拉丁美洲、非洲等区域有潜力的发展中国家市场，逐步分散贸易风险。

2）稳定传统销售市场，促进食用菌产业稳步发展。现阶段传统进口国仍是我国食用菌的主要输出市场，我们应在巩固初级产品优势的基础上，开发种类多样的深加工产品，以多元化产品适应多样化的市场消费需求。此外食用菌产业自身也要完善行业标准，提高从业人员素质，从源头上保证食用菌产品质量，从而减轻传统国际市场因非关税壁垒给中国食用菌产业的伤害。

3）积极拉动国内消费市场，立足国内市场并与国际市场相结合，实施进行整体市场开发战略。面对我国国内食用菌人均消费水平较低和食用菌消费市场潜力巨大的实际，应加大食用菌消费文化的营造与宣传力度，发掘国内消费潜力，减小食用菌出口依赖程度，从而推动我国食用菌产业健康持续发展。

（阳　敏　张俊飚　曹明宏）

2.3 中国食用菌产品出口需求弹性测算及政策启示

2.3.1 引言

我国是世界第一大食用菌生产国，据统计，2015 年我国食用菌产量达到了 3476.15 万 t，同时，我国也是最主要的食用菌出口国之一，2015 年食用菌出口创汇达 52.6 亿美元，很大程度上弥补了我国农产品贸易逆差。因此，分析我国食用菌产业的贸易特点，不仅有利于未来食用菌产业的健康发展，也为我国在农产品国际贸易市场争取份额提供重要支持。

现阶段探讨我国食用菌贸易特征的文献有很多，如赵春艳等（2012）对我国食用菌出口情况进行了分析，认为虽然我国食用菌总产量、总产值及出口创汇均呈现增加趋势，但由于产业自身生产加工技术水平低、产品品质不高、生产加工环节标准缺失、自主创新品牌少等问题，我国食用菌出口产品在国际贸易中频频遭遇贸易壁垒，导致生产者、出口商常常因此损失惨重。曹明宏等（2014）的研究表明我国食用菌出口市场集中度高，结构不合理，主要集中在欧洲、日本、美国等，其中对欧洲市场依赖程度很高。刘柳锋和陶红军（2014）以福建省顺昌县为例，探讨了食用菌出口的影响因素，认为我国国内生产总值（GDP）、国内支持政策、进口地国民总收入（GNI）和人口等因素促进了我国食用菌的出口，而进口国限量标准则阻碍食用菌的出口。李鹏等（2012）的研究结果显示，国外的技术性贸易壁垒的设置强度与中国农产品出口额及出口竞争力是同向变动的，这说明国外技术性贸易壁垒促进了中国食用菌技术进步，从而提高了出口竞争力。

价格或者相对价格因素是影响进出口量的重要因素之一，已有学者对相关产品的价格弹性进行过测算，如张芝萍（2007）对我国纺织品和服装的需求弹性进行了测算和区域性比较，研究结果显示全国的纺织品出口需求弹性为-0.695，服装出口的需求弹性为-0.517，二者绝对值均小于1，属于缺乏弹性的商品。也有学者对影响弹性的因素做了探究，如安礼伟（2010）就探讨了金融危机对出口弹性的影响，其认为次贷危机导致的全球经济衰退对我国出口的影响来源于两个方面：首先是全球经济衰退，经济增长速度下降导致我国出口产品需求的下降；其次是间接影响，引起出口需求的收入弹性增加，且外部实际收入下降对我国出口需求产生了更大的负面影响。在农产品出口弹性测算方面，已有文献本就不多，樊孝凤和过建春（2005）对海南省的主要农产品的出口需求弹性进行了测算，得出海南茶叶、胡椒、蔬菜、水果、水海产品、桉木等的出口需求弹性小于1，水果蔬菜加工制品的出口需求弹性大于1 的结论，并依据弹性特点，提出了相应的、适合产业贸易发展的政策建议。因此，测算并分析贸易产品的出口需求弹性对于制定价格政策、引导产业外向发展具有重要作用，而现有文献中仍未出现关于食用菌产品的出口价格弹性测算，本节拟对这一缺憾的做补充。

2.3.2 模型构建及数据来源

我国食用菌产品出口不仅数量众多，而且种类繁多。为了便于分析，本节首先对我国出口的食用菌产品种类进行了梳理（表 2.8），由食用菌出口产品的海关分类目录，可以看出我国食用菌出口产品类别相对繁杂，总共十余种，且分别以蘑菇及菌块、干货、鲜或冷藏等多种形式进行出口。按照张庆庆等（2014）的分类方法，可以将食用菌出口产品划分为食用菌罐头类加工制品（2003）、鲜或冻的食用菌类（070951、070959）、暂时（盐水）保藏的（071151、071159）和食用菌干制品（071231 ~ 071233、071239）等 4 类。

表 2.8　我国出口食用菌产品海关分类目录

编码级别	一级	二级	三级
编号及项目名称	2003 蘑菇及块菌，用醋或乙酸以外的其他方法制作或保藏		
	0602（其他活植物）	060290（其他苗木）	06029010（蘑菇菌丝）
	0709（鲜或冷藏的其他蔬菜）	070951（伞菌属蘑菇） 070959（鲜或冷藏的其他蘑菇或块菌）	
	0710（冷冻蔬菜，不论是否蒸煮）	071080（冷冻未列名蔬菜）	07108010（冷冻松茸） 07108040（冷冻牛肚菌）
	0711（暂时保藏，如使用二氧化硫气体、盐水、亚硫酸水或其他防腐液的蔬菜，但不适于直接食用）	071151（暂时保藏的伞菌属蘑菇） 071159（其他暂时保藏的蘑菇及块菌）	
	0712（干蔬菜）	071231（干伞菌属蘑菇） 071232（干木耳） 071233 干银耳 071239（其他干蘑菇及块菌）	
	1211（其他主要作香料、药料、杀虫、杀菌等用植物）	121190（其他主要作香料、药料、杀虫、杀菌等用植物）	12119016（冬虫夏草） 12119022（天麻） 12119029（茯苓）

注：本表由作者根据中国海关信息网查询整理得到。其中，高级别项目包括低级别项目，如 0602（其他活植物）包括 060290（其他苗木），后者包括 06029010（蘑菇菌丝）

2015 年我国食用菌各产品出口的具体情况见表 2.9，表中数据按产品出口值的大小依次排列。从表 2.9 中可以看出海关编号为 071239（其他干蘑菇及块菌）的出口值最高，达到了 46.72%，几乎占据了全年食用菌产品总出口值的一半，排在后面的依次是 071232（干木耳）、2003（用其他方法制作的蘑菇及块菌）等。从总出口值累计比例可以看出，前 4 种产品的累计出口比例高达 91.26%，占据了出口值的绝大比例；其中，共有 5 种出口产品的出口值占比超过 2%，7 种产品的出口值占比超过了 1%，可见我国食用菌出口呈现了个别产品突出，其余品种均衡分布的特点。按张庆庆等（2014）的标准商品分类后的出口值来看，食用菌罐头出口值占总出口值的比例最高，其次是干食用菌，盐水食用菌的占比最低。

表 2.9　我国 2015 年食用菌产品出口情况

品种	出口量/kg	出口值/美元	出口值所占比例/%	出口值累计比例/%
其他干蘑菇及块菌	78 934 418	1 426 140 983	46.72	46.72
干木耳	37 913 747	663 422 353	21.73	68.45
蘑菇及块菌，用醋或乙酸以外的其他方法制作或保藏	247 013 799	545 136 383	17.86	86.31
鲜或冷藏的其他蘑菇或块菌	50 363 043	151 008 180	4.95	91.26
干银耳	4 717 223	83 468 055	2.73	93.99
蘑菇菌丝	60 265 780	39 673 576	1.30	95.29
其他暂时保藏的蘑菇及块菌	10 992 367	33 778 058	1.11	96.40
暂时保藏的伞菌属蘑菇	11 917 781	27 642 707	0.91	97.31
冷冻牛肚菌	4 957 717	25 068 461	0.82	98.13
茯苓	4 309 786	23 087 968	0.76	98.89
冬虫夏草	686	15 285 963	0.50	99.38
冷冻松茸	429 122	8 268 341	0.27	99.66
伞菌属蘑菇	4 717 055	6 546 570	0.21	99.87
天麻	185 378	2 346 538	0.08	99.95
干伞菌属蘑菇	120 196	1 843 324	0.05	1.00
合计	516 838 098	3 052 717 460	100	100

资料来源：国家产业技术体系食用菌产业经济研究室

为了更深入地研究不同贸易比例的食用菌出口产品之间的差别，本节测算了所有产品的出口需求弹性。在测算时并没有按照海关高级别项目进行出口产品分类，而是直接测算单个出口产品，主要是考虑到，如果对出口产品分类后进行价格加权再进行回归拟合，将导致测算结果的不准确。与此同时，对单个产品进行测算将方便我们更加精确地分析不同食用菌出口产品的异质性，以及其出口量随价格波动的变化幅度。本节综合考虑了张芝萍（2007）及樊孝凤和过建春（2005）的测算模型，构建了对数形式的线性模型

$$\ln(Y_t) = A_0 + \alpha\ln\left(\frac{P_{\mathrm{et}}}{P_{\mathrm{it}}}\right) + \mu_t\ln(e) \tag{2.8}$$

式中，Y_t为第 t 年我国食用菌产品出口量；P_{et}为第 t 年食用菌产品出口价格；P_{it}为第 t 年世界食用菌产品的进口价格；e 为残差；α 为我国食用菌产品的出口量的相对价格弹性。由测算模型可以看出，此模型考虑到了价格的相对性，排除了汇率等额外变量的影响，其形式简洁，方便计算，是测算弹性最适宜的模型。将单个食用菌出口产品的相关数据代入式（2.8），求解 α，得到该产品的出口需求弹性。考虑到数据的可获得性，以及测算的复杂程度，本节采用了 2009 ~ 2015 年我国食用菌产品出口量和价格数据（数据来自国家海关信息网、国家食用菌产业技术体系产业经济研究室数据库），并运用 Stata12.0 计量软件对模型进行估计。

2.3.3 测算结果及分析

运用 Stata12.0 软件对式（2.8）进行测算，除去 7 种由于数据缺失无法测算的食用菌产品之外，本节得到了另外 8 种食用菌产品的出口需求价格弹性，具体测算结果见表 2.10。

表 2.10 我国食用菌各产品出口需求弹性

产品编号	2015 年出口值比例	出口需求弹性	产品编号	2015 年出口值比例	出口需求弹性
071239	0.467	-0.214	07108040	0.008	0.577
071232	0.217	-0.070	12119029	0.008	—
2003	0.179	—	12119016	0.005	—
070959	0.049	-0.168	07108010	0.003	—
071233	0.027	—	070951	0.002	0.493
06029010	0.013	-0.404	12119022	0.001	—

续表

产品编号	2015 年出口值比例	出口需求弹性	产品编号	2015 年出口值比例	出口需求弹性
071159	0.011	—	071231	0.001	0.434
071151	0.009	-0.062	总计	1.0000	

注："—"表示因进口价格数据缺失而无法测算其弹性，产品按出口值比例降序排列

由表2.10可以发现，测算出的8种食用菌产品的出口需求价格弹性中，有3种产品的出口需求弹性为正，分别是07108040（冷冻牛肚菌）、070951（伞菌属蘑菇）和071231（干伞菌属蘑菇），说明当这3种产品的相对价格上升时，出口量也会上升。这与一般的贸易现象不太符合，而且弹性值相对较大（均为0.4～0.5），这种偏差可能是由于本节使用的时间序列数据时期太短所造成的，不过这3种食用菌产品的出口值占总出口值的比例加起来仅有1.1%，在食用菌出口贸易产品结构中占比很小，几乎可以忽略不计，因此不影响本节的整体分析。对于其他5种可计算出口需求弹性的产品，均呈现了需求弹性小于0的情况，且其出口量之和占总出口量的比例超过了70%，因此可以不失一般性地解释我国食用菌产品的出口特征。

出口需求弹性最大06029010（蘑菇菌丝），其弹性绝对值为0.404，说明当蘑菇菌丝的相对价格每提高1%，其相应的出口量将减少0.404%。但由于其2015年出口总值占比仅为0.8%，对整个食用菌贸易格局的影响很小。因此，对于蘑菇菌丝来说，不宜采取降价出口的市场行为。

出口占比最大的商品是071239（其他干蘑菇及块菌），这是干食用菌中除去了木耳、银耳和伞菌的部分，其出口需求弹性绝对值为0.214，说明当其他干蘑菇及菌块的相对价格每提高1%，其相应的出口量将减少0.214%，鉴于该产品是我国食用菌出口值最大，数量最多的产品之一，这一特性不容忽视。这说明了食用菌龙头产品在国际市场上存在着较为明显的比较优势，但由于弹性的绝对值小于1，总体上是缺乏弹性的，说明降低出口价格会使得出口收益减少，因此同样不宜采取降价出口的贸易政策。

071232（干木耳）虽然在贸易价值量上排名第二，占比超过20%，弹性绝对值达到了0.070，而且该产品也存在着一定的比较优势，且优势较071239（其他干蘑菇及块菌）稍弱，因此同样不能采用降价出口的贸易政策。如果盲目为了增加贸易量，轻易采取降价倾销的策略，不但会给该产品的农户和厂商的收益造成严重的损失，还会破坏食用菌市场价格机制，甚至给整个产业带来巨大的冲击。

此外，070959（鲜或冷藏的其他蘑菇或块菌）的弹性绝对值为0.168，说明了在具备微弱比较优势的条件下，适当提高价格虽然无法保障贸易数量的提高，

但有利于收益增加，从而促进农民增收、企业盈利及整个产业的发展。

纵观食用菌产品的出口需求，弱弹性的特点显现无疑。这一方面可能是由于市场上对这种替代性较高的农产品的需求偏好所决定的，另一方面也跟国际市场上食用菌产品相对价格波动不大有关。总体而言，高替代性、需求缺乏弹性、竞争力不足，是我国食用菌出口产品最主要的贸易特性。

2.3.4 政策建议

从本节测算的我国8种食用菌出口产品的需求弹性来看，绝大部分产品的弹性为负，且小于1，说明了我国食用菌出口是缺乏弹性的，因此提出以下几条建议。

一是不断提高食用菌产品的品质和国际竞争力。通过加大菌种科研投入、提升食用菌栽培技术水平、提高出口产品检测标准，生产出更多质量过硬的商品，避免贸易过程中遇到各种各样的技术性壁垒。食品安全问题在全世界范围内的重要性日益体现，如果产品出现低标准，甚至有毒有害的情况，不仅损害了企业自身的利益，也会给整个产业甚至国家造成严重的信用危机，从而造成巨大损失，特别是对于食用菌这种具备一定价格比较优势的新兴产业来说，质量是产业健康发展的第一保证。

二是适当提高产品出口价格。保持价格的优势，绝对不能实行低价出口的贸易政策。基于此，可以通过鼓励开发产品深加工、适当给予农民补贴的方式，维持食用菌产品出口价格的稳定，避免“菇贱伤农”的现象发生。但是，随着食用菌产品出口量逐年增加，这种比较优势可能会减弱甚至消失，此时应更加注重发展食用菌出口产品的质量优势。

三是加大市场拓展。在努力拉动国内消费的同时，着力开拓国际新兴市场。食用菌产业在我国仍然是一个朝阳产业，随着民众受到农产品安全、健康生活理念的宣传和影响，对食用菌这种绿色农产品的需求会进一步提高，积极做好产品的宣传，打造品牌“蘑菇”，鼓励龙头企业带动的“名牌效应”。同时，也要努力扩展新兴市场，挖掘新的消费需求，一方面能避免与老牌食用菌出口国竞争，另一方面可以及早奠定产品输出的基础。此外还可以通过发展生态产业旅游来进行宣传和拉动产业发展。

（童庆蒙　张俊飚　蒋琳莉）

2.4 2014～2015年度我国食用菌价格变化特征分析

作为一种集低碳农业、高效农业及循环农业特点为一体的现代农业，食用菌产业所具有的社会效益、经济效益和生态效益日益凸显，引起了社会各界的高度关注。2015 年，我国食用菌产品总产量高达 3476.15 万 t，已成为粮、果、菜之后的第四大农作物。因此，了解我国食用菌产品价格变化趋势，不仅有助于相关决策部门制定科学合理的食用菌产业发展政策，实现区域供求平衡，也能为菇农提供充分的市场信息，进而有助于降低市场风险。鉴于此，本节通过系统搜集全国香菇、金针菇、双孢蘑菇、平菇和黑木耳五大食用菌产品（鲜品）2014 年 7 月至 2015 年 6 月的月度价格数据，分析上述食用菌产品的价格波动情况，并与上年同期进行比较研究。此外，本节还选取了此阶段典型代表省区香菇、双孢蘑菇、金针菇和平菇的月度均价，分析其变化特征。

2.4.1 香菇

2014 ~ 2015 年度、2013 ~ 2014 年度香菇月平均价格见表 2.11。不难发现，2014 ~ 2015 年度，我国香菇月平均价格为每千克 11.18 元，较上年度同期的 11.28 元降低 0.9%，两者相差不大。整个年度的价格趋于平稳，其中，2015 年 3 月价格最低，为每千克 10.21 元，比上年度同期价格 10.00 元高 2.1%。2014 年 8 月价格最高，为每千克 12.14 元，较上年度同期的 12.55 元下降 3.3%，差异较小。此外，2014 年 7 月、9 月、11 月、12 月和 2015 年 4 月的香菇价格与上年度同期相比，均有不同程度的增长，其中以 9 月最为显著，每千克增长 0.64 元。

表 2.11　2014 ~ 2015 年度、2013 ~ 2014 年度香菇月平均价格　（单位：元/kg）

年度	7 月	8 月	9 月	10 月	11 月	12 月	1 月	2 月	3 月	4 月	5 月	6 月	均价
2014 ~ 2015	12.02	12.14	11.73	11.21	10.87	11.02	10.60	10.75	10.21	11.36	11.08	11.15	11.18
2013 ~ 2014	11.91	12.55	11.29	11.54	10.42	11.00	11.13	11.07	10.00	10.84	11.69	11.89	11.28

2014 ~ 2015 年度、2013 ~ 2014 年度香菇月平均价格变化趋势图如图 2.5。不难发现，2014 ~ 2015 年度，我国香菇月平均价格总体呈“波动下降-波动上升”特征。2014 年 7 月至 2015 年 3 月，月平均价格由 7 月的每千克 12.02 元波动下降至次年 3 月的 10.21 元，下降了 15.1%；其中，7 月、8 月基本保持平稳，8 月至次年 3 月，为下降态势，次年 3 月价格最低；次年 4 月价格开始明显提高，较 3 月提高了 11.3%；但 5 月、6 月较 4 月有所降低。这一变化特征与上一年度具有一致性，表现为冬春季为香菇的主要产期，售价较低；相比较而言，夏季香菇的平均价格较高。

为了更好地了解我国各地区 2014 年 7 月至 2015 年 6 月香菇的价格变化情况，本节选取北京、辽宁、上海、湖北、广东、陕西、新疆 7 个典型省区，比较分析香菇月平均价格变化的区域差异（表 2.12）。

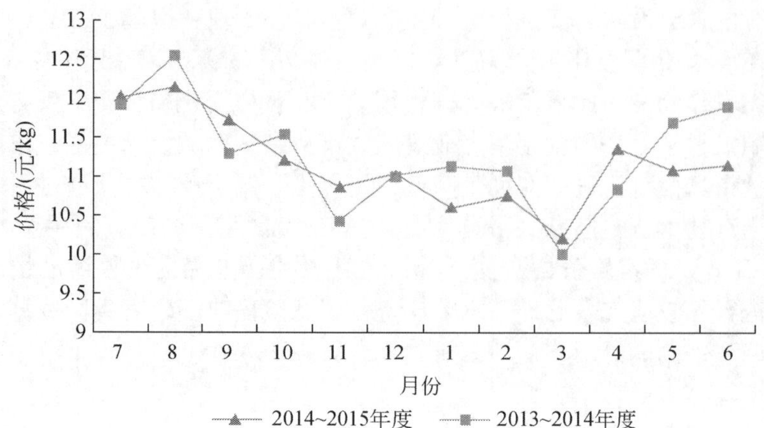

图2.5　2014～2015年度、2013～2014年度香菇月平均价格

表2.12　2014年7月～2015年6月主要省区香菇价格变化情况　（单位：元/kg）

省份	2014年						2015年						本年度均价	上年度均价
	7月	8月	9月	10月	11月	12月	1月	2月	3月	4月	5月	6月		
北京	11.42	11.07	10.31	9.50	8.48	7.39	7.15	7.52	7.56	8.57	9.18	9.54	8.98	9.21
辽宁	7.67	9.00	7.70	7.00	6.96	7.13	7.17	8.50	7.10	7.63	6.86	6.60	7.44	8.61
上海	12.00	17.50	15.00	16.00	15.33	14.33	15.00	13.00	15.00	14.32	14.38	16.07	14.83	13.33
湖北	11.64	11.76	11.54	11.46	12.02	10.71	10.42	10.91	10.46	11.33	12.04	11.87	11.35	10.80
广东	12.80	13.00	13.31	12.13	12.05	10.50	14.50	11.25	11.00	13.80	8.90	11.06	12.03	12.13
陕西	10.00	12.17	10.67	10.00	9.38	10.06	11.00	11.13	9.80	10.23	10.38	10.59	10.45	10.95
新疆	13.88	12.83	11.75	13.33	12.25	12.00	11.83	9.75	10.38	16.50	14.25	16.18	12.91	13.88

（1）受地理位置和自然条件的影响，香菇年度平均价格区域差距较大。其中，月平均价格最高的是上海，每千克14.83元；新疆、广东分列第二位、第三位，分别为12.91元和12.03元；湖北居第四，为11.35元；陕西、北京分列第五位、第六位，为10.45元和8.98元；辽宁最低，为7.44元，仅为上海的一半。

（2）各地区的香菇年度平均价格呈现明显的波动特征。其中，新疆波动幅度最大，每千克价格最高时达16.5元，最低时仅9.75元，标准误差值为1.97；其次为广东、北京、上海，标准误差值分别为1.50、1.39、1.37；陕西、辽宁标准误差值为0.71、0.67；湖北价格波动最小，标准误差值仅为0.56，每千克价格基本在11元上下浮动。

结合7省份2014年7月～2015年6月的香菇月度价格变化（图2.6），其价

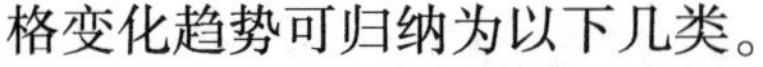

格变化趋势可归纳为以下几类。

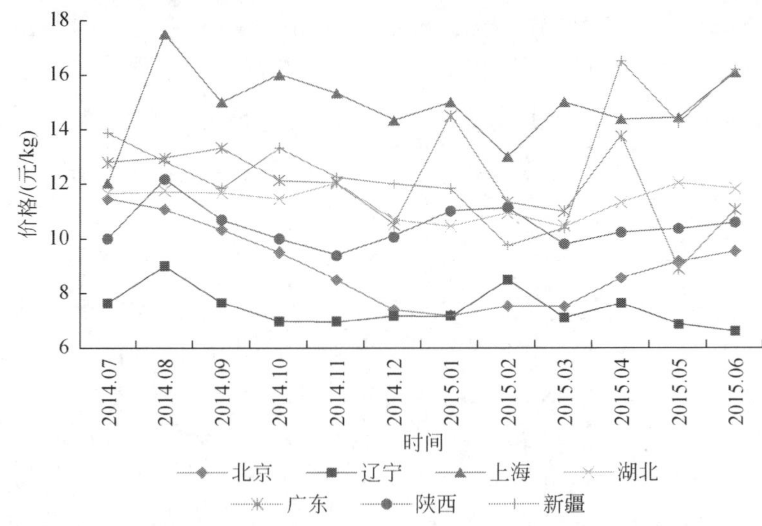

图 2.6　2014 年 7 月 ~2015 年 6 月主要省区香菇月度价格变化

（1）“平稳”型：湖北、辽宁、陕西。三地各月价格波动幅度均较小。其中，湖北各月均价较高，在 11.35 元上下波动，陕西次之，月均价为 10.45 元，辽宁各月均价最低，仅为 7.44 元。

（2）“蝙蝠”型：上海、广东。2014 年 7 月 ~2015 年 6 月，两地香菇价格均呈现出“上升-下降-上升-下降”的循环态势。具体而言，上海 2014 年 7 月价格最低，仅为 12 元，8 月价格最高，为 17.5 元，次年 2 月价格下降为 13 元，此后价格呈波动上升的态势；7 ~ 12 月，广东香菇月度价格在 12.03 元上下波动，次年 1 月价格最高，为 14.5 元，3 月价格最低，仅为 11 元，12 月至次年 6 月价格波动比较显著。

（3）“下降-上升”型：北京、新疆。7 月至次年 1 月，北京香菇月度价格呈下降趋势，1 月降至 7.15 元，2 月至次年 6 月，香菇月度价格呈上升趋势；7 月至次年 2 月，新疆香菇月度价格由 13.88 元降至 9.75 元，3 月至次年 6 月，价格呈波动上升趋势。

2.4.2　金针菇

2014 ~2015 年度、2013 ~ 2014 年度金针菇月平均价格变化情况见表 2.13，不难发现，2014 ~2015 年度，我国金针菇月平均价格为 7.21 元，较上年度同期的 8.12 元下降了 11.21%。具体来看，除 2014 年 12 月 ~2015 年 2 月外，其他各月平均每千克的价格均低于 8.00 元，其中，2015 年 4 月价格最低，为 5.32 元，

2014 年 12 月最高，为 9.32 元。与上年度同期相比，除 2014 年 11 月、12 月和 2015 年 3 月和 6 月价格有轻微增长，2015 年 5 月价格与上年度同期持平，其他各月价格均有不同程度的下降，以 2014 年 10 月幅度最大，每千克下降 2.93 元。

表 2.13　2014 ~ 2015 年度、2013 ~ 2014 年度金针菇月平均价格变化情况　(单位：元/kg)

年度	7 月	8 月	9 月	10 月	11 月	12 月	1 月	2 月	3 月	4 月	5 月	6 月	均价
2014 ~ 2015	6.11	7.63	7.73	6.75	7.88	9.32	8.04	9.02	7.00	5.32	5.57	6.09	7.21
2013 ~ 2014	7.53	8.19	10.40	9.68	7.80	9.04	10.84	11.45	6.43	5.45	5.57	5.12	8.12

两个年度金针菇价格变化趋势图（图 2.7）。2014 ~ 2015 年度，我国金针菇月度价格呈“波动上升-波动下降”的变化特征。其中，2014 年 7 月 ~ 2014 年 12 月为波动上升阶段，由 6.11 元波动上升至 9.32 元；2014 年 12 月 ~ 2015 年 6 月为波动下降阶段，由 9.32 元波动下降至 6.09 元。比较两个年度金针菇价格变化趋势可知，两者变化基本一致，均表现出冬春时节金针菇价格明显高于其他各季价格的特点。

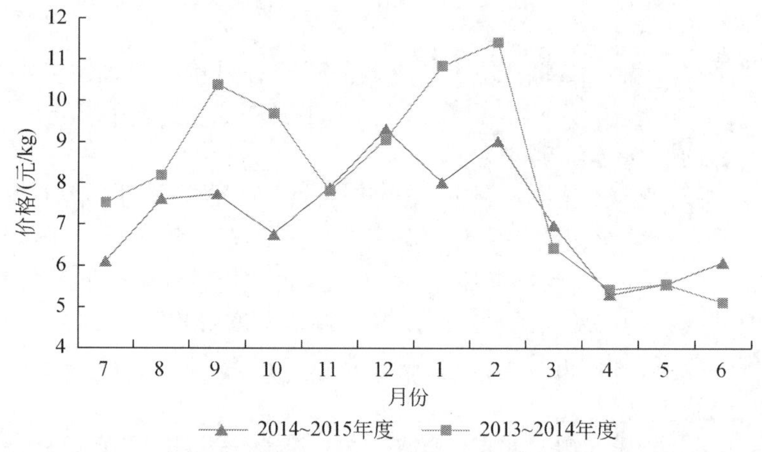

图 2.7　2014 ~ 2015 年度、2013 ~ 2014 年度金针菇月平均价格

为了更好地了解我国各地区 2014 年 7 月 ~ 2015 年 6 月金针菇的价格变化特征，本节选取北京、辽宁、上海、广东 4 个典型地区，分析比较月平均价格变化情况（表 2.14）。

表 2.14　2014 年 7 月 ~ 2015 年 6 月主要省区金针菇价格变化情况　(单位：元/kg)

省份	2014 年						2015 年						末年度均价	上年度均价
	7 月	8 月	9 月	10 月	11 月	12 月	1 月	2 月	3 月	4 月	5 月	6 月		
北京	6.01	8.25	8.49	6.33	8.19	9.74	8.20	8.82	6.68	5.45	5.81	5.96	7.33	8.16

续表

省份	2014年						2015年						末年度均价	上年度均价
	7月	8月	9月	10月	11月	12月	1月	2月	3月	4月	5月	6月		
辽宁	6.46	8.83	8.26	6.28	6.57	9.58	8.18	9.46	6.81	5.45	4.78	—	6.72	8.49
上海	7.17	8.63	9.25	7.54	9.67	10.20	7.45	8.00	8.49	5.74	6.50	5.73	7.86	7.93
广东	5.19	7.60	7.25	7.05	8.30	10.51	6.65	8.89	5.84	4.89	4.49	5.70	6.86	8.20

1）与香菇相同，受地理位置和自然条件的影响，金针菇年度平均价格区域差异较大。其中，年度均价最高的是上海，每千克达7.86元；其次是北京、广东，分别为7.33元和6.86元；辽宁最低，每千克仅6.72元。各省区年度均价较上年度都有不同程度下降，其中，辽宁下降最为明显，达20.8%；而上海仅下降0.9%。

2）各地区金针菇月平均价格与同期相比，波动幅度均较大，标准误差值均超过1。其中，广东的波动幅度最大，每千克价格最高时达10.51元，而最低时仅为4.49元，标准误差值达1.71；辽宁紧随其后，每千克最高价达9.58元，最低价仅4.78元，标准误差值为1.54；上海位于第三位，标准误差值为1.39；北京金针菇月度价格波动幅度最小，标准误差值仅为1.37。

2014年7月~2015年6月四地区金针菇月度价格变化趋势如图2.8所示。四地变化趋势均呈"波动上升-波动下降"的态势。具体而言，2014年7月~2014年12月为四地区的"波动上升"阶段，2014年12月的价格均最高，分别为9.74元、9.58元、10.2元、10.51元；2014年12月~2015年6为"波动下降"阶段，北京、辽宁和广东的价格在2015年2月出现回升趋势，上海价格则在2015年3月有回升现象。2015年3月~2015年6月，四地区的价格均有明显的下降态势。

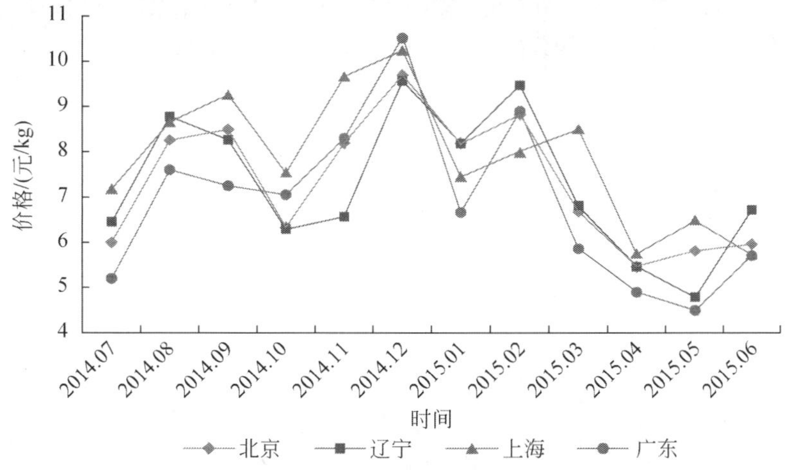

图2.8 2014年7月~2015年6月主要省区金针菇月度价格变化

2.4.3 双孢蘑菇

2014～2015 年度、2013～2014 年度双孢蘑菇月平均价格见表 2.15。具体而言，2014～2015 年度，我国双孢蘑菇月平均价格为每千克 11.90 元，较上年度的 12.35 元下降 3.64%。分月度来看，除 2015 年 1 月、3 月和 4 月外，其余各月每千克价格均高于 11.00 元；其中 2014 年 8 月价格最高，达 14.30 元，2015 年 3 月最低，仅 10.37 元，比最高价低 27.48%。与上年度同期相比，除 2014 年 11 月、12 月及 2015 年 3 月有所升高以外，其他各月均较低。

表 2.15 2014～2015 年度、2013～2014 年度双孢蘑菇月平均价格 （单位：元/kg）

年度	7 月	8 月	9 月	10 月	11 月	12 月	1 月	2 月	3 月	4 月	5 月	6 月	均价
2014～2015	14.11	14.30	12.72	11.79	11.36	11.70	10.80	11.25	10.37	10.65	11.98	11.79	11.90
2013～2014	14.61	15.79	15.12	13.35	10.07	8.92	11.11	11.59	10.32	11.07	12.61	13.67	12.35

双孢蘑菇月度价格变化趋势如图 2.9 所示。2014～2015 年度，我国双孢蘑菇月平均价格呈现“下降-平稳-上升”三阶段特征。其中，2014 年 7 月～2014 年 11 月，双孢蘑菇月度价格处于下降态势，每千克价格由 7 月的 14.11 元下降为 11 月的 11.36 元；2014 年 11 月～2015 年 3 月为平稳阶段，各月价格均在每千克 11.90 元上下浮动；2015 年 3 月～2015 年 6 月，价格呈上升趋势，到 2015 年 5 月，每千克价格上升到 11.98 元。三阶段特征与上年度相同且两个年度的最高价均出现在每年 8 月，每千克价格分别为 14.30 元和 15.79 元；最低价格 2014～2015 年度出现在 2015 年 3 月，每千克 10.37 元，2013～2014 年度出现在 2013 年 12 月，每千克 8.92 元；月际间价格的起伏程度，2014～2015 年度要明显低于上一年度。秋、冬季节双孢蘑菇的价格与春、夏季相比，相对较低。

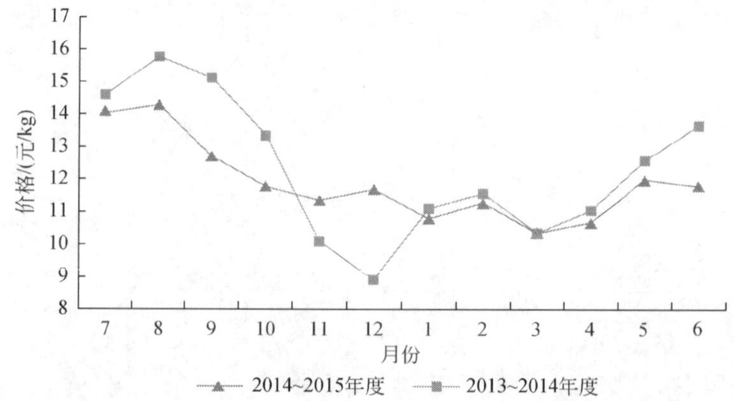

图 2.9 2014～2015 年度、2013～2014 年度双孢蘑菇月平均价格

为了更好地了解我国各地区2014年7月~2015年6月双孢蘑菇的价格变化特征，本节选取北京、辽宁、江苏、浙江、山东5个典型省区，比较分析双孢蘑菇月平均价格变化情况（表2.16）。

表2.16 2014年7月~2015年6月主要省区双孢蘑菇月度价格变化情况

（单位：元/kg）

省区	2014年						2015年						本年度均价	上年度均价
	7月	8月	9月	10月	11月	12月	1月	2月	3月	4月	5月	6月		
北京	12.88	15.55	12.37	10.45	11.15	11.35	10.91	11.46	10.67	10.68	10.84	12.11	11.70	13.19
辽宁	12.67	12.00	13.25	12.00	10.00	11.75	12.03	10.00	12.64	11.63	10.55	12.40	11.74	13.33
江苏	9.86	10.67	8.31	7.47	7.18	7.68	6.68	7.10	7.66	5.88	8.38	10.08	8.08	10.58
浙江	15.08	18.70	14.70	11.78	9.28	8.66	10.53	10.67	10.12	10.40	11.00	10.42	11.78	12.45
山东	10.70	10.83	11.27	11.07	10.48	10.75	10.18	10.63	9.65	8.71	9.15	10.54	10.33	10.48

1）不同地区双孢蘑菇价格存在明显差异。其中年度均价最高的是浙江，每千克高达11.78元；辽宁和北京以微弱劣势紧随其后，每千克分别为11.74元、11.70元；山东居第四位，每千克均价为10.33元；江苏最低，仅为8.08元，相当于浙江的68.59%。与上一年度相比，五个地区双孢蘑菇的价格均有不同程度下降，其中江苏由上一年度的每千克10.58元降至本年度的8.08元，降幅达23.63%。

2）五个地区双孢蘑菇的月度价格均呈现较为明显的波动态势，除山东以外，其他四地的标准误差值均超过1。其中，波动幅度最大的地区为浙江，每千克价格最高18.70元，最低仅8.66元，标准误差值高达2.79；江苏标准误差值位居第二位，为1.39；北京和辽宁分列三、四位，标准误差值分别为1.36和1.00；相对而言，山东双孢蘑菇的价格波动幅度最小，标准误差值仅为0.74。

综合观察五个地区2014年7月~2015年6月双孢蘑菇月度价格变化趋势图（图2.10），变化趋势可归纳为以下几类。

1）“波动下降-平稳”型：浙江、北京。2014年7月~2014年8月，两地区双孢蘑菇价格均有所上升；2014年8月~2014年12月，浙江的双孢蘑菇价格呈下降趋势；与浙江不同，北京双孢蘑菇月度价格下降的时间较短，2014年8月~2014年10月为下降阶段；2014年12月~2015年6月，两地区的双孢蘑菇月度价格基本保持平稳。

2）“平稳”型：山东、辽宁。2014年7月~2015年6月，两地区的双孢蘑菇月度价格均处于基本平稳的态势。其中，山东月平均价格为每千克10.33元，辽宁为每千克11.74元。

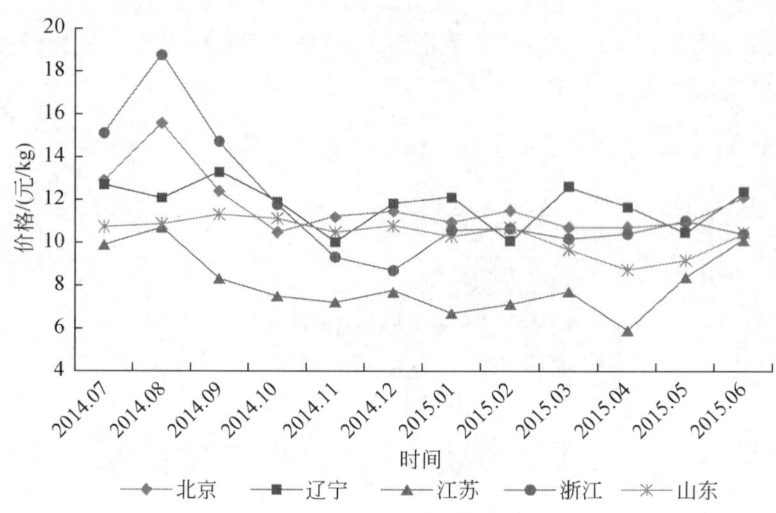

图 2.10　2014 年 7 月 ~2015 年 6 月主要省区双孢蘑菇月度价格变化

3）“波动下降-上升”型：江苏。2014 年 7 月 ~2015 年 4 月为双孢蘑菇月度价格波动下降期，由每千克 10.67 元下降至 5.88 元；2015 年 4 月 ~2015 年 6 月为价格上升期，6 月上升至每千克 10.08 元。

2.4.4　平菇

2014 ~2015 年度、2013 ~2014 年度平菇月平均价格见表 2.17。2014 ~2015 年度我国平菇月平均价格每千克为 5.97 元，略高于上年度的 5.79 元。各月平菇价格波动较大，以 2014 年 8 月最高，每千克高达 6.89 元，2015 年 3 月最低，每千克 4.82 元。与上一年度相比，2014 年 7 月、11 月、12 月和 2015 年4 ~6 月平菇月均价高于上年度同期，其他各月则低于同期。

表 2.17　2014 ~2015 年度、2013 ~2014 年度平菇月平均价格　　（单位：元/kg）

年度	7 月	8 月	9 月	10 月	11 月	12 月	1 月	2 月	3 月	4 月	5 月	6 月	均价
2014 ~2015	6.33	6.89	6.58	5.56	6.01	6.66	4.93	6.02	4.82	6.11	5.66	6.07	5.97
2013 ~2014	5.84	8.14	6.58	5.96	5.29	5.48	5.59	6.08	5.27	5.03	4.84	5.42	5.79

平菇月度价格变化趋势如图 2.11 所示。2014 ~2015 年度，我国平菇月度均价总体上呈现出“锯齿”型变化趋势。具体而言，2014 年 7 月 ~2014 年 10 月，价格由 7 月的每千克 6.33 元升至 8 月的 6.89 元，之后缓慢下降到 5.56 元；2014 年 12 月，均价上升至每千克 6.66 元；2015 年 1 月价格跌至每千克 4.93 元，与

2014 年 12 月相比，下降了 25.98%；2015 年 1 月 ~2015 年 6 月，价格由每千克 4.93 元波动上升至 6.07 元。与上年度相比，两个年度的平菇月度最高平均价格均出现在 8 月，且两年度平菇 9 月价格相同，都是每千克 6.58 元。综合来看，平菇价格夏、秋季节相对较高。

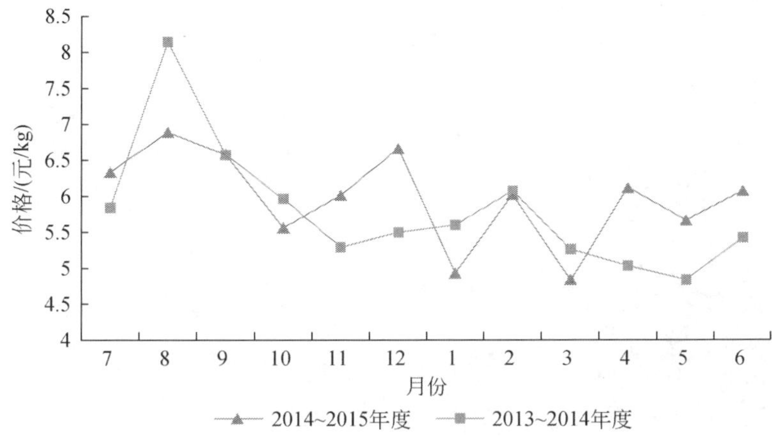

图 2.11　2014 ~2015 年度、2013 ~2014 年度平菇月平均价格

为了更好地了解我国各地区 2014 年 7 月 ~2015 年 6 月平菇的价格变化特征，本节选取北京、辽宁、浙江、四川、新疆等 5 个典型地区，比较分析平菇月平均价格变化的区域差异（表 2.18）：

表 2.18　2014 年 7 月 ~2015 年 6 月主要省区平菇价格变化情况　　（单位：元/kg）

地区	2014 年						2015 年						本年度均价	上年度均价
	7 月	8 月	9 月	10 月	11 月	12 月	1 月	2 月	3 月	4 月	5 月	6 月		
北京	6.46	6.07	4.57	4.30	5.67	4.44	4.12	4.28	4.57	5.68	6.24	5.75	5.18	4.74
辽宁	8.68	7.00	4.88	6.00	5.88	4.67	5.67	3.50	4.53	5.13	3.45	6.75	5.51	5.70
浙江	5.24	6.32	4.28	3.05	4.59	7.08	4.34	5.27	4.50	6.55	4.98	4.85	5.09	4.67
四川	7.00	5.00	9.00	—	9.00	—	3.50	6.00	5.83	12.67	7.77	8.08	7.39	5.30
新疆	6.75	6.25	10.25	6.75	8.00	9.25	7.25	7.50	6.17	10.25	8.6	6.63	7.80	8.14

1）不同地区平菇的月度价格变化差异较大。其中，年度均价最高的地区是新疆，每千克 7.80 元；四川紧随其后，每千克 7.39 元；辽宁和北京分列第三名、第四名，每千克价格分别为 5.51 元、5.18 元；浙江年度均价最低，每千克 5.09 元。与上一年度相比，辽宁、新疆年度均价均有所下降，其他三个地区则与之相反。

2）五个地区平菇月度价格均呈现一定程度的波动态势，但波动幅度存在较大差别。其中，四川波动幅度最大，每千克价格最高达 12.67 元，最低仅 3.50 元，标准误差值达 2.29；辽宁价格波动幅度次之，标准误差值为 1.43；浙江、北京的标准误差值分别为 1.07、0.84；四川由于数据缺失，不做讨论。

综合观察五个省区 2014 年 7 月 ~2015 年 6 月平菇月度价格变化趋势图（图 2.12），变化趋势可归纳为以下几类。

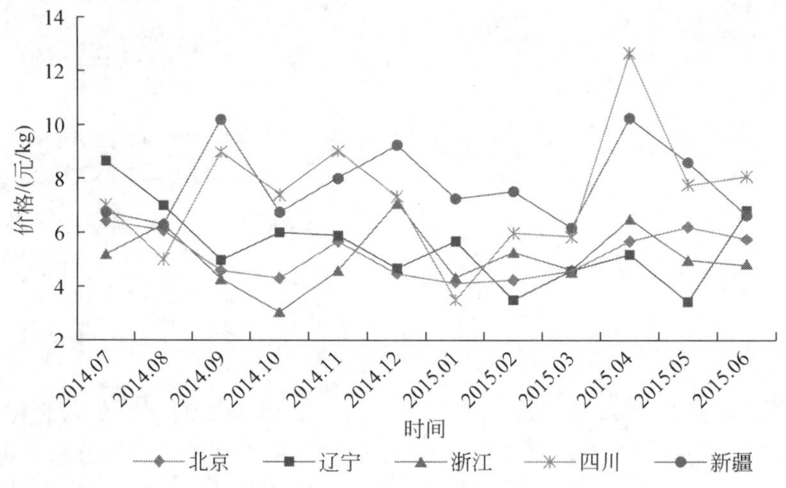

图 2.12　2014 年 7 月 ~2015 年 6 月主要省区平菇月度价格变化

（1）“平稳”型：北京。2014 年 7 月 ~2015 年 6 月，北京平菇各月价格基本维持在每千克 5.18 元左右，无大的波动。

（2）“锯齿”型：新疆、浙江、四川。总体看来，三个地区平菇月度价格出现上下波动的态势，与锯齿的形状较为相似。具体而言，2015 年 4 月，新疆平菇售价最高，每千克达 10.25 元，2015 年 3 月最低，每千克仅 6.17 元；除此之外，四个季度之间，平菇价格波动幅度较大。浙江平菇价格走势总体上与新疆相似，2014 年 7 月 ~2014 年 12 月，价格变化趋势呈“缓降-上升”特征，与新疆同期的“上升-下降-上升”趋势有所不同。四川月平均价格最高出现在 2015 年 4 月，每千克 12.67 元，2015 年 1 月最低，每千克仅 3.5 元。

（3）“下降-平稳-上升”型：辽宁。2014 年 7 月 ~2014 年 9 月，平菇月度价格变化呈下降趋势，由每千克 8.68 元下降至 4.88 元；2014 年 10 月 ~2015 年 5 月，价格在每千克 5.51 元上下波动；2015 年 5 月 ~2015 年 6 月，价格有所回升。

2.4.5 黑木耳

2014～2015 年度、2013～2014 年度黑木耳月平均价格见表 2.19。2014～2015 年度我国黑木耳月平均价格为每千克 8.50 元，远高于上年度的每千克 6.47 元。各月价格起伏较小，其中以 2014 年 8 月价格最高，每千克达 9.38 元；2014 年 10 月最低，每千克仅 7.25 元；对比发现，黑木耳年度均价差别较大，而且 2014～2015 年度黑木耳月度价格的波动幅度远小于 2013～2014 年度的同期价格。

表 2.19　2014～2015 年度、2013～2014 年度黑木耳月平均价格　（单位：元/kg）

年度	7 月	8 月	9 月	10 月	11 月	12 月	1 月	2 月	3 月	4 月	5 月	6 月	均价
2014～2015	8.75	9.38	7.75	7.25	9.20	8.50	8.33	8.83	8.18	8.70	8.40	8.71	8.50
2013～2014	3.03	4.50	4.60	4.50	4.50	3.90	8.36	9.17	7.17	8.17	9.87	9.92	6.47

黑木耳月度价格变化趋势如图 2.13 所示。2014～2015 年我国黑木耳月平均价格以 2014 年 10 月最低，为每千克 7.25 元。其余各月均在每千克 8.5 元上下浮动，总体呈平稳态势。比较 2014～2015 年度与 2013～2014 年度月度价格变化轨迹可知，2014～2015 年度黑木耳价格波动幅度明显小于上一年度。

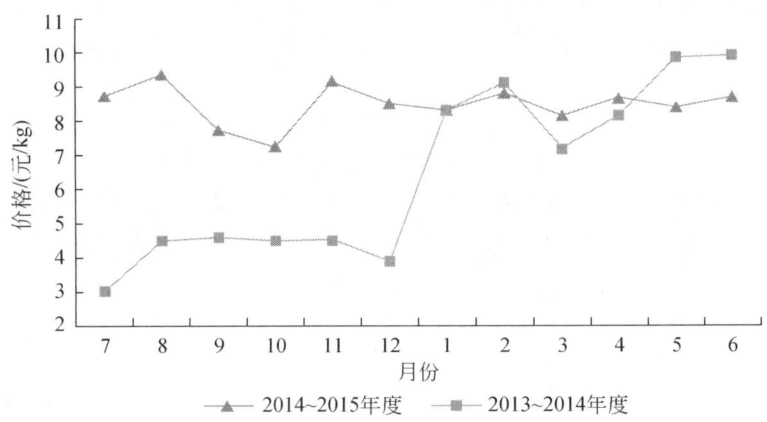

图 2.13　2014～2015 年度、2013～2014 年度黑木耳月平均价格

2.4.6 小结

通过对主要食用菌 2014～2015 年度内价格变化情况的综合分析，可以得出以下结论。

1）从全国范围来看，2014～2015 年度双孢蘑菇的平均价格最高，每千克达

11.90 元，接下来依次为香菇，每千克 11.18 元；黑木耳，每千克 8.50 元；金针菇，每千克 7.21 元；平菇，每千克 5.97 元。双孢蘑菇、金针菇和香菇的年度均价较上一年度均有不同程度的下降，黑木耳有大幅度提升，而平菇的提升幅度较小，基本保持平稳。

2）五大食用菌品种月度价格均存在一定的起伏，其中以金针菇的价格波动幅度最大，其标准误差值为 1.23；双孢蘑菇紧随其后，标准误差值为 1.20；平菇排列第三，其标准误差值为 0.61；黑木耳和香菇的价格波动幅度较小，标准误差值分别为 0.56 和 0.54。就单个品种而言，香菇春末至秋初价格相对较高；金针菇 9 月至次年 2 月价格较高；双孢蘑菇和平菇分别在春夏季节、夏秋季节月平均价格相对较高；黑木耳则以 7～11 月价格相对较高。

3）通过对典型地区价格的对比分析发现，香菇、金针菇、双孢蘑菇和平菇价格均存在较为明显的地域差异，表现为：一是平均价格差别大。以香菇为例，价格最高的上海年均价达每千克 14.83 元，而最低的辽宁每千克仅为 7.44 元。二是价格变化轨迹差异大，同一品种在不同地区的价格呈现出不同的态势。以双孢蘑菇为例，五个地区存在四类价格走势。三是价格波动幅度差异大。以香菇为例，价格起伏最大的新疆标准误差值高达 1.97，而最低的湖北仅为 0.56。

（张俊飚　曾杨梅　何　可　程琳琳）

2.5　基于 GM（1，1）模型的食用菌价格预测

近年来，随着经济社会发展和人民生活水平提高，人们日益重视饮食健康和营养均衡，食用菌因兼具食用和保健双重功能而备受消费者青睐，市场潜力十分可观。但由于食用菌价格波动幅度较大且频率较高，菇农丰产不丰收时有发生，严重影响了菇农生产的稳定性和居民的消费积极性。2015 年中央一号文件明确指出，要充分运用现代信息技术，改进农产品价格监测办法。因此，了解食用菌市场价格的变动，预测食用菌价格走势，对有效调节食用菌产品的生产和流通，引导菇农合理调整种植结构，实现食用菌区域供求平衡，提高菇农生产效益，保障食用菌市场的稳定有序运行并满足人民日益增长的需求具有重要的现实意义。基于此，本节拟以 2005 年 1 月～2016 年 12 月我国主要食用菌品种的月度批发价格数据作为分析样本，构建灰色预测模型 GM（1，1），对 2017 年全国香菇、平菇、双孢蘑菇、金针菇和黑木耳五大食用菌品种的价格进行预测，以期为稳定食用菌市场价格，调节食用菌生产和消费等相关政策的制定提供有益参考。

2.5.1　文献分析

基于农产品的历史价格数据对未来价格趋势进行有效的预测，将有利于生产

经营者及时对市场做出反应并进行合理的调整及生产，有利于提高政府部门的管理效率和调控能力。近年来，已有不少学者针对农产品价格预测开展了探索性研究和相关的实例验证。

经济学家 Herry L. Moore 作为公认的最早运用计量方法于农产品领域进行价格预测的学者，通过引入相关关系、线性回归模型对农产品年度价格等进行预测，发现应用回归模型进行的价格、产量预测的结果比美国农业部的定性预测更为准确。国内外预测价格的模型方法不胜枚举，如时间序列法中的季节虚拟变量法、Census X12 法、Holt- Winters 季节指数平滑法、自回归移动平均模型（ARIMA）等，又如神经网络模型（NN）、灰色预测模型 GM（1，1）等智能分析法。其中，邓聚龙教授于 1982 年提出的灰色预测模型 GM（1，1）适用于研究“部分信息已知、部分信息未知”的“小样本”“贫信息”等情形下的价格预测，预测结果可以反映价格的整体趋势，有效削弱各类随机波动因素的影响。农产品价格是多种影响因素共同作用的结果，其影响机制的复杂性和影响内涵的模糊性恰好符合灰色预测模型 GM（1，1）的研究特点。

目前，不少学者已证实运用灰色预测模型 GM（1，1）对农产品价格预测的结果较为准确。Tzong- Ru 等（2000）运用灰色系统理论（graytheory），通过分析连续 4 个月的数据以预测下一个月的红豆价格，结果表明，预测价格接近实际价格，这意味着灰色系统理论适合用于预测农产品价格。邓立军（2014）针对大豆价格变异的预测，建立了关于大豆价格指数的灰色预测模型 GM（1，1）。徐明凡等（2014）基于灰色预测模型与神经网络模型的对比分析，发现灰色预测模型对随机因素的处理能够取得较为满意的效果，更能反映及预测鸡蛋价格的波动趋势。

还有学者通过对灰色预测模型 GM（1，1）进行相关改进，以提高价格预测的精确性。方燕和马艳（2014）在分析大豆长期和短期价格走势的基础上，引入 GM（1，1）模型，以预测我国大豆价格的变动趋势。朱婧等（2016）采用改进 GM（1，1）模型对我国大豆价格进行预测研究，研究结果表明我国大豆价格将持续处于低迷状态。范震等（2016）在灰色理论的基础上，提出了一种改进 GM（1，N）大豆价格预测模型：首先运用灰色关联分析法对我国大豆价格的影响因素进行分析；其次，选择主要的影响因素并将其作为模型的相关因素变量，构建 GM（1，N）大豆价格预测模型。马雄威等（2014）根据猪肉价格波动的特点，采用修正背景值 GM 模型 BGM（1，1）、无偏灰色系统模型 WPGM（1，1）、修正初值 GM 模型 CGM（1，1）等灰色 GM（1，1）改进模型对猪肉价格进行了预测。郝妙等（2014）通过建立基于弱化缓冲算子的 GM（1，1）预测模型，发现未来生猪价格将在波动中上涨。谷国玲等（2015）通过改善 GM（1，1）的背景

值和运用 M 次累加的方法对灰色模型进行残差校正，进而把猪肉价格变化当做一个灰色系统，采用等维递补的方法预测猪肉价格的发展走势，丰富了灰色预测模型理论的内容。

总体来看，在农产品价格预测研究方面，国内外学者更多的是利用计量经济学等方法从长期价格变动趋势的角度进行量化分析，预测结果均比较理想。但已有研究大多以农林畜等为研究对象建立预测模型，鲜有关于菌菇产品价格预测的研究，因此，本节拟以香菇、金针菇、双孢蘑菇、平菇和黑木耳五大主要食用菌品种为研究对象，运用灰色预测模型 GM（1，1）对 2017 年全国食用菌价格进行预测，以期丰富食用菌产品的相关研究，增强食用菌短期价格的预见性。

2.5.2 研究方法

灰色系统理论的微分方程为 GM 模型，G 表示 Gray（灰色），M 表示 Model（模型），GM（1，1）表示 1 阶的、1 个变量的微分方程模型，是一阶单序列的线性动态模型。灰色系统理论认为一切随机量都是在一定范围内、一定时间段上变化的灰色量及灰色过程，为了弱化原始时间序列的随机性和强化时间序列的规律性，在建立灰色预测模型之前，通常需要对原始时间序列进行数据累加或累减处理，得到近似的有指数规律的时间序列数据后再建模，这在一定程度上减小了建模难度，为微分方程建模提供了良好的条件，在此基础上建立灰色预测模型 GM（1，1），可以对下一时刻的所有数据进行预测，实现对数据进行分析的目标。

2.5.2.1 灰色预测模型 GM（1，1）建模步骤

设原始非负序列为 $X^{(0)}$：$X^{(0)}=(x^{(0)}(1), x^{(0)}(2), \cdots, x^{(0)}(n))$，其中，$x^{(0)}(k)\geqslant 0, k=1, 2, \cdots, n$。进行一次累加（1-AGO）生成的新序列为 $X^{(1)}$：$X^{(1)}=(x^{(1)}(1), x^{(1)}(2), \cdots, x^{(1)}(n))$。$Z^{(1)}$ 为 $X^{(1)}$ 的紧邻均值生成序列或背景值序列，$Z^{(1)}=(z^{(1)}(2), z^{(1)}(3), \cdots, z^{(1)}(n))$，其中，$z^{(1)}(k)=\frac{1}{2}[x^{(1)}(k)+x^{(1)}(k-1)](k=2, 3, \cdots, n)$；$Z^{(1)}(k)=\int_{k-1}^{t}x^{(1)}(k)\mathrm{d}t=\frac{1}{2}[x^{(1)}(k)+x^{(1)}(k-1)]\ (k=2, 3, \cdots, n)$。$x^{(1)}(k)=\sum_{i=1}^{k}x^{(0)}(i)$，其中，$k=1, 2, \cdots, n$。

$x^{(0)}(k)+az^{(1)}(k)=b$ 为 GM（1，1）模型的基本形式，a、b 均为待识别参数，a 为发展系数，b 为内生控制量（投入量）。

若 $\hat{a}=[a, b]^{\mathrm{T}}$ 为参数列，且 $B=\begin{bmatrix}-z^{(1)}(2) & 1\\ -z^{(1)}(3) & 1\\ \cdots & \cdots\\ -z^{(1)}(n) & 1\end{bmatrix}$，$Y=\begin{bmatrix}x^{(0)}(2)\\ x^{(0)}(3)\\ \cdots\\ x^{(0)}(n)\end{bmatrix}$。

求灰微分方程 $x^{(0)}(k)+az^{(1)}(k)=b$ 的最小二乘估计参数列，满足 $\hat{a}=(B^{\mathrm{T}}B)^{-1}B^{\mathrm{T}}Y$。

预测模型 GM（1，1）的微分形式为 $\frac{\mathrm{d}x^{(1)}}{\mathrm{d}t}+ax^{(1)}=b$，其为 GM（1，1）模型的白化微分方程，也叫影子方程。

如上所述，则有：

1）白化方程 $\frac{\mathrm{d}x^{(1)}}{\mathrm{d}t}+ax^{(1)}=b$ 的解或称为时间响应函数：$\hat{x}^{(1)}(t)=\left(x^{(1)}(0)-\frac{b}{a}\right)\mathrm{e}^{-at}+\frac{b}{a}$。

2）GM（1，1）灰微分方程 $x^{(0)}(k)+az^{(1)}(k)=b$ 的时间响应序列为 $\hat{x}^{(1)}(k+1)=\left(x^{(1)}(0)-\frac{b}{a}\right)\mathrm{e}^{-ak}+\frac{b}{a}$，$k=1, 2, \cdots, n$。GM（1，1）模型中的参数 a 为发展系数，反映了 $\hat{X}_1$ 与 $\hat{X}_0$ 的发展态势；b 为灰色作用量。

3）取 $x^{(1)}(0)=x^{(0)}(1)$，则：$\hat{x}^{(1)}(k+1)=\left(x^{(0)}(1)-\frac{b}{a}\right)\mathrm{e}^{-ak}+\frac{b}{a}$，$k=1, 2, \cdots, n$。

4）还原值 $\hat{x}^{(0)}(k+1)=\hat{x}^{(1)}(k+1)-\hat{x}^{(1)}(k)$，$k=1, 2, \cdots, n$。

2.5.2.2 灰色预测模型 GM（1，1）的验证

在运用 GM（1，1）进行预测之前，为验证该模型的合格性，还须进行相对误差检验、关联度检验、小误差概率和后验差检验，只有通过检验才能利用模型进行预测。

（1）相对误差检验

原始序列 $X^{(0)}=(x^{(0)}(1), x^{(0)}(2), \cdots, x^{(0)}(n))$，相应的模型模拟序列为 $\hat{x}^{(0)}=(\hat{x}^{(0)}(1), \hat{x}^{(0)}(2), \hat{x}^{(0)}(3), \cdots, \hat{x}^{(0)}(n))$，残差序列为

$\varepsilon^{(0)}=(\varepsilon(1), \varepsilon(2), \cdots, \varepsilon(n))=(x^{(0)}(1)-\hat{x}^{(0)}(1), x^{(0)}(2)-\hat{x}^{(0)}(2), \cdots, x^{(0)}(n)-\hat{x}^{(0)}(n))$。

定义相对误差序列为 $\Delta=\left(\left|\frac{\varepsilon(1)}{x^{(0)}(1)}\right|, \left|\frac{\varepsilon(2)}{x^{(0)}(2)}\right|, \cdots, \left|\frac{\varepsilon(n)}{x^{(0)}(n)}\right|\right)=(\Delta_k)_1^n$，则有：

1）对于 $k<n$，$\Delta_k=\left|\frac{\varepsilon(k)}{x^{(0)}(k)}\right|$ 为 k 点模拟相对误差，$\Delta_n=\left|\frac{\varepsilon(n)}{x^{(0)}(n)}\right|$ 为滤波相对误差，$\Delta=\frac{1}{n}\sum_{k=1}^{n}\Delta_k$ 为平均模拟相对误差。

2）$1-\Delta$ 为平均相对精度，$1-\Delta_n$ 为滤波精度。

3）给定 α，当 $\Delta<\alpha$，且 $\Delta_n<\alpha$ 成立时，则称模型为残差合格模型。

（2）关联度检验

设 $X^{(0)}$ 为原始序列，$\hat{x}^{(0)}$ 为相应的模拟误差序列，ε 为 $X^{(0)}$ 与 $\hat{x}^{(0)}$ 的绝对关联度，若对于给定的 $\varepsilon_0>0$，$\varepsilon>\varepsilon_0$，则称模型为关联合格模型。

（3）后验差检验

设 $\hat{x}=\frac{1}{n}\sum_{k=1}^{n}x^{(0)}(k)$ 为 $X^{(0)}$ 的均值，$s_1^2=\frac{1}{n}\sum_{k=1}^{n}(x^{(0)}(k)-x)^2$ 为 $x^{(0)}$ 的方差，$s_2^2=\frac{1}{n}\sum_{k=1}^{n}(\varepsilon(k)-\varepsilon)^2$ 为残差方差，则称 $C=S_2/S_1$ 为后验证差比值；对于给定的 $C_0>0$，当 $C<C_0$ 时，则称模型为后验差比合格模型。

（4）小误差概率检验

定义 $\bar{\varepsilon}=\frac{1}{n}\sum_{k=1}^{n}\varepsilon(k)$ 为残差均值，称 $p=p(|\varepsilon(k)-\bar{\varepsilon}|<0.6745s_1)$ 为小误差概率；统计满足 $|\varepsilon(k)-\bar{\varepsilon}|<0.6745s_1(k=1,2,\cdots,n)$ 的 $\varepsilon(k)$ 的个数，若此数为 r，则 $p=r/n$；若对于给定 $p_0>0$，$p>p_0$，称模型为小误差概率合格模型。

（5）精度

检验模型的精度及其适用性。精度检验等级见表 2.20。

表 2.20　精度检验等级

精度等级	指标临界值			
	相对误差	关联度	后验差 C	小误差概率 P
一级	1	0.90	0.35	0.95
二级	5	0.80	0.50	0.80
三级	10	0.70	0.65	0.70
四级	20	0.60	0.80	0.60

2.5.3　我国食用菌价格预测的实证分析

本节以香菇、金针菇、双孢蘑菇、平菇和黑木耳批发价格为研究对象，基于食用菌产业经济研究室数据库提供的各省平均批发价格数据，经过简单平均后，计算出全国的月度价格数据，应用 Matlab 2014b 软件构建并检验 GM（1，1）模型。

2.5.3.1 香菇

本节以 2005 年 1 月 ~2016 年 12 月的全国香菇月度批发价格为样本区间，运用 GM（1，1）模型对 2017 年香菇价格进行预测，预测结果见表 2.21。检验结果显示，$C=0.437$，精度为二级；$P=0.958$，精度为一级；采用 GM（1，1）模型对 2017 年全国香菇价格进行预测所得的预测值和真实值之间的百分绝对误差为 1.1416%；当分辨率 $\rho=0.5$ 时，关联度 $r=0.8028>0.6$，说明 GM（1，1）模型预测合格。

表 2.21　2016 年香菇价格真实值与 2017 年香菇价格预测值　（单位：元/kg）

2016 年		2017 年	
时间	真实值	时间	预测值
2016.01	9.64	2017.01	12.37
2016.02	10.99	2017.02	12.43
2016.03	9.22	2017.03	12.49
2016.04	9.14	2017.04	12.55
2016.05	9.42	2017.05	12.61
2016.06	9.41	2017.06	12.67
2016.07	10.68	2017.07	12.73
2016.08	13.98	2017.08	12.79
2016.09	11.19	2017.09	12.85
2016.1	9.93	2017.1	12.91
2016.11	10.09	2017.11	12.98
2016.12	9.29	2017.12	13.04
均值	10.25	均值	12.70

由表 2.21 可知，2017 年全国香菇预测年平均价格为 12.7 元/kg，明显高于 2016 年全国香菇实际年平均价格。可能的原因是，受 2016 年全国香菇价格偏低的影响，菇农的种植积极性降低，造成 2017 年香菇上市量偏紧，供不应求，价格上扬。

2.5.3.2 平菇

本节选取 2005 年 1 月 ~2016 年 12 月全国平菇月度批发价格数据，采用

GM（1，1）模型对2017年全国平菇价格进行预测，预测结果见表2.22。通过检验可知，$C=0.37$，$P=0.951$，百分绝对误差为0.6371%；当分辨率$\rho=0.5$时，关联度$r=0.7237>0.6$，预测模型满足要求。

表2.22　2016年平菇价格真实值与2017年平菇价格预测值　（单位：元/kg）

2016年		2017年	
时间	真实值	时间	预测值
2016.01	5.44	2017.01	6.79
2016.02	6.10	2017.02	6.82
2016.03	5.04	2017.03	6.86
2016.04	5.86	2017.04	6.90
2016.05	5.39	2017.05	6.94
2016.06	5.48	2017.06	6.97
2016.07	6.06	2017.07	7.01
2016.08	8.28	2017.08	7.05
2016.09	6.71	2017.09	7.09
2016.10	5.92	2017.10	7.13
2016.11	6.31	2017.11	7.17
2016.12	5.37	2017.12	7.21
均值	6.00	均值	6.99

运用GM（1，1）模型预测2017年全国平菇年平均价格为6.99元/kg，相比2016年出现小幅增长。

2.5.3.3　双孢蘑菇

基于数据的可得性，本节以2007年1月~2016年12月全国双孢蘑菇月度批发价格为样本区间，选择GM（1，1）模型对2017年全国双孢蘑菇价格进行预测，预测结果见表2.23。检验结果显示，$C=0.433$，$P=0.95$，精度为二级；采用GM（1，1）模型对2017年全国双孢蘑菇价格进行预测所得的预测值和真实值之间的百分绝对误差为2.1167%；当分辨率$\rho=0.5$时，关联度$r=0.6467>0.6$，表明预测模型精度较高，可以较好地把握平菇价格变化的规律。

表2.23　2016年双孢蘑菇价格真实值与2017年双孢蘑菇价格预测值　（单位：元/kg）

2016年		2017年	
时间	真实值	时间	预测值
2016.01	9.10	2017.01	10.60
2016.02	9.84	2017.02	10.66

续表

2016 年		2017 年	
时间	真实值	时间	预测值
2016.03	10.55	2017.03	10.73
2016.04	8.99	2017.04	10.79
2016.05	9.50	2017.05	10.85
2016.06	11.43	2017.06	10.91
2016.07	11.92	2017.07	10.98
2016.08	13.22	2017.08	11.04
2016.09	12.79	2017.09	11.10
2016.10	11.49	2017.10	11.17
2016.11	11.12	2017.11	11.23
2016.12	10.48	2017.12	11.30
均值	10.87	均值	10.95

由模型的预测结果可以看出，2017 年全国双孢蘑菇年均价格同 2016 年全国年均价格相差不大，价格变化平稳，不会出现大幅度波动。

2.5.3.4 金针菇

本节选取 2009 年 1 月 ~2016 年 12 月全国金针菇月度批发价格数据，利用 GM（1，1）模型对 2017 年全国金针菇价格进行预测，预测结果见表 2.24。由检验结果可知，$C=0.417$，$P=0.936$，采用 GM（1，1）模型对 2017 年全国金针菇价格进行预测所得的预测值和真实值之间的百分绝对误差为 1.2784%，当分辨率 $\rho=0.5$ 时，关联度 $r=0.6712>0.6$，说明模型具有较高的预测精度。

表 2.24　2016 年金针菇价格真实值与 2017 年金针菇价格预测值　（单位：元/kg）

2016 年		2017 年	
时间	真实值	时间	预测值
2016.01	8.74	2017.01	6.81
2016.02	11.64	2017.02	6.77
2016.03	7.40	2017.03	6.74
2016.04	6.04	2017.04	6.70
2016.05	5.19	2017.05	6.67

续表

2016 年		2017 年	
时间	真实值	时间	预测值
2016. 06	4. 86	2017. 06	6. 63
2016. 07	5. 17	2017. 07	6. 59
2016. 08	6. 45	2017. 08	6. 56
2016. 09	7. 86	2017. 09	6. 52
2016. 10	6. 50	2017. 10	6. 49
2016. 11	7. 08	2017. 11	6. 45
2016. 12	6. 24	2017. 12	6. 42
均值	6. 93	均值	6. 61

比较 2017 年全国金针菇价格的预测值与 2016 年全国金针菇价格的真实值，2017 年全国金针菇年均价格预测值为 6. 61 元/kg，低于 2016 年全国年均实际价格（6. 93 元/kg）。

2. 5. 3. 5　黑木耳

基于数据的可得性，本节选取 2012 年 1 月 ~2016 年 12 月全国黑木耳月度批发价格数据对 2017 年黑木耳价格进行预测，预测结果见表 2. 25。检验可知，$C=0.49$，$P=0.90$；采用 GM（1，1）模型对 2017 年全国黑木耳价格进行预测所得的预测值和真实值之间的百分绝对误差为 1. 2638%；当分辨率 $\rho=0.5$ 时，关联度 $r=0.7020>0.6$，说明该模型预测精度较高。

表 2. 25　2016 年黑木耳价格真实值与 2017 年黑木耳价格预测值　（单位：元/kg）

2016 年		2017 年	
时间	真实值	时间	预测值
2016. 01	6. 44	2017. 01	9. 34
2016. 02	7. 05	2017. 02	9. 42
2016. 03	7. 24	2017. 03	9. 50
2016. 04	7. 16	2017. 04	9. 58
2016. 05	7. 13	2017. 05	9. 66
2016. 06	12. 06	2017. 06	9. 74
2016. 07	13. 79	2017. 07	9. 82
2016. 08	7. 55	2017. 08	9. 90

续表

2016 年		2017 年	
时间	真实值	时间	预测值
2016.09	7.67	2017.09	9.98
2016.10	7.48	2017.10	10.07
2016.11	7.51	2017.11	10.15
2016.12	9.95	2017.12	10.23
均值	8.42	均值	9.78

GM（1，1）模型结果显示，预测 2017 年全国黑木耳的年均价格为 9.78 元/kg，将高于 2016 年全国黑木耳真实年均价格（8.42 元/kg）。

2.5.4 结论及建议

对食用菌价格的预测研究不仅对菇农合理安排生产有着重要的指导意义，而且对国家菌菇市场的健康稳定有着重要的现实意义。本节利用灰色预测模型 GM（1，1）对以香菇、金针菇、双孢蘑菇、平菇和黑木耳为代表的我国食用菌产品月平均价格进行了预测与分析。结果表明，GM（1，1）模型适用于食用菌价格预测，能够较好地把握食用菌价格的变化规律；香菇、平菇和黑木耳的 2017 年全国年均价格预测值高于 2016 年全国年均价格真实值，表明 2017 年香菇、平菇和黑木耳的价格会有所上涨；双孢蘑菇的 2017 年全国年均价格预测值同 2016 年全国年均价格真实值相差不大，表明 2017 年双孢蘑菇的价格相对平稳；金针菇的 2017 年全国年均价格预测值低于 2016 年全国年均价格真实值，表明 2017 年金针菇的价格将有小幅度的下降。

为保障我国食用菌市场价格稳健发展，根据 GM（1，1）食用菌预测模型的预测结果，特提出以下几点建议：

第一，重视对食用菌价格预测的研究和应用，提高菇农安排生产和政府制定价格政策的有效性和合理性。虽然食用菌产品价格完全交由市场调节，但供需之间的关系处理则是“看不见的手”与“看得见的手”共同作用的结果。因此，在进行价格预测时，可综合考量市场供需、进出口、宏观经济形势等因素，取得更为理想的预测效果，从而为菇农合理安排生产规模提供参考依据，保障菇农利益，促进我国食用菌市场的健康稳定。

第二，建设和完善食用菌信息平台，为食用菌产业提供信息化支持。建立食用菌信息平台，定期发布全面性、权威性的食用菌市场相关信息，促进食用菌信息的共享，增强菇农对国家整体经济形势和市场供求关系的感知能力，避免菇农盲目扩大种植或减少生产而导致的利益损失及食用菌市场供需失衡。

第三，提高食用菌行业与菇农的组织化程度，推动食用菌产业现代化发展。以农村专业合作社基地的方式，大力扶持菇农加入食用菌专业合作社，提高规模效益，增强菇农应对食用菌价格波动的抗风险能力，促进食用菌产业化、规模化和现代化发展。

（李芬妮　张俊飚　曾杨梅）

2.6　基于VAR模型香菇批发市场省际价格差异及传导机制研究

2.6.1　引言

近年来，我国食用菌产业发展迅速，跃升为世界第一大食用菌生产大国，食用菌产业也成为我国农业领域里的重要创汇产业。然而，随着产量的增加，食用菌作为非生活必需品，价格波动较为频繁，且不同省区间的价格差异较大。食用菌价格的频繁波动及省际的价格差异会损害菌农的利益，挫伤其生产的积极性，甚至迫使其退出生产，使得一些食用菌主产省份失去原有竞争优势，不利于食用菌产业的健康、长远发展。因此，本节拟使用VAR模型对我国食用菌批发市场省区间的价格差异及传导机制进行探讨，以期为整合食用菌市场、稳定市场价格和进一步深化市场流通体制改革提供参考。考虑到食用菌品种众多，而香菇生产量一直稳居菌类产品前三位，且分布地域广泛，是重要的食用菌品种，故本节对食用菌价格机制的探讨均以香菇为例。

回顾以往对农产品市场价格传导的研究，VAR模型的应用已较为成熟。刘家富等（2010）基于VAR模型分析了国内大豆和豆油市场的价格传导机制。罗永恒和文先明（2012）通过构建VAR模型，探讨了我国农产品价格波动与PPI和CPI的关系。宋长鸣等（2013）使用VAR模型对中美两国大豆市场动态的相互影响关系进行了分析。刘克非和李志翠（2013）运用VAR模型和脉冲响应函数，研究了我国农产品和工业品产业链上中下游之间具体的价格传导路径，及其对我国物价水平的具体影响。曹晓青等（2013）运用VAR模型对无锡市蔬菜批发市场和零售市场间的价格传导机制进行了探究。Luciano Gutierrez等（2014）利用全球性的VAR模型分析了小麦价格的影响因素，并评估了各种冲击对小麦出口价格的影响和长期效应。这些研究为本节研究提供了有益借鉴，本节将从我国各省香菇批发市场价格差异较大的现状出发，利用Granger因果检验法和VAR模型探究我国香菇省际的价格联系及传导机制。基于此，本节选取了北京、上海、湖北和陕西 4 个省（直辖市）作为代表，以北京市代表东部地区的低价区，上海市代表东部地区的高价区，湖北省代表中部地区，陕西省代表西部地区。

2.6.2 实证方法

VAR 模型是一种非结构化模型。传统的结构化模型在描述经济变量之间的关系和处理具有动态特性（即滞后期对当期有影响）的经济变量时，需要具有复杂的经济理论基础。然而，对于某些经济理论，特别是复杂系统，难以用一个结构化模型来描述变量之间的动态关系，而且在结构化模型中，内生变量既可以出现在方程的左端也可以出现在右端，使得参数估计和模型推断变得更加复杂。VAR 模型则可以克服这一问题，同时关心几个经济变量的动态预测。VAR 模型由 Sims（1980）提出，是基于数据的统计性质来建立模型，它把系统中每一个内生变量作为系统中所有内生变量的滞后值构造函数，从而将单变量自回归模型推广到由多元时间序列变量组成的“向量”自回归模型。近年来，VAR 模型越来越受到经济工作者的重视。含 n 个变量、滞后 p 期的 VAR 模型的表达式如下：

$$Y_t = \alpha + \sum_{i=1}^{p} \beta_i Y_{t-i} + \varepsilon$$

式中，Y_t为（$n\times1$）向量组成的同方差平稳的线性随机过程；β_i为（$n\times n$）的系数矩阵，Y_{t-i}为 Y_t向量的 i 阶滞后变量；ε 为误差项，在此模型中可视为随机扰动项，ε 的期望为 0，同时 ε 与内生变量 Y_t及各滞后期不相关。

在经济分析中，Y_t可以是原始经济变量序列，也可以是其差分序列，这取决于变量序列的平稳性。在本节的 VAR 模型构造中，即为使用各经济变量的差分序列及其滞后值。

为确定变量之间的相互关系，在建立 VAR 模型之前一般会对模型中的变量进行 Granger 因果关系检验。需要注意的是，Granger 因果关系并非真正意义上的因果关系。它仅代表一种动态相关关系，表明的是一个变量是否对另一个变量有“预测能力”，该关系也可能由第三变量所引起。本节所要探究的是我国香菇省际的价格联系，故明确各省区价格之间是否具有 Granger 因果关系十分重要。

由于 VAR 模型包含许多参数，而这些参数的经济意义很难解释，故在进行 Granger 因果关系检验后，一般不关注 VAR 模型的参数，而是运用脉冲响应函数和方差分解两种方法对变量之间的动态关系进行分析。脉冲响应函数描述了来自随机扰动项的一个标准差大小的信息冲击对变量当前和未来取值的影响，它能够形象地刻画出变量之间动态作用的路径变化。通过脉冲响应函数可以估计一个地区的香菇价格变化对另一个地区价格的影响强度和持续时间。方差分解法是把系统中每个内生变量的波动按其成因分解成各随机扰动项影响的总和，通过方差贡献度的大小，可以衡量随机扰动项对变量的相对重要程度。通过方差分解，可以确定一个地区的香菇价格波动对另一地区价格的作用大小。故本节将分别计算具有 Granger 因果关系的省（直辖市）之间香菇价格的脉冲响应函数和方差分解。

2.6.3 数据来源与统计特征

本节所使用的数据均来源于农业部国家食用菌产业技术体系产业经济研究室及中国食用菌商务网（www. mushroommarket. net）公布的 2008 年 1 月 ~2016 年 10 月的各省份批发市场月度平均价格（元/kg）数据。为了排除物价因素的干扰，所得数据全部使用定基居民消费价格指数（CPI）（2007 年=100）对物价影响进行了平减。

所选四个省份的香菇批发市场价格的统计特征见表 2. 26。从表 2. 26 可知，在本节所研究的时间范围内，上海市的香菇批发市场价格平均值最高，为 11. 31 元/kg，远高于平均值最小的北京市（6. 83 元/kg）；而湖北和陕西两省批发市场价格的平均值基本持平，分别为 9. 26 元/kg 和 8. 73 元/kg。标准差以北京市为最低，其他三省份基本持平。

表 2. 26 四省份香菇批发市场价格的统计特征 （单位：元/kg）

变量	样本数	平均值	标准差	最小值	最大值
bj	106	6. 83	1. 20	2. 76	9. 77
sh	106	11. 31	1. 84	6. 20	18. 27
hb	106	9. 26	1. 98	4. 98	19. 76
sx	106	8. 73	1. 80	3. 69	14. 48

注：bj、sh、hb、sx 分别代表北京、上海、湖北、陕西

2.6.4 实证分析

2.6.4.1 平稳性检验

在估计 VAR 之前，必须检验时间序列的平稳性，若非平稳，则需对原序列进行 i 次差分，直到平稳，此时称原变量序列服从 i 阶单整。此处运用 ADF 检验法对四个省份的批发市场价格 bj、sh、hb、sx 等序列进行平稳性检验，检验结果见表 2. 27。

表 2.27 四省（直辖市）香菇批发市场价格的 ADF 检验结果

变量		检验类型（c，T，d）	ADF 统计量	临界值（5%）	结论
原始变量	bj	（1，0，1）	-3.977	-2.890	平稳
	sh	（1，0，1）	-4.635	-2.890	平稳
	hb	（1，0，7）	-4.511	-2.892	平稳
	sx	（1，0，5）	-2.409	-2.890	非平稳
一阶差分变量	Dbj	（1，0，6）	-6.844	-3.452	平稳
	Dsh	（1，0，1）	-10.917	-3.450	平稳
	Dhb	（1，0，8）	-5.021	-3.454	平稳
	Dsx	（1，0，8）	-5.575	-3.454	平稳

注：（c，T，d）分别表示所检验的方程是否含有截距，是否带时间趋势和滞后的阶数。$c=1$，代表含有截距，$c=0$，代表不含截距；$T=1$，代表带时间趋势，$T=0$，代表不含时间趋势；滞后阶数按 SC 最小信息准则确定

从表 2.27 可知，原变量序列 bj、sh 和 hb 在 5% 的显著性水平下是平稳的，但序列 sx 非平稳，故需对原序列进行差分。在原变量前加“D”表示一阶差分，显然，各序列的 1 阶差分序列在 5% 的显著性水平下都是平稳的。因此，在以下的分析中，均使用这四个变量的一阶差分序列进行研究。

2.6.4.2 VAR 模型阶数的确定及稳定性检验

为了估计 VAR 模型，首先需要根据信息准则确定 VAR 模型的阶数。阶数过大会损失样本量，过小则会降低估计的准确性。由表 2.28 可知，5 项信息准则有 2 项支持无滞后期，有 2 项支持滞后 2 期，有 1 项支持滞后 4 期，故选择折中建立滞后 2 期的模型即 VAR（2）。此时，对 VAR（2）模型的稳定性进行检验，模型的所有特征根都在单位圆内（图 2.14）。这表明 VAR（2）模型具有稳定的性质，可以进一步分析应用。

表 2.28 VAR 模型滞后阶数的确定

lag	LL	LR	FPE	AIC	HQIC	SBIC
0	-681.625	—	9.256	13.578	13.619*	13.680*
1	-658.211	46.828	7.994	13.430	13.640	13.948
2	-633.454	49.514	6.732*	13.257*	13.634	14.189
3	-621.462	23.984	7.316	13.336	13.881	14.682
4	-607.694	27.536*	7.702	13.380	14.093	15.141

*表示 Stata 软件根据对应标准的自动选择结果

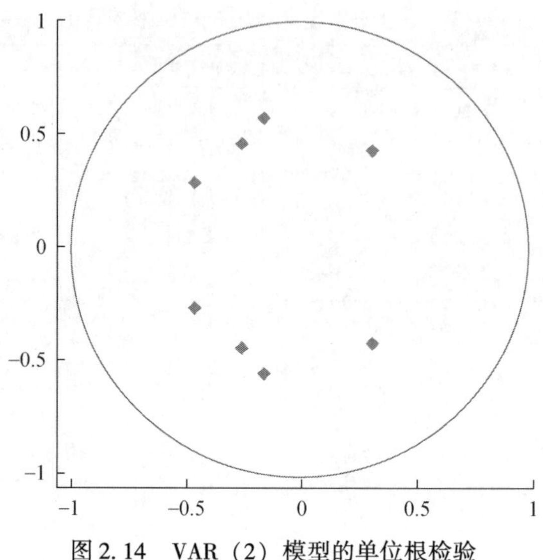

图 2. 14　VAR（2）模型的单位根检验

2. 6. 4. 3　格兰杰因果检验

为确定各省（直辖市）的香菇批发市场价格在整个香菇市场中的地位和作用，本节对其相互之间的关系进行了格兰杰因果检验。从表 2. 29 可以得到如下结论。

表 2. 29　四省（直辖市）香菇批发市场价格的格兰杰因果检验

零假设	χ^2 统计量	P 值
Dsh 不是 Dbj 格兰杰原因	5. 463	0. 065 *
Dhb 不是 Dbj 格兰杰原因	4. 607	0. 100
Dsx 不是 Dbj 格兰杰原因	9. 812	0. 007 ***
Dbj 不是 Dsh 格兰杰原因	0. 032	0. 984
Dhb 不是 Dsh 格兰杰原因	4. 020	0. 134
Dsx 不是 Dsh 格兰杰原因	1. 359	0. 507
Dbj 不是 Dhb 格兰杰原因	11. 950	0. 003 ***
Dsh 不是 Dhb 格兰杰原因	2. 131	0. 345
Dsx 不是 Dhb 格兰杰原因	8. 707	0. 013 **
Dbj 不是 Dsx 格兰杰原因	10. 472	0. 005 ***
Dsh 不是 Dsx 格兰杰原因	0. 422	0. 810
Dhb 不是 Dsx 格兰杰原因	7. 337	0. 026 **

***、**、* 分别表示在 1%、5%、10% 的显著水平上拒绝原假设

第一，在10%的显著水平下，Dsh是Dbj的格兰杰原因，即上海市香菇价格的波动会引起北京市香菇价格的波动，这可能是因为上海市是港口城市，其香菇价格体现了进出口价格，从而会影响作为国内香菇主要消费区之一的北京市的香菇价格；第二，在5%的显著水平下，Dhb与Dsx互为格兰杰原因，即湖北省与陕西省之间的香菇价格会相互影响，这可能是因为香菇中部生产区和西部生产区间的价格传递；第三，在1%的显著水平下，Dbj是Dhb的格兰杰原因，即北京市香菇价格的波动会引起湖北省香菇价格的波动，这可能是因为香菇东部消费区的价格会影响其主要生产区的价格；第四，在1%的显著水平下，Dbj与Dsx互为格兰杰原因，即北京市和陕西省之间的香菇价格会相互影响，这可能是因为陕西省作为西部地区香菇的主产区之一，即是生产区，又是消费区，其香菇价格会与东部主要消费区之一的北京市的价格相互影响。

显然，格兰杰因果检验尚未确定变量之间的唯一因果关系，故对Dhb-Dsx、Dbj-Dsx两组变量作交叉相关图进一步确定因果关系。结果显示Dhb与滞后1期的Dsx最相关，Dbj与滞后2期的Dsx最相关，以下依照这一次序进行考察。

2.6.4.4 脉冲响应函数和方差分解分析

Granger因果检验和变量交叉相关图确定了具有相关关系的变量组，即Dsh-Dbj，Dhb-Dsx，Dbj-Dhb和Dbj-Dsx四组变量。下面将通过脉冲响应函数和方差分解分析来确定这四组变量之间的动态关系。

图2.15~图2.18依次是Dbj对Dsh冲击、Dsx对Dhb冲击、Dhb对Dbj冲击和Dsx对Dbj冲击的脉冲响应函数图。图中实线表示脉冲响应函数，阴影部分表示正负两倍标准差偏离带。

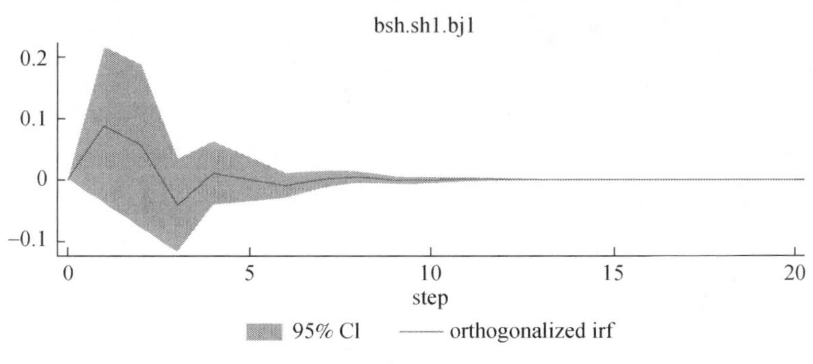

图2.15 Dbj对Dsh冲击的脉冲响应

从图2.15可以看出，上海市香菇价格一个单位标准差的正向冲击，首先会引起北京市香菇价格的正向变动，然后北京市香菇价格变动到达峰值后会负向变动，从第5期开始，上海市香菇价格的变动对北京市香菇价格的影响逐渐消失。这可能是因为上海市的香菇价格包含了国内供求信息和进出口信息，其变动会引起北京市香菇滞后期价格的同向变动，但随着时期的推移，价格同方向变动到一定程度便会反向变动，最后北京市香菇价格的变动受到最新市场信息的影响更大，上海市香菇前期价格的变动对滞后多期的北京市香菇价格的影响基本消失。

从图2.16可以看出，湖北省香菇价格一个单位标准差的正向冲击，首先会引起陕西省香菇价格的正向变动，然后陕西省香菇价格迅速向负向调整，再转为正向变动，从第5期开始，湖北省香菇价格的变动对陕西省香菇价格的影响逐渐消失。这可能是因为两省均是主要生产区，其香菇价格包含了供求信息，两者之间具有传递性，故最初湖北省价格变动会引起陕西省香菇滞后期价格的同向变动，接着陕西省会有短暂地反向调整，然后与湖北省价格的变动方向保持一致，最后陕西省香菇价格的变动受到最新市场信息影响更大，湖北省香菇前期价格的变动对滞后多期的陕西省香菇价格的影响基本消失。

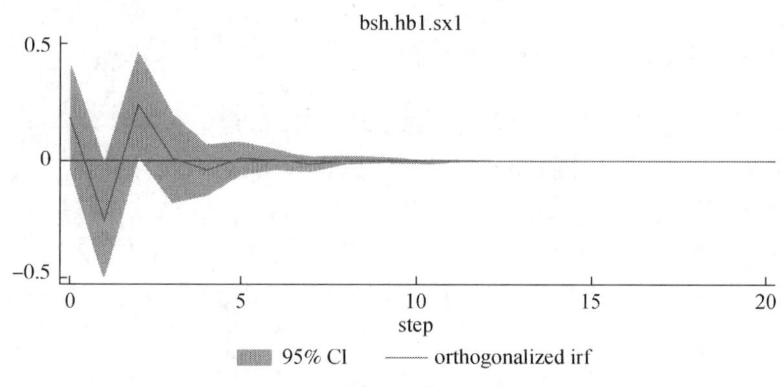

图2.16　Dsx对Dhb冲击的脉冲响应

从图2.17和图2.18可以发现，北京市香菇价格一个单位标准差的正向冲击对湖北省和陕西省香菇价格的动态影响与图2.15的情况较为相似。不同的地方在于北京市价格变动带来两省价格波动的幅度更大，这在一定程度上说明香菇的主要消费区价格对生产区价格的影响较大。

为了进一步确定四个省（直辖市）香菇价格变动对北京市、湖北省和陕西省香菇价格变动贡献的大小，接下来进行方差分解分析。表2.30～表2.32分别给出了北京市、湖北省和陕西省香菇价格的方差分解结果。从表2.30可知，对北京市香菇价格变动贡献最大的因素是其自身的价格，但是随着滞后期数的增加，其他三个省（直辖市）价格的贡献增加，其中以陕西省价格的贡献最大，在滞后5期时达到8.52%。此时，北京市价格的贡献从滞后1期的近100%降为

87.09%，上海市和湖北省价格的贡献均增加到2%以上。从表2.31可知，对湖北省香菇价格变动贡献最大的因素亦是其自身的价格，但是在滞后5期时，其自身价格的贡献从滞后1期的98.34%降为81.34%，而北京市价格的贡献增加到9.20%。从表2.32可知，陕西省香菇价格变动受其他省市价格变动的影响较大，其在滞后1期时自身价格的贡献仅有80.48%，北京市价格的贡献为12.02%；而在滞后5期时，其自身价格贡献为73.72%，而北京市和湖北省价格的贡献分别增加至13.28%和7.65%。

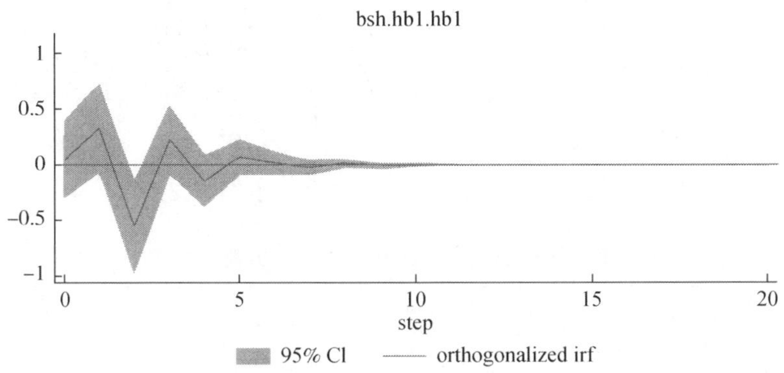

图2.17 Dhb对Dbj冲击的脉冲响应

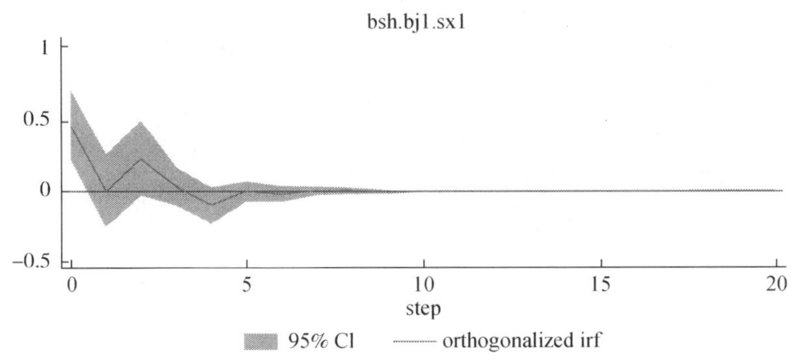

图2.18 Dsx对Dbj冲击的脉冲响应

表2.30 北京市香菇批发市场价格的方差分解结果

时期	Dbj	Dsh	Dhb	Dsx
1	1	0	0	0
2	0.952 9	0.014 2	0.024 3	0.008 6
3	0.876 1	0.018 3	0.022 2	0.083 4

续表

时期	Dbj	Dsh	Dhb	Dsx
5	0.870 9	0.021 1	0.022 7	0.085 2
10	0.869 7	0.021 3	0.023 4	0.085 7

表 2.31　湖北省香菇批发市场价格的方差分解结果

时期	Dbj	Dsh	Dhb	Dsx
1	0.000 7	0.015 9	0.983 4	0
2	0.023 9	0.025 7	0.905 2	0.045 2
3	0.080 3	0.045 7	0.832 8	0.041 2
5	0.092 0	0.051 3	0.813 4	0.043 3
10	0.092 6	0.052 8	0.809 7	0.044 8

表 2.32　陕西省香菇批发市场价格的方差分解结果

时期	Dbj	Dsh	Dhb	Dsx
1	0.120 2	0.055 8	0.019 2	0.804 8
2	0.113 3	0.052 6	0.052 6	0.780 5
3	0.129 4	0.048 8	0.076 6	0.745 2
5	0.132 8	0.053 2	0.076 5	0.737 2
10	0.132 5	0.054 7	0.076 4	0.736 5

2.6.5　结论与启示

本节基于 VAR 模型，运用 Granger 因果检验、脉冲响应函数和方差分解等方法对 2008 年 1 月 ~2016 年 10 月我国四个省（直辖市）之间的香菇批发市场价格的联系及传导机制进行了分析。主要结论如下：①Granger 因果检验表明，上海市和陕西省香菇价格的波动是北京市香菇价格波动的格兰杰原因；北京市和陕西省香菇价格的波动是湖北省香菇价格波动的格兰杰原因；北京市和湖北省香菇价格的波动是陕西省香菇价格波动的格兰杰原因。②脉冲响应函数表明，上海市的香菇价格变动一个单位，会引起北京市香菇价格正向变动至峰值后，转为负向变动，滞后 1 期的影响最为显著，大约从第 5 期开始影响逐渐消失；北京市香菇价格变动对湖北省和陕西省香菇价格变动的影响与此相似，但其带来的波动幅度更大。③方差分解表明，对各省份香菇价格变动贡献最大的因素是其自身的价格，但随着滞后期数的增加，其他省市价格的贡献增大。在滞后 5 期时，陕西省香菇价格对北京市香菇价格变动的贡献增加至8.52%；北京市香菇价格对湖北省香菇价格变动的贡献增加至9.20%；北京市香菇价格对陕西省香菇价格变动的贡献增加至13.28%。

针对本节的分析结果，可以得到如下三点启示：第一，食用菌生产者在进行价格预测时，不仅要考虑本地区的前期价格，也要综合考虑其他省份的价格；第二，我国的食用菌市场有待进一步整合，特别是主要产地与主要消费地之间的整合，同时也要注意国际国内两个市场的联系；第三，北京市的香菇价格对湖北省和陕西省香菇价格的影响均较大，故有关部门在进行食用菌价格监测时，应特别注意对类似北京市这样的消费市场的价格监测。

（龚梦君　张俊飚　吴贤荣　何　可）

3 国际贸易

3.1 中国食用菌产品出口竞争力与贸易潜力分析

3.1.1 引言

作为世界食用菌生产与贸易大国，中国食用菌产品出口量一直稳居世界前列。据相关数据统计，随着中国食用菌生产规模的不断扩张，其产量已超过世界总产量的3/4，在国际贸易中的影响力逐步提升，地位日益凸显。联合国商品贸易统计也显示，2015年中国鲜或冷藏类、干货类、制作或保鲜类等食用菌产品出口总量高达61.874万t，范围涵盖150个国家（地区），出口创汇获得历史最高佳绩，为52.647亿美元。然而，21世纪以来，中国食用菌在国际市场上的发展并非一帆风顺。众所周知，由于受技术壁垒、人民币汇率波动，以及全球金融危机等因素的影响，2009年中国食用菌产品出口受阻，较前一年出口额下降了2.760个百分点，之后两年出口额虽然增长较快，但2012年再次出现回落，同比下降了33.14%。令人欣慰的是，2013~2015年，中国食用菌出口额连续稳定在40亿美元以上，是继2011年首次突破40亿美元大关后发展较好的两年，发展势头强劲。鉴于当前中国食用菌贸易的不稳定性及其对食用菌产业稳健发展的重要作用，研究中国食用菌贸易地位、国际竞争力及贸易潜力显得尤为必要。

近年来，中国食用菌贸易研究得到相关学者的较多关注，其中的经验性研究主要集中在食用菌贸易现状、竞争力、出口贸易影响因素等方面。就贸易发展状况而言，当前中国食用菌贸易呈现“出口为主，进口为辅”、出口产地“北移”的明显趋势，出口仍以食用菌罐头为主，而进口则以鲜、冻的食用菌产品为主，两者均呈稳态增长。这其中除了竞争力效应和需求效应的推动外，国外技术性贸易壁垒也发挥着一定的作用。与此同时，中国食用菌贸易依然面临着诸多挑战，其中，技术创新滞后及发达国家贸易壁垒所带来的压力最大，因此，适时调整食用菌发展策略，弱化国际贸易壁垒带来的负面效应显得尤为必要。整体而言，尽管中国食用菌产品国际竞争力在不断提升，但受质量与安全水平等因素的影响，其国际综合竞争力优势并不明显，在日本、美国、德国和意大利等发达国家市场上，竞争力甚至出现下降之势。

尽管食用菌出口贸易相关研究数量颇多、内容丰富，但已有研究多关注中国食用菌贸易竞争力或单一食用菌产品的出口贸易潜力，而缺少系统的、具有针对性的对中国食用菌贸易地位、竞争力，以及贸易潜力的综合归纳和分析。因此，为进一步丰富中国食用菌出口贸易研究内容，客观认识其在世界范围内的优势与劣势，本节从全球贸易视角出发，将中国食用菌的国际地位、国际竞争力与贸易潜力纳入同一个分析框架进行探讨，这对提升中国食用菌产品的国际影响力和竞争力，以及发掘贸易潜力具有重大意义。

3.1.2 中国食用菌国际贸易状况与地位

近年来，中国食用菌贸易快速发展，已成为世界食用菌市场中的重要力量。据联合国商品贸易统计显示，1992～2015 年，中国食用菌出口额一直领先于波兰、意大利、爱尔兰、法国等国，长期稳居世界第一。

表 3.1 显示了 1992～2015 年中国食用菌进出口额的基本情况。从中不难发现，24 年间，中国食用菌贸易一直以出口为主，出口额约占进出口总额的 99.00%，长期处于净出口状态。具体而言，出口额由 1992 年的 1.167 亿美元增至 2015 年的 52.647 亿美元，年均增速高达 18.89%。另一方面，尽管进口额也呈增长趋势，但增长幅度相对较小，仅从 1992 年的 0.001 亿美元增加到 2015 年的 0.125 亿美元，进出口两者差异明显。这也反映出，尽管中国食用菌“出口为主，进口为辅”的贸易格局逐渐形成并趋于稳固，在国际市场中的主导作用日益显现，但进出口之间的差距不断拉大，两者之间的非均衡程度加剧。鉴于出口为主的贸易格局及其在国际贸易中所具有的重要作用，以下将着重探讨中国食用菌出口贸易情况，暂不涉及进口贸易部分。

表 3.1 1992～2015 年中国食用菌进、出口总额情况

年份	出口额/亿美元	进口额/亿美元
1992	1.167	0.001
1993	1.773	0.002
1994	3.386	0.002
1995	4.660	0.016
1996	4.818	0.008
1997	4.376	0.024
1998	3.998	0.008
1999	3.875	0.011
2000	4.428	0.007

续表

年份	出口额/亿美元	进口额/亿美元
2001	4. 157	0. 009
2002	6. 015	0. 042
2003	8. 502	0. 016
2004	11. 256	0. 037
2005	12. 046	0. 029
2006	13. 402	0. 028
2007	15. 823	0. 021
2008	17. 045	0. 036
2009	16. 567	0. 109
2010	28. 471	0. 159
2011	40. 431	0. 119
2012	27. 028	0. 086
2013	46. 190	0. 126
2014	49. 450	0. 150
2015	52. 647	0. 125

资料来源：联合国商品贸易统计（UN COMTRADE）

为明晰我国食用菌出口在国际市场上的地位，在此采用相关指标对其进行测度。一般地，在国际贸易中，主要运用国际市场占有率来衡量一个国家或地区产品的国际贸易地位，通常用 MS（market share）表示，见式（3. 1）。该指标可以测度一国或地区某一产业产品在世界市场上占有的份额，其具体公式为

$$MS_{ij} = X_{ij}/X_{wj} \tag{3. 1}$$

式中，X_{ij}为 i 国 j 产品的出口额；X_{wj}为世界 j 产品的出口额。通常，MS_{ij}越接近 1，则说明该产品在国际市场上的市场率越高，生存空间越大。

图 3. 1 反映了 1992 ~ 2015 年世界主要食用菌出口国食用菌产品的国际市场占有率状况及其变动情况。不难发现，1992 ~ 2015 年，我国食用菌年均市场占有率为 37. 67%，约占世界市场的 1/3，而其他国家食用菌国际市场占有率则相对较小，地位相对较弱。具体来看，我国食用菌国际市场占有率大致呈波动上升趋势，基本可划分为三个阶段，即持续上升阶段、波动下降阶段和波动上升阶段。其中，1992 ~ 1995 年为持续上升阶段，该时期内我国食用菌国际市场占有率由 21. 08% 持续攀升至 41. 61%，增幅高达 97. 39%，年际变化较大，说明其在世界市场上的地位日益凸显。1995 ~ 1999 年为波动下降阶段，该时期内，除 1997 年略有反弹（增加 2. 8%）外，其他年份国际市场占有率均呈逐年下降趋

势，由1995年的41.61%降至1999年的24.08%，5年间减少了42.13%，这一时期我国食用菌的国际市场占有率降低，国际影响力有所削弱。1999～2015年为波动上升阶段，其国际市场占有率由24.08%增至63.41%，增幅达到160%以上；其中，2010～2015年，除2012年之外，我国食用菌产品国际市场占有率均超过了50%，由此不难发现，近年来，随着我国食用菌出口规模不断扩大，其在国际市场上的大国地位不断强化。

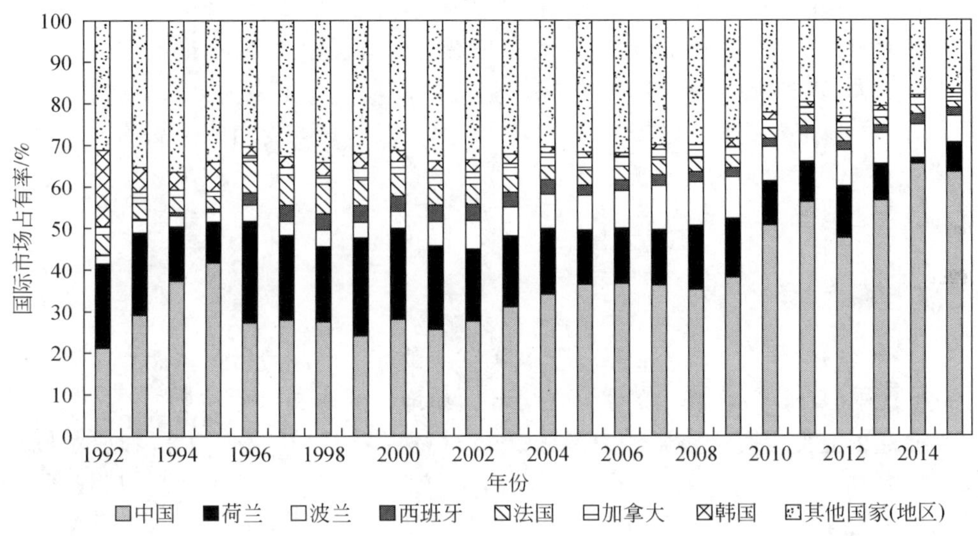

图3.1　1992～2015年世界主要食用菌出口国食用菌产品的国际市场占有率

据联合国商品贸易统计，波兰、荷兰、法国、西班牙、加拿大和韩国均是世界食用菌出口大国，尤其是2014年，六国食用菌出口量均位于世界前九，因此本节选取这几个国家与中国进行比较分析。这几个国家食用菌国际市场占有率状况大致如下：①荷兰。荷兰是仅次于我国的食用菌出口大国，但其国际市场占有率整体上呈现下降趋势，在实现1996年的最高值（24.42%）后，便一直萎缩，并于2015年降至最低点（7.11%），下降了17.31个百分点。由此可见，20余年间其食用菌出口贸易在国际市场上的影响力有所削弱。②波兰。作为世界食用菌出口大国之一，波兰食用菌的国际市场占有率在1992～2007年呈波动上升趋势，由1.98%升至最高点10.67%后，2007～2011年出现暂时性下降，2011～2015年又呈现波动上升态势，说明波兰食用菌出口大国的地位得到一定程度的强化。③法国。1992～1995年，法国的国际市场占有率一直呈下降态势，1996年达到最高点7.5%，之后波动下降至2015年的1.44%，其在国际市场中的作用弱化。④韩国。1992年，韩国的食用菌国际市场占有率曾高达18.38%，而

1993～2015年，其比例呈波动下降趋势，到2015年占比仅为0.94%，其在国际市场中的地位逐渐边缘化。⑤加拿大与西班牙。相对于其他五个国家而言，这两个国家的食用菌国际市场占有率均较低，其中，加拿大的国际市场占有率一直处于3.44%以下，而西班牙的占比均低于3.98%，1992年这一比例甚至低至0.18%，这也反映出了这两个国家在国际食用菌市场中的地位较弱。由此不难发现，相比较而言，荷兰、韩国、法国、加拿大和西班牙的食用菌国际市场影响力在下降，而波兰则有所提升，其食用菌贸易在国际市场中的作用更为明显。

综上所述，由各国食用菌产品国际市场占有率变化状况不难发现，1992～2015年，世界食用菌产品出口大国按年均国际市场占有率由高至低依次排序为：中国>荷兰>波兰>法国>韩国>加拿大>西班牙。根据我国食用菌产品的国际市场占有率远高于其他国家的状况，不可否认我国食用菌出口贸易在国际市场上有着举足轻重的地位。

3.1.3 国际竞争力分析

食用菌的国际竞争力不仅能反映我国食用菌的生产能力与出口能力，更是衡量我国食用菌在国际市场中的生存能力和贸易地位的重要指标。常用的贸易竞争力评价方法主要包括贸易竞争力指数（trade competitive index，TC）和显示性比较优势指数（revealed comparative advantage，RCA）等。下面将分别使用这两个指标对我国食用菌贸易加以研究。

3.1.3.1 贸易竞争力指数

贸易竞争力指数（TC）是某国某一产品的净出口额在其进出口总额中的占比，计算公式为

$$TC=(X_i-M_i)/(X_i+M_i) \tag{3.2}$$

式中，X_i为一个国家某年的出口额；M_i为相应的进口额。当TC>0时，说明该国在此产品上具有竞争优势，反之，则说明具有竞争劣势，指标值越大，竞争优势越明显。TC的取值范围为$-1.000 \leqslant TC \leqslant 1.000$。为了更好地反映我国食用菌贸易竞争力指数，本节选取了世界上五个食用菌贸易大国（中国、荷兰、波兰、法国、韩国）及综合国力最强的美国进行对比。

表3.2反映了我国及其他五国食用菌的TC指数及其变动情况。20余年来，我国食用菌TC指数一直为正，其均值高达0.995，这说明我国食用菌贸易一直处于净出口状态，竞争力极强，在国际上具有较为明显的优势。具体而言，样本考察期内，我国食用菌TC指数一直保持在0.986以上，年际变化较小，国际市场竞争力相对稳定。需要指出的是，受世界金融危机、贸易壁垒等影响，2009～

2010 年，TC 指数分别为 0.987 和 0.989，较以往有不同程度下降，尽管存在着一定的波动性，但这并不影响我国食用菌出口大国地位。

国别比较显示：①波兰和荷兰。1992～2015 年，波兰和荷兰年均食用菌 TC 指数分别为 0.829、0.646，均较高，由此可知，两国是与我国食用菌贸易竞争较激烈的国家。②法国和美国。1992 年，法国食用菌 TC 指数为 0.019，美国为 0.008，此后 1993～2015 年，两国 TC 指数均为负，表明该时期内两国均为食用菌净进口国，食用菌出口贸易缺乏国际竞争力，在国际市场上处于相对劣势地位。③韩国。韩国食用菌 TC 值在 2004 年、2006 年、2011～2015 年均为负，意味着韩国在这几年是食用菌贸易净进口国，食用菌出口贸易国际竞争力相对较弱；其他各年均为正，均值约为 0.498，说明韩国食用菌出口贸易的国际竞争力存在极大的不稳定性。

表 3.2　1992～2015 年世界食用菌贸易大国竞争力指数

年份	中国	荷兰	法国	美国	波兰	韩国
1992	0.998	0.592	0.019	0.008	0.692	0.855
1993	0.998	0.655	-0.042	-0.093	0.800	0.714
1994	0.999	0.571	-0.185	-0.215	0.655	0.696
1995	0.993	0.571	-0.239	-0.152	0.647	0.905
1996	0.997	0.746	-0.022	-0.746	0.840	0.551
1997	0.989	0.782	-0.083	-0.707	0.828	0.472
1998	0.996	0.698	-0.110	-0.813	0.785	0.725
1999	0.995	0.738	-0.167	-0.777	0.821	0.676
2000	0.997	0.744	-0.227	-0.800	0.831	0.519
2001	0.996	0.744	-0.229	-0.775	0.881	0.625
2002	0.986	0.666	-0.318	-0.795	0.873	0.476
2003	0.996	0.650	-0.394	-0.681	0.909	0.305
2004	0.994	0.671	-0.429	-0.535	0.909	-0.270
2005	0.995	0.625	-0.383	-0.696	0.912	0.075
2006	0.996	0.721	-0.423	-0.793	0.861	-0.065
2007	0.997	0.634	-0.391	-0.667	0.894	0.133
2008	0.996	0.637	-0.454	-0.618	0.879	0.216
2009	0.987	0.659	-0.475	-0.613	0.896	0.360
2010	0.989	0.645	-0.438	-0.624	0.883	0.156
2011	0.994	0.579	-0.364	-0.617	0.880	-0.037

续表

年份	中国	荷兰	法国	美国	波兰	韩国
2012	0.994	0.650	-0.487	-0.749	0.881	-0.117
2013	0.995	0.629	-0.475	-0.656	0.847	-0.084
2014	0.994	0.447	-0.460	-0.703	0.839	-0.216
2015	0.995	0.632	-0.485	-0.760	0.821	-0.207

资料来源：联合国商品贸易统计（UN COMTRADE）

3.1.3.2 显示性比较优势指数分析

为进一步探讨我国食用菌贸易国际竞争力，本节采用显示性比较优势指数（RCA）继续对其测度并进行国别比较（包括荷兰、波兰、法国、韩国和美国）。1989 年 Balassa 提出 RCA 指数，通常被用来衡量一国某产品出口贸易的强度和专业化优势。即利用一国某一产品的出口占本国出口的比例与相应的占世界贸易比例的比较中，测算一国在该产业上是否具有比较优势和竞争力。常用的 RCA 指数计算公式为

$$RCA_{xij} = (x_{ij}/x_i)/(X_{wj}/X_w) \tag{3.3}$$

式中，x_{ij}为 i 国 j 类产品的出口额；X_{wj}为 j 类产品的各国国际贸易总额；x_i 为 i 国所有产品的出口额；X_w 为世界所有产品贸易总额。通常，当 $RCA_{xij}>2.500$ 时，表明 i 国的 j 类出口产品具有极强的竞争力；当 $1.250 \leqslant RCA_{xij} \leqslant 2.500$ 时，说明 i 国的 j 类产品具有较强的竞争力；当 $0.800<RCA_{xij}<1.250$ 时，说明 i 国的 j 类产品具有中度竞争力；当 $RCA_{xij} \leqslant 0.800$ 时，表明 i 国的 j 类产品出口竞争力较弱。

根据联合国商品贸易统计，计算并得出我国及其他五国 RCA 指数及变化趋势图（图 3.2）。由图可知，1992 年以来，尽管我国食用菌贸易 RCA 指数较大，食用菌出口贸易的专业化优势较明显，但这种比较优势存在较大的波动性。具体而言，1992～1995 年，我国食用菌 RCA 指数由 6.100 升至最高点 13.096，表明该时期内我国食用菌的国际竞争力比较优势不断增强。1995～2015 年，RCA 指数呈波动下降趋势，由 1995 年的 13.096 波动降至 2015 年的 4.300。其中，2008 年由于受世界金融危机的影响，RCA 指数达到最低，仅为 3.843；尽管 2010 年 RCA 值有所反弹，但之后两年下降明显，不难发现，虽然我国食用菌国际竞争力比较优势较强，但易受其他因素的影响，具有不稳定性。

就国别比较来看：①波兰。波兰食用菌贸易 RCA 指数整体呈现出较为明显的增长态势，且 1999～2015 年一直稳居 RCA 指数最高的国家，在被考察国中，其显示性比较优势十分明显。具体来看，其贸易显示性比较优势指数大致先后经历了“波动上升”（1992～1997 年）、“持续上升”（1997～2002 年）、“波动下

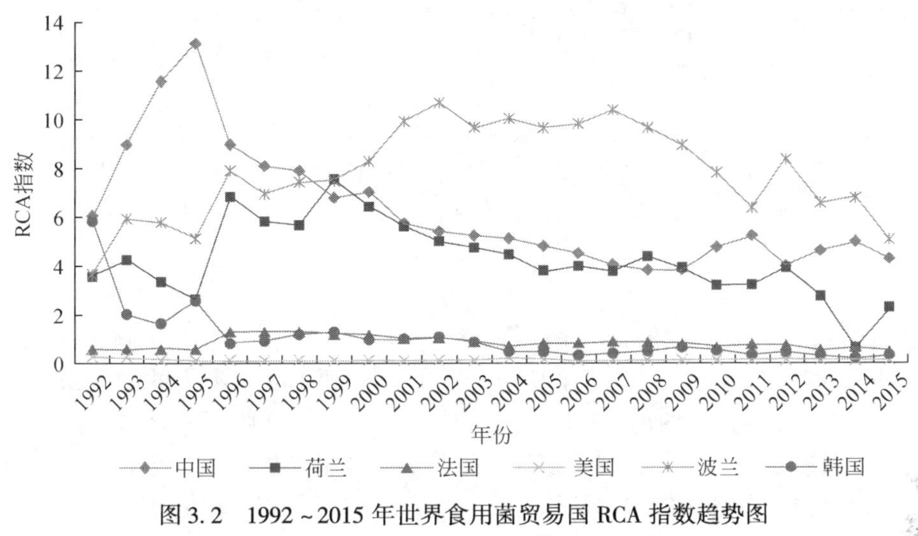

图 3.2 1992~2015 年世界食用菌贸易国 RCA 指数趋势图

降”（2002~2015 年）三个阶段，年均 RCA 指数高达 6.530，在国际市场中有较强的比较竞争优势。②荷兰。荷兰食用菌贸 RCA 指数波动轨迹大致可归纳为“波动上升”（1992~1999 年）、“持续下降”（1999~2005 年）、“波动下降”（2005~2015 年）三个阶段。与我国相比，除 1999 年、2008 年和 2009 年之外，其余各年 RCA 指数均较低。近年来，荷兰 RCA 指数下降趋势显著，并于 2014 年一度跌至最低点，仅为 0.423，因此，尽管其在所考察六国中食用菌比较竞争优势并不弱，但这种优势正在逐渐丧失。③韩国、法国和美国。1992~2015 年，韩国、法国和美国的食用菌贸易 RCA 指数除小幅波动外，均较为稳定。具体来看，韩国食用菌贸易 RCA 指数由 1992 年的 5.871 波动跌至 1996 年的 0.830 之后，1996~2015 年，RCA 指数一直保持在 0.519 左右；法国食用菌贸易 RCA 指数在经过了短暂的上升（1992~1996 年）之后趋于平稳（1996~2015 年）；在样本考察期内，美国食用菌贸易 RCA 指数一直稳定在 0.111 左右，说明韩国、法国和美国食用菌显示性比较优势均不明显，与我国相比，食用菌贸易出口竞争力均较弱。总体来看，在样本考察期内，波兰食用菌贸易具有很强的竞争力，荷兰具有较强的显示性比较优势但这种优势正在逐渐丧失，韩国、法国和美国的竞争优势不明显。

3.1.4 贸易潜力分析

作为世界食用菌生产大国，我国食用菌贸易与其他各国的联系越来越紧密。为了进一步了解我国食用菌的贸易潜力，本节拟从贸易结合度和贸易互补性指数角度分析我国食用菌的贸易潜力。

3.1.4.1 贸易结合度分析

贸易结合度（degree of trade linkage，DTL）是衡量两国在某类产品贸易上相互依赖程度的重要指标，通常用 DTL 表示。其数值越大，说明两国作为贸易伙伴在贸易方面的联系越紧密，贸易往来的潜力越大，计算公式为

$$\mathrm{DTL}_{ab}=\frac{(X_{ab}/X_a)}{(M_b/M_w)} \tag{3.4}$$

式中，X_{ab}为 a 国对 b 国的出口额；X_a 为 a 国出口总额；M_b 为 b 国进口总额；M_w 为世界进口总额。若 $\mathrm{DTL}_{ab}<1.000$，表明 a、b 两国在贸易方面联系松散；若 $\mathrm{DTL}_{ab}=1.000$，则为平均水平；$\mathrm{DTL}_{ab}>1.000$，表明 a、b 两国在贸易方面联系紧密。为了更好把握我国与其他国家的食用菌贸易往来程度，本节选取了我国对日本、法国、美国及韩国的食用菌贸易结合度，并进行了相关比较分析。

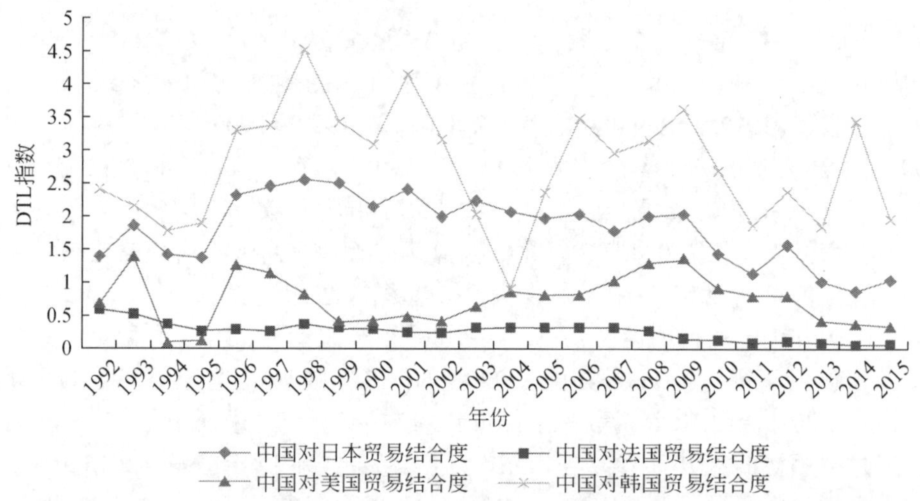

图 3.3 1992 ~ 2015 年中国与日本、法国、美国和韩国食用菌贸易结合度指数变化

从图 3.3 贸易结合度指数的变化趋势可知，1992 ~ 2015 年，我国与韩国在食用菌贸易方面的联系最为密切，日本次之，美国位于第三位，法国位于第四。就国别比较来看：①韩国。我国与韩国食用菌贸易往来十分紧密。除 2004 年外，其他各年我国对韩国食用菌贸易结合度指数最高，并且由 1992 年的 2.410 波动升至 2014 年的 3.440，增加了 42.70%，说明较之其他国家，韩国在这几年与我国食用菌贸易联系最为紧密。具体来看，我国对韩国的贸易结合度指数最高点出现在 1998 年，为 4.540，最低点出现在 2004 年，仅为 0.890，减少了 80.40%。

因此，尽管我国与韩国的食用菌贸易具有很高的结合度，但存在较大不稳定性。②日本。相比较而言，我国与日本在食用菌贸易方面的关系则相对稳定，食用菌贸易结合度指数大多在1.000以上，但近几年有下降趋势，说明两国之间的食用菌贸易频率有所下降。③美国。整体看来，我国与美国的食用菌贸易结合度指数呈现微弱的上升趋势，同时也伴随着一定的波动与起伏，具体可划分为三个阶段，即波动下降阶段（1992～1999年）、波动上升阶段（1999～2009年）和下降阶段（2009～2015年）。1992～1999年为第一个阶段，在此期间，我国对美国的食用菌贸易结合度指数波动幅度较大，表明在该阶段，我国与美国的食用菌贸易关系存在较大的不稳定性。1999～2009年为第二个阶段，我国对美国的食用菌贸易结合度指数呈波动上升的态势，由1999年的0.300波动上升至2009年的1.380，增加了1.08，在该时期，我国与美国的食用菌贸易往来趋于密切。2009年之后进入第三个阶段，我国对美国的食用菌贸易结合度指数不断下降，两国食用菌贸易关系渐行渐远。④法国。我国与法国的食用菌贸易关系最弱，20多年来，两国贸易结合度均小于1.000且呈下降态势，反映出我国与法国的食用菌贸易联系较为松散。

3.1.4.2 贸易互补性指数分析

为了进一步分析我国与日本、法国、美国及韩国之间食用菌贸易互补关系，本节使用贸易互补性指数（trade complementarity index，TCI）对其进行测度，通常用 C_{ijk} 表示，即一国与其贸易伙伴国在某类产品上的互补性，其具体计算公式为

$$\mathrm{RCA}_{xik} = (X_{ik}/X_i)/(W_k/W) \tag{3.5}$$

$$\mathrm{RCA}_{mjk} = (M_{jk}/M_j)/(W_k/W) \tag{3.6}$$

$$C_{ijk} = \mathrm{RCA}_{xik} \times \mathrm{RCA}_{mjk} \tag{3.7}$$

式中，X_{ik}为 i 国 k 类产品的出口额；X_i 为 i 国所有产品的出口额；M_{jk}为 j 国 k 类产品的进口额；M_j 为所有产品的进口额；W_k 为世界 k 类产品的出口额；W 为世界所有产品的出口额；RCA_{xik}为 i 国 k 类产品的显性比较优势；RCA_{mjk}为 j 国 k 类产品的显性比较劣势。一般地，$C_{ijk} \geqslant 1.000$，说明 i 国与 j 国出口产品与进口产品之间存在着贸易互补性，且 C_{ijk}越大，两国贸易吻合度越大，两国间的贸易互补关系就越强；$C_{ijk}<1.000$ 时，说明 i 国与 j 国在 k 类商品不存在贸易互补性。

由表3.3不难发现，整体而言，1992～2015年，中国食用菌进口与日本、美国、法国和韩国食用菌出口的贸易互补性指数均都小于1.000，远小于中国食用菌出口与其他国家进口互补性指数，说明中国食用菌进口对日本、美国、法国和韩国的依赖远不及中国食用菌出口对他们的依赖，四国食用菌出口与中国食用菌

进口没有互补关系，这主要是由于中国食用菌进口较少造成的。具体而言：①日本。1992~2015年，中国食用菌出口与日本食用菌进口年均贸易互补性指数为14.360，相对于其他三个国家而言，其互补性指数较高；而日本食用菌出口与中国食用菌进口贸易互补性指数均小于1.000，这说明中国食用菌出口与日本食用菌进口贸易关系尤为密切，且两国贸易存在较大的发展空间，日本是中国可以实施食用菌“走出去”战略的重要目的地，尤其1994年日本加入WTO后，其食用菌关税的下降为中国食用菌出口日本市场创造了有利条件，在这一年，中国对日本食用菌进口互补性指数达到最高，为64.540。尽管1992~2015年，中国食用菌出口与日本进口的贸易互补性指数呈波动下降的趋势，但指数一直保持在4.773以上，说明中国食用菌出口与日本食用菌进口存在很大的贸易潜力。②美国、法国和韩国。1992~2015年，中国食用菌出口与美国、法国和韩国食用菌进口年均贸易互补性指数分别为2.845、6.959和2.200，而美国、法国和韩国食用菌出口与中国食用菌进口贸易互补性指数均小于1.000，说明，中国食用菌出口与美国、法国和韩国食用菌进口贸易关系较为密切，存在较大的互补性。

表3.3　1992~2015年中国与美国、日本、法国和韩国食用菌贸易互补性指数

年份	中国出口与其他国家进口互补性指数				年份	中国进口与其他国家出口互补性指数			
	中-日	中-美	中-法	中-韩		日-中	美-中	法-中	韩-中
1992	28.978	1.215	2.947	2.643	1992	0.003	0.002	0.003	0.035
1993	49.756	1.749	5.183	2.997	1993	0.003	0.002	0.004	0.017
1994	64.540	16.648	9.987	3.269	1994	0.002	0.001	0.004	0.011
1995	62.727	21.227	11.457	1.621	1995	0.010	0.008	0.027	0.139
1996	27.875	5.134	12.816	1.855	1996	0.002	0.002	0.021	0.013
1997	32.713	5.130	14.132	2.656	1997	0.006	0.008	0.079	0.056
1998	37.679	4.816	13.038	2.133	1998	0.002	0.002	0.024	0.023
1999	28.408	3.768	11.240	2.112	1999	0.001	0.002	0.025	0.029
2000	28.189	4.731	12.383	2.264	2000	0.001	0.001	0.014	0.011
2001	21.938	3.441	9.233	1.377	2001	0.001	0.002	0.013	0.013
2002	27.874	2.935	10.565	2.264	2002	0.003	0.004	0.041	0.046
2003	22.178	2.858	9.912	2.620	2003	0.001	0.002	0.009	0.009
2004	19.569	2.496	8.988	5.000	2004	0.001	0.005	0.013	0.009
2005	17.343	2.346	8.391	2.101	2005	0.001	0.002	0.011	0.006
2006	14.474	2.165	8.242	1.547	2006	0.001	0.001	0.009	0.003

续表

年份	中国出口与其他国家进口互补性指数				年份	中国进口与其他国家出口互补性指数			
	中-日	中-美	中-法	中-韩		日-中	美-中	法-中	韩-中
2007	11.029	2.185	7.348	1.394	2007	0.001	0.001	0.006	0.003
2008	7.447	2.074	7.400	1.139	2008	0.001	0.002	0.009	0.005
2009	8.589	1.848	7.284	1.334	2009	0.001	0.005	0.024	0.020
2010	9.503	2.180	7.345	2.170	2010	0.001	0.005	0.021	0.017
2011	8.429	2.120	7.474	2.390	2011	0.000	0.002	0.013	0.007
2012	7.916	2.072	7.472	2.401	2012	0.001	0.002	0.011	0.006
2013	6.484	1.693	6.623	2.052	2013	0.001	0.002	0.009	0.005
2014	7.134	2.050	7.973	1.423	2014	0.001	0.002	0.012	0.003
2015	4.773	1.478	4.898	2.193	2015	0.001	0.001	0.006	0.004

资料来源：联合国商品贸易统计（UN COMTRADE）

总之，中国食用菌出口与日本、法国、美国和韩国食用菌进口贸易均存在互补性关系。相比较而言，中国食用菌出口与日本食用菌进口贸易互补关系最为密切，与法国次之，再次依次为美国、韩国。这四个国家食用菌出口与中国食用菌进口则不存在贸易互补关系，可能的原因是中国是世界食用菌出口大国，但并非世界食用菌进口大国。

综合贸易结合度指数与贸易互补性指数可知，中国与日本食用菌贸易结合度指数较高，互补性较强，因此，与日本食用菌贸易潜力较大，两国食用菌贸易存在较大的发展空间，日本应是中国食用菌实施“走出去”战略的重要目的地。中国与美国、韩国食用菌贸易结合度指数波动幅度较大，互补性相对较强，说明中国与美国、韩国食用菌贸易存在一定的潜力。中国与法国食用菌贸易联系最弱，但互补性指数相对较高，说明要将法国发展成为中国食用菌贸易潜力市场，还需双方的共同努力，协力发展双边贸易合作关系。

3.1.5 结论与启示

本节基于 1992 ~ 2015 年联合国商品贸易统计数据，利用国际 MS 指标、TC 指数、RCA 指数、DTL 指数及 TCI 指数，分析了中国食用菌贸易国际地位、国际竞争力及贸易发展潜力并进行国别比较，得到以下三点结论：

第一，1992 ~ 2015 年，中国的食用菌贸易以出口为主，且出口额一直位居世界第一位，食用菌出口额在国际市场占有率呈上升趋势。2015 年中国食用菌出口额为 52.647 亿美元，世界市场占有率为 63.41%，创下了历史最高水平。

第二，与其他世界食用菌大国相比，中国食用菌贸易竞争力较强，已跻身于世界食用菌贸易竞争力大国之列。1992～2015 年，中国食用菌贸易竞争力指数年均为0. 995，显示性比较优势指数有大幅增长，这表明中国食用菌国际竞争力在不断增强。

第三，中国与日本食用菌贸易结合度指数较高，互补性最强，两国食用菌贸易存在较大的发展空间。中国与韩国、美国食用菌贸易存在互补性，且具有较大的发展潜力；与法国食用菌贸易关系最弱。

通过以上研究结论不难发现，随着世界食用菌大国对外贸易竞争日趋激烈，中国食用菌国际贸易的大国地位和竞争力将会面临更大的机遇和挑战。为了稳定中国食用菌贸易大国地位，推动中国食用菌贸易稳健发展，提出以下几点建议：

首先，稳定现有品种，加大野生珍稀食用菌良种培育研发，积极推进中国食用菌贸易产品多元化，提升中国食用菌产品的国际竞争力与影响力。面对国际市场对食用菌产品需求日益高质量与多元化的境况，中国需在开发野生珍稀食用菌制品的基础上，进一步改进加工工艺，提高加工保鲜技术，优化品种结构；密切关注竞争对手的发展战略，及时调整食用菌产品出口结构，以满足国际市场广大消费者的需要；在继续保持中国食用菌出口大国地位的基础上，稳定中国食用菌出口国际市场占有率，提升食用菌产品的国际竞争力和影响力。

其次，巩固传统贸易市场，积极开拓中国食用菌贸易新领域，促进中国食用菌贸易在不同地区平衡发展。贸易结合度和贸易互补性指数研究表明，中国食用菌出口与日本、韩国食用菌进口有很强的依赖度，且与日本食用菌进口互补性较强。因此，中国食用菌贸易出口目标市场应在巩固日本、韩国等东亚传统市场的基础上，提高中国食用菌国内生产标准，重点开拓美国、法国等具有开发潜力的发达国家市场，并针对不同国家和地区，制定相应的出口政策，提高市场开拓的针对性，努力扩大中国食用菌的国际市场。

最后，建立健全食用菌产品生产标准体系，做好出口监管与稽查工作，实现中国食用菌产品出口“质、量”齐增并举。相关部门需采用国际化标准控制生产过程中可能存在的安全问题，规范食用菌产品生产技术操作，减少农药使用，加大加工过程的管理力度，从源头上确保中国食用菌产品的质量与品质。与此同时，加强检验检疫部门的监管力度，打破技术性贸易壁垒，加大食用菌出口的品牌培育，提高国内外消费者信心，充分发挥中国食用菌产业潜在和现实的比较优势，增强国际市场竞争力。

（曾杨梅　张俊飚　程琳琳　何　可）

3.2 中国食用菌出口贸易结构与国际竞争力演变及对策研究

中国是世界食用菌生产贸易大国。食用菌作为中国种植业中新兴支柱产业和新的经济增长点，其生产量逐年增长，2014 年超过 3270 万 t，占全球总产量的 75%以上，食用菌产业已成为农业领域仅次于粮、果、菜的第四大种植产业。与此同时，中国食用菌出口贸易也快速增长，不仅在中国的对外贸易中占有重要地位，在国际贸易中同样有着举足轻重的作用。2014 年中国食用菌年出口量达 64.31 万 t，较 2002 年增长近 72.98%，国际市场占有率达 60%以上。然而，中国食用菌出口贸易在快速发展的同时，存在着较大幅度波动；食用菌输出也越来越依赖于日本、越南、中国香港、美国和欧盟等少数国家（地区），对这些国家（地区）的出口总额约占总体的六成左右，致使食用菌出口国际竞争力提升面临诸多障碍。面对复杂多变的开放性国际市场，如何进一步拓展中国食用菌出口贸易的发展空间，优化其出口结构，提升中国食用菌产品的国际竞争力，稳步推进中国食用菌贸易的发展日益成为中国食用菌出口贸易中备受关注的问题。

3.2.1 中国食用菌出口贸易总体发展状况

3.2.1.1 出口居于世界主导地位，市场份额扩张迅猛

近年来，食用菌因其丰富的营养和安全性备受青睐，食用菌产业贸易在世界范围内进一步发展，尤其入世以来，开放的市场条件更推动了其发展进程，出口在世界贸易中的比例逐年提高，出口量和出口额分别从 2002 年的 35.34%、27.56%增长至 2014 年的 45.78%、65.36%（表 3.4）。目前中国食用菌出口贸易份额达到世界市场的 60%以上，中国已然成为世界食用菌出口贸易大国，在世界食用菌出口贸易格局中发挥着日益重要的作用。

表 3.4 中国食用菌出口占世界贸易总额的比重

年份	出口量			出口额		
	世界/万 t	中国/万 t	市场份额/%	世界/亿美元	中国/亿美元	市场份额/%
2002	105.20	37.18	35.34	21.83	6.02	27.56
2004	134.64	54.78	40.69	33.10	11.26	34.02
2006	130.90	53.33	40.74	36.62	13.40	36.59
2008	149.26	61.69	41.33	48.47	17.04	35.16

续表

年份	出口量			出口额		
	世界/万 t	中国/万 t	市场份额/%	世界/亿美元	中国/亿美元	市场份额/%
2010	150.58	57.32	38.07	56.29	28.47	50.57
2012	159.91	55.07	34.43	56.87	27.03	47.53
2014	140.49	64.31	45.78	75.65	49.45	65.36

资料来源：联合国商品贸易统计数据库（UN COMTRADE）

3.2.1.2 出口贸易规模不断扩大，但年际间波动较为剧烈

从中国食用菌出口贸易统计表中（表3.5）可以看出，中国食用菌出口贸易发展迅速，食用菌出口量从加入 WTO 之初 2002 年的 37.18 万 t 增加到 2014 年的 64.31 万 t；同期，出口额也由 2002 年的 6.01 亿美元激增至 2014 年的 49.45 亿美元。14 年间两项出口数据分别增加了 27.13 万 t 和 43.43 亿美元，年均增长率高达 4.67% 和 19.19%。

表3.5 中国 2002～2014 年食用菌出口贸易统计

年份	出口总量/万 t	年增长率/%	出口总额/亿美元	年增长率/%
2002	37.18	26.15	6.01	44.72
2003	52.08	40.07	8.50	41.34
2004	54.78	5.18	11.26	32.39
2005	56.55	3.24	12.05	7.02
2006	53.33	-5.70	13.40	11.25
2007	61.16	14.68	15.82	18.06
2008	61.69	0.88	17.04	7.72
2009	45.50	-26.24	16.57	-2.81
2010	57.32	25.98	28.47	71.86
2011	63.43	10.66	40.43	42.01
2012	55.07	-13.18	27.03	-33.15
2013	64.41	16.96	46.19	70.89
2014	64.31	-0.15	49.45	7.06

资料来源：联合国商品贸易统计数据库（UN COMTRADE）

但从中国食用菌出口贸易变化趋势图（图3.4）来看，2002～2014 年，食用菌出口量出现三次明显下降的现象。2006 年，受技术贸易壁垒的影响，出口量出现小幅下滑趋势，较 2005 年缩减了 5.70%，但 2007 年再次回升至 61.16 万 t，年均增长 14.68%，该时期中国面对各国食用菌出口技术壁垒采取了相应的对策。同期，出口额并未由于出口量的小幅波动受到影响，保持平稳的上升。

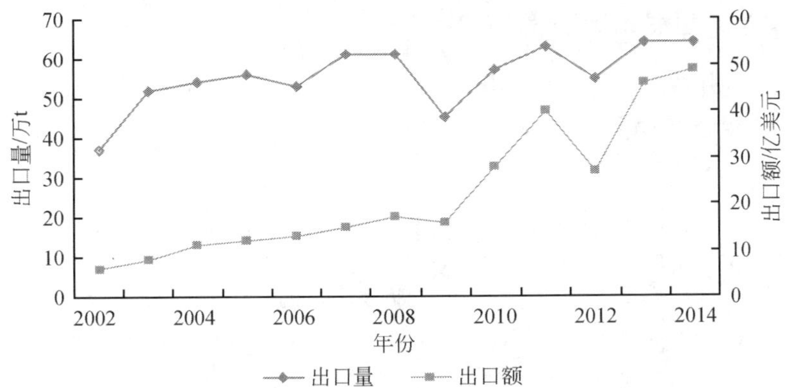

图 3.4　2002～2014 年中国食用菌出口贸易变化趋势图

资料来源：联合国商品贸易统计数据库（UN COMTRADE）

2009 年，受国际金融危机的影响，食用菌出口量出现大幅下滑，较 2008 年下降了 26.84%，但出口额并未伴随出口量的大幅下滑出现明显的下降，主要是因为金融危机所带来的通货膨胀在导致出口量缩减的同时使得物价大幅上涨，再加上国家出口退税政策的支持，基本稳定了当年食用菌出口贸易。危机结束后，2009～2014 年中国食用菌出口量再次从 45.50 万 t 回升至 64.31 万 t，出口额也从 2009 年的 16.57 亿美元增长至 2014 年的 49.45 亿美元，这说明中国食用菌出口已经进入到了一个新的发展阶段。

2012 年政府取消了食用菌出口退税的优惠政策，食用菌出口出现了一定程度的下滑。2011 年，中国出口食用菌 64.43 万 t、40.43 亿美元。2012 年两项数据同比下降了 13.18%、33.15%。2013 年，国家又恢复了相关政策，出口量与出口额分别从 2012 年的 55.07 万 t、27.03 亿美元回升至 64.41 万 t、46.19 亿美元，两项数据同比分别增长了 16.96%、70.89%。

3.2.2　中国食用菌出口产品结构分析

对产品贸易形势和贸易结构变化的分析，有助于我们更为清晰和准确地把握中国食用菌出口贸易总体与结构发展概况。中国食用菌出口品种繁多，当前出口产品种类已达 30 余种。依据食用菌出口品种的不同性质，按照联合国商品贸易统计数据库中 HS2002 下的商品分类标准，本节大致将食用菌出口品类划分为鲜或冷藏类（70951、70952、70959）、盐水腌制类（71151、71159）、干货类（71230、71231、71232、71233、71239）、非醋方法制作保存类（200310、200320、200390）等四大类进行分析。

3.2.2.1 食用菌出口产品结构特征

从各类食用菌的出口量、出口额及其出口占比来看（表3.6和图3.5），2002～2014年中国食用菌出口产品结构已经发生了一些变化，主要呈现出以下几个特点。

表3.6 2002～2014年中国各类食用菌出口数量结构变化 （单位:%）

项目＼年份	2002	2003	2004	2005	2006	2007	2008
鲜或冷藏类	19.11	16.01	17.14	15.06	14.22	11.9	6.6
干货类	7.76	11.76	9.17	13.53	10.47	10.97	9.94
盐水腌制类	11.06	9.92	9.62	10.59	10.22	7.92	10.1
非醋制作保存类	62.07	62.25	59.19	60.82	64.14	69.21	73.37
项目＼年份	2009	2010	2011	2012	2013	2014	
鲜或冷藏类	9.37	10.01	10.24	10.25	14.16	15.6	
干货类	16	23	29.64	23.64	32.1	32.88	
盐水腌制类	6.55	5.52	4.87	1.87	4.41	4.28	
非醋制作保存类	68.08	61.47	55.25	64.24	49.33	47.25	

资料来源：联合国商品贸易统计数据库（UN COMTRADE）

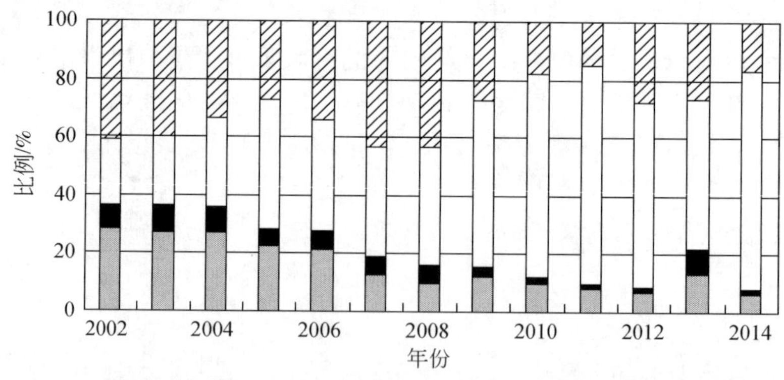

图3.5 2002～2014年中国各类食用菌出口额占比

资料来源：联合国商品贸易统计数据库（UN COMTRADE）

（1）非醋方法制作或保存类食用菌依旧是第一大类出口商品，但市场份额有所下降

通过表3.6和图3.5可知，非醋方法制作或保存类是中国食用菌出口第一大类，年均出口量约占总量的60%左右。2002~2014年，出口量从23.08万t增长至30.39万t。其中，2009年后受国际金融危机及东盟贸易的影响（对东盟的出口以干货类为主），该类食用菌出口比例略有下降，从2002年的62.07%下降至2014年的47.25%。但由于该类食用菌的单位价格竞争优势偏低，因此同期出口额比例不是很大，仅占16.58%。此外，由于同期干货类食用菌出口的快速增长，其变化呈波动下降的趋势。

在非醋方法制作或保存的食用菌中，出口又以伞菌属蘑菇为主，年均出口额约占该类总量的70%以上；但出口比例整体呈下降趋势，其中出口量比例从2002年的58.35%下降到2014年的42.14%，出口额则从94.08%下降为50%。非醋方法制作保存类的块菌及其他蘑菇年出口额最近呈现上涨的趋势，2014年在该类食用菌中的出口额占比达到50%左右。

（2）干制类食用菌出口增长迅速，市场份额扩大趋势明显

干制类食用菌在各类食用菌中出口增长最为明显，尤其是2010年之后，增长比例大幅上涨，目前出口量已达2.11万t，占中国食用菌出口总量的32.88%，仅次于非醋方法制作保存类食用菌。同期，干制类食用菌的出口占食用菌出口总额的比例也快速增长，从2002年的22.12%上升到2014年的75.28%。一方面，2010年东盟自由贸易区的建立，扩大了中国对亚洲市场的份额；另一方面，东南亚地区的消费者比较偏好对干货类食用菌的消费。因此，推动了干货类食用菌出口的快速增长。

干货类食用菌出口以干制食用菌、其他干蘑菇及块菌为主。2014年，二类食用菌出口额分别为18.61亿美元、12.39亿美元，占各类食用菌出口额的50%和33.28%，较2002年分别增长了17.95亿美元和12.08亿美元。二类食用菌出口占食用菌出口总额的62.70%。干伞菌属蘑菇、干木耳、干银耳出口份额一直相对较少，2014年占出口总额的12.58%。

（3）鲜或冷藏类和盐水腌制类食用菌出口放缓，市场份额逐渐下降

鲜或冷藏类和盐水腌制类食用菌为中国食用菌出口的两大类，其出口额在总体中份额呈现波动下降态势，比例从2002年的36.65%下降为2014年的8.14%。其中鲜或冷藏类食用菌表现最为明显，虽然出口量与出口额分别从2002年的7.11万t、1.17亿美元上升至2014年的10.03万t、3.25亿美元，但其出口量比例却呈小幅下降，出口额比例则下降明显，从2002年的28.47%下降至2014年的6.56%。与此同时，盐水腌制类食用菌出口也呈下降趋势。其出口量比例从2002年的11.06%下降至2014年的4.28%，出口额则从2002年的10.49亿美元下降至2014年的0.79亿美元，比例也从8.19%下降为1.57%。但由于其所占市场份额相对较小，故其对中国总体的食用菌出口影响不大。

3.2.2.2 食用菌出口的产品集中度

2002 年以来，中国食用菌出口的产品结构已经发生了一定的变化，对食用菌出口品种进行产品集中度的分析有助于更好地把握当前中国食用菌出口产品结构的合理性。本节选用目前文献中的常用指标 Gini-Hirschman 系数①来衡量食用菌出口的产品集中度的变化。

图 3.6 反映了中国食用菌出口产品集中度的基本变动轨迹。2002～2014 年中国食用菌出口贸易集中度大致呈现平稳迹象，并逐步趋稳于 50。具体而言，2002～2014 年出口的集中度指数从 2002 年的 45.80 上升至 2014 年的 48.64，波动幅度较小，集中在 40～50，总体变化趋势不明显。这说明中国食用菌产品出口种类一直集中于少数产品，并且特征越来越明显，产品的出口结构不太合理，市场风险较大。

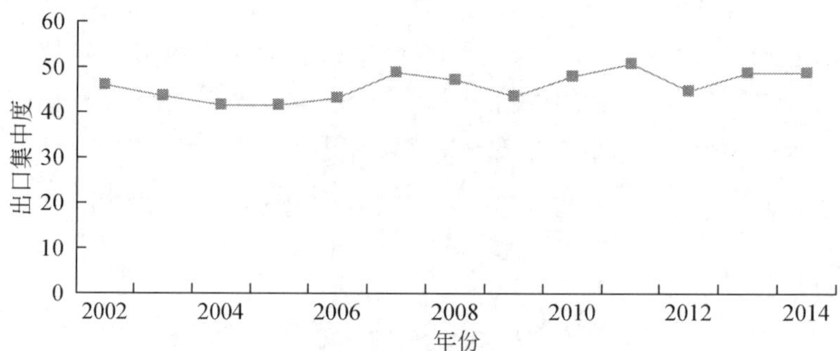

图 3.6　中国食用菌出口产品集中度变化趋势图

资料来源：联合国商品贸易统计数据库（UN COMTRADE）

3.2.3 中国食用菌出口市场结构分析

3.2.3.1 食用菌出口市场结构特征

从近 10 年的洲际统计数据看，中国食用菌出口主要集中在亚洲、欧洲和北美洲（表 3.7）。其中亚洲国家（地区）是传统的食用菌出口贸易伙伴，2014 年

① Gini-Hirschman 系数用公式表示为 $C_t = 100\sqrt{\sum_{i=1}^{n}(x_{it}/x_t)^2}$，其中 X_{it} 为在第 t 期出口到 i 国的商品额；X_t 为第 t 期的出口贸易总额；C_t 值在 100～$100/\sqrt{n}$，C_t 值越大，表明出口受少数产品影响越大，反之商品出口分布越平均，影响较小。

中国对其出口量与出口额分别高达42.86万t、42.08亿美元，占全部市场份额的66.65%、85.09%。从发展趋势看，2002～2014年中国对亚洲的食用菌出口额稳居首位，市场份额逐渐增加，而其他各洲的比例呈不同程度的下降趋势。亚洲对中国食用菌出口份额从2002年的67.94%增长到2014年的73.71%。同期，欧洲市场份额从2002年的22.60%下降到2014年的7.62%。而以美国和加拿大为主的北美洲也从2002年的7.11%下降到2014年的4.94%。非洲、南美洲及大洋洲的出口份额不足5%，但有小幅上升，这说明中国食用菌出口向亚洲国家（地区）集中的趋势越来越明显。

表3.7　2002～2014年中国食用菌主要输出国家（地区）及份额

年份	输出额（亿美元）	输出国家（地区）及所占比例/%				
2002	6.02	日本 45.90	中国香港 11.58	德国 6.74	意大利 4.09	美国 3.73
2003	8.50	日本 44.32	中国香港 11.85	德国 5.16	美国 3.90	意大利 3.06
2004	11.26	日本 39.77	中国香港 14.17	美国 7.27	意大利 4.79	德国 3.90
2005	12.05	日本 36.10	中国香港 14.49	美国 6.79	意大利 5.28	德国 4.43
2006	13.40	日本 34.40	中国香港 12.03	美国 6.86	意大利 4.88	俄罗斯 4.76
2007	15.82	日本 24.67	中国香港 10.78	美国 9.11	马来西亚 6.25	俄罗斯 6.03
2008	17.04	日本 20.53	美国 10.41	泰国 7.21	香港 6.95	德国 6.55
2009	16.57	日本 23.49	美国 11.74	泰国 9.91	中国香港 8.70	马来西亚 6.64
2010	28.47	越南 17.96	日本 17.41	中国香港 10.66	泰国 7.33	马来西亚 7.04
2011	40.43	越南 22.58	日本 13.24	中国香港 13.23	泰国 8.32	马来西亚 8.13
2012	27.03	日本 19.50	越南 11.47	中国香港 13.23	泰国 8.32	马来西亚 8.48
2013	46.19	越南 22.34	中国香港 16.01	泰国 13.61	日本 10.92	马来西亚 9.85

续表

年份	输出额（亿美元）	输出国家（地区）及所占比例/%				
2014	49.45	越南 28.68	中国香港 15.97	泰国 10.97	日本 10.15	马来西亚 8.26

资料来源：联合国商品贸易统计数据库（UN COMTRADE）

从中国食用菌出口的主要国家（地区）结构特征看，2002 年以来中国食用菌先后出口到 160 多个国家或地区；但中国食用菌出口市场一直比较集中且稳定，主要以日本、中国香港、美国、马来西亚、德国、意大利、越南、泰国等国家或地区为主（表 3.7）。2014 年中国对 8 个国家（地区）的食用菌出口贸易份额已达到 80.31%，贸易的空间格局总体呈现出不均衡分布。其中日本是中国食用菌出口市场的首位，各类食用菌出口均占有一定的市场份额。但随着东盟自由贸易区的建立，以及越南、泰国等新兴市场的崛起，日本在中国食用菌出口贸易中的相对地位不断弱化。中国香港是仅次于日本的输出市场，以干货类食用菌输出为主。出口贸易在 2002 ~ 2014 年相对稳定，随着与内地联系的加强，其市场份额有明显增长。美国是中国鲜或冷藏类、干货类、非醋方法制作或保存类食用菌出口的主要市场。2002 ~ 2014 年，中国对美国的出口整体呈增长趋势，2014 年出口已达 1.13 亿美元，14 年间增长额达 1.07 亿美元，但出口比例总体波动较大。中国对欧盟的出口主要集中在德国和意大利，以干货类制品、非醋方法保存类及盐水腌制类食用菌为主。2002 ~ 2006 年，德国和意大利占中国出口份额的比例基本在 10% 左右，但自 2006 年起，欧盟对进口食用菌制定了越来越严的药物残留标准，其市场份额出口波动强烈（2014 年与 2006 年相比，出口额下降了近 60%），市场极不稳定。越南、泰国和马来西亚是中国食用菌出口在东南亚的主要市场，也是近年来中国食用菌出口的新兴市场，出口以干制类食用菌为主。2010 年东盟自由贸易区成立，中国对东南亚地区的出口份额快速上升。近年来，越南已经超越日本成为中国食用菌出口最大的市场，2014 年中国对越南的出口额高达 14.18 亿美元，泰国和马来西亚也分别达到 5.34 亿美元和 4.08 亿美元，位于中国出口市场的第三位和第五位，随着贸易自由化的进一步深入，对该地区的出口还有进一步提升的可能性。

3.2.3.2 食用菌出口的市场集中度

为了更好地把握中国食用菌出口结构的变动趋势，需要对贸易出口的地理结构进行衡量，本节主要采用出口集中度指标①对其进行分析。从洲际结构的角度将中国食用菌出口划分为六大方向，中国食用菌出口集中化指标的标准差处于0.211～0.337（图3.7）。从2002～2014年的出口贸易市场变化来看，中国食用菌出口虽然总体上比较集中，但市场集中度呈下降趋势。前五大市场占中国食用菌出口总额的比例从2002年的72.04%下降到2012年的61%，但近年集中度又开始出现上升趋势，2014年达到74.03%。然而，相比2002年以日本为主导的贸易格局，2014年中国对各国食用菌的出口份额却相对均衡，过度集中的现象有所改善，这有利于降低因中日关系带来的贸易风险。

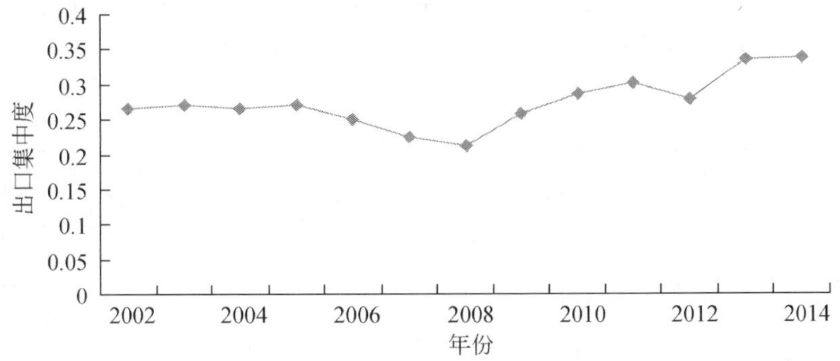

图3.7　中国食用菌出口市场集中度变化趋势图

资料来源：联合国商品贸易统计数据库（UN COMTRADE）

3.2.4　中国食用菌出口国际竞争力分析

中国作为食用菌出口贸易大国，其出口具有出口规模大、产品种类多及市场分布广等特点。为全面深入地了解中国食用菌出口贸易国际竞争力的演变及当前各类食用菌在国际上的竞争力情况，本节基于联合国商品贸易统计数据库中世界各国食用菌进出口贸易的数据，选取了国际市场占有率②、贸易竞争指数③、显

① 考虑到Gini-Hirschman系数的计算具有一定主观性，且计算量较大。本节选取的出口集中化计算公式 $\sigma = \{n\sum X_{it} - (\sum X)^2\}/[n \times (n-1)]$，其中 n 为当年出口的对象数量，X_{it} 为第 t 年第 i 中商品的出口额，X 为第 t 年的出口总额，其中所选方向可以根据需要进一步细分。标准差越接近于 $(1/n)^{1/2}$，表明其分布越不平均；反之则相反。

② 国际市场占有率：$MS_{ik} = X_{ik}/X_{wk}$，即 i 国第 k 种食用菌产品出口额占世界 k 种食用菌产品的出口总额比例。

③ 贸易竞争力指数：$TC = (X_i - M_i)/(X_i + M_i)$，$X_i$、$M_i$ 分别为一国某类产品的出口额和进口额。

示性比较优势指数①等指标来对我国食用菌国际竞争力进行分析研究，以明晰其变化，把握当前各类品种国际竞争力的优势与不足，为今后更好地参与国际竞争提供相关参考。

3.2.4.1 食用菌及主要品种的国际市场占有率

从世界食用菌出口额的国际市场占有率看（表3.8），世界食用菌出口相对集中，以中国、荷兰、波兰、法国、爱尔兰、意大利等为主。从长期的发展趋势来看，2002~2014年，中国食用菌产品的国际市场占有率在年际小幅波动中保持平稳上升，2014年国际市场占有率高达65.36%。荷兰食用菌产品国际市场占有率年度间波动较大，但总体领先于除中国外的其他国家。

表3.8 2002~2014年食用菌国际市场占有率比较分析 （单位：%）

年份	中国	荷兰	波兰	爱尔兰	法国	意大利
2002	27.56	17.38	6.77	5.26	4.86	3.37
2003	30.02	17.03	6.91	5.96	4.02	3.14
2004	34.00	15.82	8.26	4.13	3.35	2.64
2005	36.35	13.06	8.50	4.19	3.63	3.05
2006	36.60	13.30	9.12	4.06	3.32	3.11
2007	36.22	13.30	10.66	3.49	3.62	3.63
2008	33.71	15.36	10.59	3.69	3.21	3.30
2009	38.03	14.16	10.06	3.20	2.98	3.23
2010	50.58	10.72	8.26	2.18	2.41	2.92
2011	56.29	9.66	6.79	1.80	2.63	2.67
2012	47.53	12.51	8.62	2.21	2.41	3.49
2013	56.56	8.77	7.39	1.64	1.89	2.27
2014	65.36	5.01	1.95	1.59	1.40	0.97

资料来源：联合国商品贸易统计数据库（UN COMTRADE）

中国食用菌总体国际市场占有率具有很强的竞争力，但具体类别存在较大的差异性（表3.9）。2014年鲜或冷藏类、干货类、盐水腌制类、非醋方法制作保存类食用菌分别占世界食用菌出口总额的26.52%、55.03%、1.73%、16.72%。其中，干货类、盐水腌制类、非醋方法制作保存类食用菌国际市场

① 显示性比较优势指数：$RCA_i=(X_i/X_{it})/(X_w/X_{wt})$，其中，$X_i$和$X_w$分别为$i$国和世界该产品的出口额；$X_{it}$和$X_{wt}$分别为$i$国和世界所有商品的出口额。

占有率远远超过其他国家，显示出了极强的国际市场占有率。鲜或冷藏类食用菌国际市场占有率落后于波兰，国际市场占有率为 16.18%，表明该类食用菌目前是中国食用菌出口的短板，并且随着各种检测标准的不断提高，特别是发达国家对各种农药残留标准的设定越来越严格，使得中国鲜或冷藏类食用菌出口的阻力增大。

表 3.9　2014 年主要食用菌产品国际市场占有率比较分析

项目	中国	荷兰	波兰	爱尔兰	法国	意大利
鲜或冷藏类	16.18	3.24	23.23	6.89	2.19	6.03
干货类	89.41	0.82	0.80	—	0.76	0.69
盐水腌制类	59.50	1.25	17.78	—	0.72	0.77
非醋制作保存类	64.82	0.11	7.26	—	6.92	3.92

资料来源：联合国商品贸易统计数据库（UN COMTRADE）

3.2.4.2　食用菌及主要品种的贸易竞争力指数

2002～2014 年中国食用菌产品贸易竞争指数比较分析见表 3.10。中国、波兰、爱尔兰的贸易竞争力指数较高，具有较强的国际竞争力，荷兰次之，法国、意大利则相对较弱。从长期发展趋势来看，中国食用菌贸易竞争指数一直保持较高的水平，出口额远超进口额，具有很强的国际竞争力。荷兰的贸易竞争指数在波动中趋于下降，但作为主要的食用菌出口国，与中国仍存在很强的竞争。波兰的贸易竞争指数在微小的波动中保持较高的水平，具有一定的竞争力。爱尔兰贸易竞争指数波动起伏较大。法国和德国的贸易竞争指数一直为负，说明其食用菌贸易长期处于逆差状态，而且近年指数越来越小，出口额远小于进口额，食用菌出口贸易处于劣势。

表 3.10　2002～2014 年食用菌出口贸易竞争力指数比较分析

年份	中国	荷兰	波兰	爱尔兰	法国	意大利
2002	0.986	0.665	0.878	0.950	-0.318	-0.457
2003	0.996	0.649	0.908	0.956	-0.393	-0.390
2004	0.993	0.669	0.906	0.946	-0.430	-0.464
2005	0.995	0.623	0.908	0.942	-0.382	-0.390
2006	0.995	0.721	0.859	0.928	-0.425	-0.335
2007	0.997	0.634	0.894	0.911	-0.390	-0.273
2008	0.995	0.636	0.879	0.887	-0.453	-0.281

续表

年份	中国	荷兰	波兰	爱尔兰	法国	意大利
2009	0.995	0.659	0.895	0.532	−0.476	−0.269
2010	0.988	0.646	0.80	0.269	−0.438	−0.249
2011	0.994	0.578	0.882	0.221	−0.364	−0.164
2012	0.993	0.648	0.882	0.799	−0.486	−0.127
2013	0.994	0.629	0.845	0.805	−0.474	−0.168
2014	0.993	0.447	0.839	0.791	−0.613	−0.581

资料来源：联合国商品贸易统计数据库（UN COMTRADE）

2014年，中国各类食用菌出口贸易竞争指数差异微小且在各国中均保持在较高的水平。除中国外，鲜或冷藏类食用菌出口在波兰、爱尔兰、荷兰中保持较高的贸易竞争指数，以出口为主；法国则以进口为主；意大利基本保持进出口平衡。干货类食用菌则以中国向世界出口为主，除荷兰少部分出口外，其他各国贸易竞争指数均为负值，以进口为主。非醋方法制作保存类食用菌波兰的贸易竞争指数与中国接近；意大利进出口基本保持均衡状态；荷兰、爱尔兰、法国贸易竞争指数为负，说明其在该类食用菌的贸易竞争力上处于劣势。盐水腌制类波兰贸易竞争指数较高，同时也是该类食用菌出口大国，与中国存在较大的竞争；荷兰的出口贸易基本保持顺差状态；爱尔兰、法国、意大利的贸易竞争指数为负且指数较小，基本以进口贸易为主（表3.11）。

表3.11　2014年主要食用菌产品贸易竞争力指数比较分析

项目	中国	荷兰	波兰	爱尔兰	法国	意大利
鲜或冷藏类	0.988	0.504	0.944	0.833	−0.662	0.001
干货类	0.994	0.466	−0.053	−0.649	−0.558	−0.464
盐水腌制类	0.991	0.445	0.833	−0.993	−0.737	−0.960
非醋制作保存类	0.996	−0.521	0.977	−0.993	−0.113	0.245

资料来源：联合国商品贸易统计数据库（UN COMTRADE）

3.2.4.3　食用菌及主要品种的显示性比较优势指数

2002~2014年中国食用菌显示性比较优势指数比较分析结果见表3.12。中国、荷兰、波兰、爱尔兰具有较强的比较优势，其中波兰表现最为强劲，中国与荷兰比较优势相当，爱尔兰偏弱；法国、意大利则不具有相对比较优势。从长期的变化趋势来看，中国的显示性比较优势指数基本在4.5左右波动，这一趋势在未来一段时间可能持续。荷兰、波兰、爱尔兰、法国显示性比较优势指数呈下降趋势，食用菌产品的出口竞争优势逐渐减弱。意大利的显示性比较优势指数虽有上升，出口竞争力有所增强，但仍未摆脱竞争劣势。

表 3.12　2002～2014 年食用菌出口显示性比较优势指数比较分析

年份	中国	荷兰	波兰	爱尔兰	法国	意大利
2002	4.93	4.60	9.81	3.63	0.92	0.77
2003	4.94	4.49	9.15	4.78	0.78	0.73
2004	4.99	4.34	9.76	3.45	0.71	0.65
2005	4.72	3.69	9.41	3.77	0.83	0.81
2006	4.39	3.86	9.67	4.35	0.81	0.87
2007	3.95	3.71	10.24	3.81	0.89	0.96
2008	3.65	4.36	9.55	4.49	0.84	0.94
2009	3.81	3.95	8.88	3.30	0.77	0.96
2010	4.83	3.24	7.84	2.75	0.70	0.97
2011	5.25	3.22	6.38	2.50	0.80	0.89
2012	4.06	3.94	8.39	3.28	0.76	1.22
2013	4.63	2.78	6.55	2.57	0.60	0.79
2014	5.01	1.57	1.63	2.42	0.44	0.33

资料来源：联合国商品贸易统计数据库（UN COMTRADE）

2014 年，中国各类食用菌的显示性比较优势差异较大（表 3.13），干货类食用菌显示性比较优势指数最大为 6.85，竞争优势最为明显；鲜或冷藏类食用菌显示性比较优势指数最小为 1.24，相对缺乏国际竞争力。同其他国家相比，鲜或冷藏类食用菌中荷兰、波兰的显示性比较优势指数远高于中国，具有明显的比较优势。干货类食用菌中国的显示性比较优势指数远高于其他国家，市场竞争力较强。盐水腌制类食用菌波兰的比较优势最为明显，中国与其存在较大的差距。非醋方法制作保存类食用菌波兰竞争力较强，与中国存在一定的竞争。

表 3.13　2014 年主要食用菌产品显示性比较优势指数比较分析

项目	中国	荷兰	波兰	爱尔兰	法国	意大利
鲜或冷藏类	1.24	1.02	19.44	10.45	0.69	2.04
干货类	6.85	0.26	0.67	0.003	0.24	0.24

续表

项目	中国	荷兰	波兰	爱尔兰	法国	意大利
盐水腌制类	4.56	0.39	14.87	0.0004	0.23	0.06
非醋制作保存类	4.96	0.03	6.08	0.0002	2.19	1.33

资料来源：联合国商品贸易统计数据库（UN COMTRADE）

3.2.5 优化中国食用菌出口贸易政策的对策建议

3.2.5.1 加强育种技术研究，提升食用菌种业竞争力

菌种混杂、种性不稳、产量较低一直是中国菌种业发展中存在的问题。目前中国食用菌工厂化企业生产所需的菌种基本上源于日本，较高的菌种费增加了生产者的成本，不利于中国食用菌出口竞争；对国外品种的长期依赖也降低了中国种业的自主研发能力。因此，相关政府部门应增加对菌种创新的投入，加强育种的基础研究，积极选育优良的新品种，为食用菌品质提升奠定基础。

3.2.5.2 强化产品加工技术，提升食用菌出口产品品质

目前食用菌消费逐渐呈现多元化，不仅仅局限于以鲜品、干品、罐头和盐渍品等初加工产品为主的传统食用菌产品。发展食用菌精深产业加工技术，有利于提高产品附加值，增加食用菌出口创汇的能力。一方面，实现加工原料的专用化，注重食用菌品种与种植过程；另一方面，加大食用菌精深技术、储藏保鲜技术等产品研究开发与投入力度，积极实施高效、节能、低碳、环保的生产加工技术，提高食用菌企业的加工技术水平，延伸食用菌产业链。

3.2.5.3 发挥政府作用，加强对食用菌规范化生产的引导与监管

技术性贸易壁垒一直是制约中国食用菌出口贸易发展的重要问题，尤其是2006年以来，表现更为明显。在熟悉并掌握国外食用菌安全标准的基础上，积极完善国内食用菌生产标准体系；同时大力推进食用菌标准化、规模化、产业化生产，实现食用菌生产的市场化运作和管理；并建立起完善的质量安全管理体系，加强对食用菌生产加工的监管力度。

3.2.5.4 加快多边贸易自由化，深化区域集团化贸易发展潜力

中国自加入WTO后食用菌出口整体呈现快速上升的趋势，尤其是在2010年东盟自由贸易区全面启动之后，食用菌年均增长率达到43.42%。中国与东盟在

地理位置、资源禀赋、消费偏好等方面具有相似性，两者的贸易合作将进一步扩大。同时，中国与俄罗斯等国家或地区的农业合作也将进一步加强，实现多边的自由贸易，产生贸易创造效应和贸易转移效应。

（沈　雪　张俊飚　程琳琳　龚梦君）

3.3 世界食用菌贸易竞争力与产业内贸易格局动态演化分析

3.3.1 引言

近年来，在市场需求和政府相关政策的双重作用下，食用菌产业的发展表现出良好的发展势头，我国已成为世界上最大的食用菌生产国，食用菌的贸易量也呈现出逐年增长的态势。据统计，我国食用菌年产量占世界总产量的75%以上，食用菌产品出口到世界上的126个国家和地区，食用菌的出口量占亚洲出口总量的80%，占到全球贸易量的45%左右。作为我国农业经济中仅次于粮、果、菜之后的第四大产业，食用菌已成为我国种植业中的支柱产业和新的经济增长点，对我国农村经济发展具有重大的推动作用。鉴于近些年世界食用菌贸易规模的不断扩大，分析世界食用菌贸易竞争力与产业内贸易格局的动态演化，对我国制定相关贸易政策具有十分重要的现实意义。基于此，本节选取2000～2014年食用菌相关贸易数据，选取世界主要食用菌出口大国为研究对象，对世界食用菌贸易竞争力与产业内贸易格局动态演化进行分析，并依据相关研究结论提出相应的政策建议。本节中的食用菌产品均按照H0～H4分类方法进行分类（其中，H0包括的产品代码为70951、71230；H1包括70952、200310和200320；H2～H4包括70959、71151、71159、71231、71232、71233、71239和200390，共计13种）。本节食用菌相关数据均根据联合国商品与贸易统计数据库资料整理所得。

3.3.2 世界主要食用菌贸易国的贸易状况

近年来，世界食用菌贸易量呈现出快速增长的势头。1988年世界食用菌贸易出口量仅为0.55万t，进口量为3.04万t。经过20多年的发展，到2002年，世界食用菌出口量高达84.95万t，进口量则为118.19万t。2008年世界食用菌出口量又飙升到121.18万t，进口量为126.28万t。据统计，2014年世界食用菌贸易出口量达到140.48万t，进口量为114.72万t。

表3.14为2014年世界食用菌出口国家中出口数量位居世界前列的国家（地

区）。由表3.14可知，2014年世界食用菌出口量超过0.2万t的国家（地区）共计16个，其出口量之和占到世界食用菌出口总量的90.11%，按其出口量的大小排序依次为：中国、波兰、西班牙、白俄罗斯、爱尔兰、加拿大、立陶宛、比利时、法国、美国、意大利、匈牙利、罗马尼亚、中国香港、泰国和墨西哥。其中，作为世界最大的食用菌出口国，中国2014年的食用菌出口量占到世界食用菌出口总量的45.80%，远远高于排名第二的波兰（19.81%）；其余14个国家和地区食用菌出口总量占到世界食用菌出口总量的24.50%。

表3.14　2014年世界食用菌主要出口国（地区）出口量及所占全球份额

国家（地区）	出口量/万t	占世界出口总量的比例/%
世界	140.48	100.00
中国	64.31	45.80
波兰	27.81	19.81
西班牙	7.06	5.03
白俄罗斯	4.87	3.47
爱尔兰	3.42	2.43
加拿大	3.28	2.33
立陶宛	3.07	2.18
比利时	3.02	2.15
法国	2.64	1.88
美国	1.39	0.99
意大利	1.20	0.85
匈牙利	1.15	0.81
罗马尼亚	1.12	0.79
中国香港	1.05	0.74
泰国	0.78	0.56
墨西哥	0.41	0.29
十六国（地区）合计	126.58	90.11

注：本表中所称“中国”其数据仅为中国内地的数据，香港特别行政区、澳门特别行政区和中国台湾地区的食用菌出口量不计算在内。此外，本节以世界主要食用菌出口国（地区）的食用菌贸易量为研究对象，其贸易额不在考虑范围之中

资料来源：根据联合国商品与贸易统计数据库（UN COMTRADE）资料整理所得

基于以上分析和数据对比，本节选取2014年食用菌出口量排在世界前列的中国、波兰、西班牙、白俄罗斯、爱尔兰和加拿大六国作为研究对象，比较分析其2000~2014年食用菌贸易出口竞争力与产业内贸易格局的动态演化。

3.3.3 出口竞争力评价指标的计算和分析

根据已有相关文献的研究方法和研究体系，考虑到数据的可获性等因素，本节采用市场占有率（WMS）、贸易竞争指数（TC）、显示性对称比较优势指数（RSCA）三个反映出口竞争力的指标来分析食用菌产品国际竞争力状况，并运用描述性统计方法对2000~2014年全球主要食用菌出口国食用菌贸易的空间发展贸易格局的动态演化进行比较和相关分析。

3.3.3.1 国际市场占有率

国际市场占有率（world market share，WMS）可以定义为一国某产品的出口总额占世界这种产品出口总额的比例。国际市场占有率的公式为：

$$WMS_{ij} = X_{ij}/X_{wj} \tag{3.8}$$

式中，X_{ij}和X_{wj}分别为j产品的i国出口总额和世界出口额，WMS值越大，国际市场占有率越高，其商品的国际竞争力越强，WMS值越小则说明国际竞争力越弱。

从表3.15中可以看出，2000~2014，在这六个主要的食用菌贸易国中，中国食用菌产品国际市场占有率一直处于较高水平，2000~2014年其占有率一直保持较为平稳的发展态势，年均值维持在30%左右，其中2014年达到最高值，为42.02%；波兰食用菌产品的国际市场占有率一直处于稳定上升态势，从2000年的8.55%到2014年的32.66%，增长了3.82倍，其食用菌产品出口具有广阔的发展前景；西班牙的国际市场占有率有一定的起伏，经历了快速下降、波动上升之后，食用菌产品的竞争力降低，但总体保持在较高水平；白俄罗斯和加拿大两国的国际市场占有率则基本保持在较低份额但稍有增长的稳中有升态势，分别在0.8%和2.3%左右。但2014年在波兰等其他国家份额下降的情况下，白俄罗斯的市场占有率突破1%而飙升至3.47%，形成异常增长，隐含了国际市场的波动调整状态；爱尔兰食用菌产品的国际市场占有率在波动中下降并逐渐趋于平缓，2001年达到最高，为12.77%，2014年达到最低，为2.43%，下降了10.34个百分点。综上所述，从主要食用菌出口大国的国际市场占有率所占比例来看，中国和波兰两国食用菌产品的国际市场竞争力保持稳定的发展态势，且具有较强的国际竞争力。

表3.15 2000~2014世界主要食用菌出口国食用菌产品国际市场占有率

年份	中国	波兰	西班牙	白俄罗斯	爱尔兰	加拿大
2000	36.02	8.55	8.67	0.34	10.30	2.07
2001	34.57	12.77	9.16	0.45	12.77	2.24

续表

年份	中国	波兰	西班牙	白俄罗斯	爱尔兰	加拿大
2002	35.34	15.99	8.59	0.28	11.73	2.13
2003	41.48	16.93	7.79	0.71	10.65	2.05
2004	40.68	22.45	7.66	0.85	7.87	2.00
2005	41.89	22.81	5.19	0.69	8.49	2.15
2006	40.74	24.91	2.32	0.68	8.09	2.09
2007	40.58	35.29	4.31	0.81	8.51	2.04
2008	39.39	34.50	5.04	0.37	12.02	2.01
2009	33.62	40.00	5.63	0.52	8.45	2.09
2010	35.32	36.38	7.05	0.38	6.82	2.48
2011	33.66	31.39	13.40	0.63	5.49	2.09
2012	31.24	34.75	7.71	0.78	5.69	2.44
2013	29.79	37.28	8.15	0.92	4.93	2.24
2014	42.02	32.66	5.02	3.47	2.43	2.33

资料来源：根据联合国商品与贸易统计数据库（UN COMTRADE）资料整理所得

3.3.3.2 贸易竞争指数

贸易竞争指数（trade competitiveness，TC）是反映一国某种商品的生产效率的指标，它主要用于比较一国与其他竞争国在某种产品的生产效率上所处的优劣地位及程度，其公式为

$$TC_{ij} = \frac{X_{ij} - M_{ij}}{X_{ij} + M_{ij}} \tag{3.9}$$

式中，TC_{ij}为贸易竞争指数；X_{ij}、M_{ij}分别为j国i产品的出口额和进口额。如果该国的该指标值大于0，则代表该国的这种商品的生产效率高于国际水平，贸易额为净出口，该值越大则表示该产品的竞争力越强；若该值小于0，则表示该产品的生产效率低于国际水平；若该值等于0，则表示该国的贸易活动进出口相当，生产效率与国际生产水平基本持平。

表3.16 世界主要食用菌出口国食用菌产品贸易竞争指数的变化

年份	中国	波兰	西班牙	白俄罗斯	爱尔兰	加拿大
2000	0.99	0.91	0.94	0.50	0.97	−0.24
2001	0.99	0.96	0.91	0.62	0.97	0.01
2002	0.98	0.97	0.70	0.57	0.95	−0.10

续表

年份	中国	波兰	西班牙	白俄罗斯	爱尔兰	加拿大
2003	0.99	0.97	0.66	0.41	0.95	-0.12
2004	0.99	0.96	0.65	0.42	0.95	-0.09
2005	0.99	0.96	0.45	0.61	0.96	-0.05
2006	0.99	0.95	0.14	0.42	0.94	-0.04
2007	0.99	0.97	0.26	0.54	0.91	-0.13
2008	0.97	0.95	0.29	0.01	0.92	-0.19
2009	0.91	0.97	0.41	0.43	0.46	-0.15
2010	0.92	0.95	0.38	0.22	0.20	0.01
2011	0.96	0.95	0.70	0.03	0.09	-0.03
2012	0.98	0.95	0.53	0.05	0.79	0.04
2013	0.98	0.94	0.59	0.03	0.78	0.11
2014	0.99	0.94	0.61	0.01	0.70	0.08

数据来源：根据联合国商品与贸易统计数据库（UN COMTRADE）资料整理所得

从表3.16中可以看出，中国和波兰两国食用菌贸易竞争指数一直保持在较高水平，两国食用菌贸易为贸易顺差，出口额远远大于进口数量，表现出强劲的国际竞争力；西班牙的食用菌贸易竞争指数在波动中缓慢下降，食用菌贸易竞争优势有减缓的趋势；白俄罗斯的食用菌贸易竞争指数在波动中趋于下降，表示其食用菌产品的国际竞争力逐渐由净出口变为进出口持平；爱尔兰的贸易竞争指数基本保持平稳状态，其食用菌贸易保持顺差不变；就加拿大而言，其贸易竞争指数在波动中有所上升，说明其食用菌贸易由逆差转变为顺差，食用菌产业得到发展，国际竞争力逐渐增强。

3.3.3.3 显示性对称比较优势指数

为了使衡量指标更加具有对称性，Vollrath（1992）在相关研究的基础上对显示性对称比较优势（reveal symmetric comparative advantage，RSCA）指数进行了改进，该指标更加真实地反映了各国某种产品相对于本国整个农产品的出口比较优势和各国之间竞争优势的对比，其公式为

$$\mathrm{RCA}_{ij}=\frac{X_{ij}}{X_{wj}}\bigg/\frac{X_i}{X_w} \tag{3.10}$$

$$\mathrm{RSCA}_{ij}=(\mathrm{RCA}_{ij}-1)/(\mathrm{RCA}_{ij}+1) \tag{3.11}$$

一般来讲，如果一种商品的 RSCA>0，说明这一时期该产品具有比较优势；若 RSCA<0，则该产品的比较优势不太显著；而且，指数越大，说明比较优势越

明显。根据式（3.10）和式（3.11），可得世界主要食用菌出口国食用菌产品显示性对称比较优势，对称比较优势指数的计算结果见表3.17。

表3.17 世界主要食用菌出口国食用菌产品显示性对称比较优势指数的变化

年份	中国	波兰	西班牙	白俄罗斯	爱尔兰	加拿大
2007	-0.02	0.09	0.10	0.10	0.11	0.08
2008	-0.02	0.15	0.10	-0.31	0.10	0.07
2009	-0.03	0.11	0.11	-0.28	0.10	0.08
2010	-0.04	0.10	0.10	-0.28	0.11	0.09
2011	-0.05	0.11	0.11	-0.16	0.11	0.09
2012	-0.04	0.19	0.09	-0.11	0.09	0.07
2013	-0.07	0.12	0.12	0.03	0.12	0.11
2014	-0.04	0.15	0.15	0.11	0.15	0.15

资料来源：根据联合国商品与贸易统计数据库（UN COMTRADE）资料整理所得

由表3.17可知，世界主要食用菌产品出口国食用菌产品显示性对称比较优势指数在2007~2014年呈现出较大的波动。具体而言，中国食用菌产品的出口在经历了较长时间的进出口平衡后，出口产品的竞争力呈现出下降趋势，竞争优势向微弱劣势转变，这一格局的变化可能与近年来食用菌产品进口国对中国产品的出口实施技术性贸易壁垒有关；波兰和西班牙两国，其食用菌产品的竞争优势则保持较高状态，并于近年来呈现出稳定的增长态势，因此具有较高的竞争优势和发展前景；白俄罗斯的RSCA指数则经历了先下降、后上升两个阶段，从2013年开始，其竞争优势指数由负转正，食用菌产品的竞争力有了大幅上升空间；爱尔兰和加拿大两国的竞争优势发展路径较为相似，其食用菌产品出口具有绝对的竞争优势，其食用菌产品出口竞争力呈现出平稳的发展态势，食用菌产品的竞争优势明显。此外，需要说明的是，2000~2007年，各国RSCA指数均趋于0，说明世界主要出口国其食用菌产品的出口和进口基本保持平衡，产品的比较优势较弱，进一步可推测其食用菌产品大多为内销，生产多用于本国居民消费，供需均衡，较少有对外出口和贸易往来。

3.3.4 世界食用菌产业内贸易格局动态演化分析

3.3.4.1 世界食用菌贸易空间变化及动态演进轨迹

(1) 世界食用菌出口量年际间存在一定波动，但总体呈现总量增长态势

由图3.8可以看出，2000~2014年，世界食用菌出口量年际间虽然存在一定的起伏，但总体呈现出良好的增长态势，出口总量由2000年的84.95万t增长至2014年的140.48万t，年均递增3.99%。其中，从增长趋势图来看，2000～2004年为快速增长期，世界食用菌出口量从84.95万t增长到134.63万t，4年间增长了49.68万t，呈现出良好的增长势头；2004～2008年为平稳增长期，其中2006年出口量为130.89万t，虽和往年出口量相比有轻微的波动下降但并不影响稳定增长态势；2008～2014年食用菌出口量波动幅度则较大，2008年世界食用菌出口量为121.18万t，2014年则为140.48万t。其中，2013～2014年下降幅度最为明显，2013年世界食用菌出口量为188.31万t，2014年则降至140.48万t，下降率为25.39%。从2000～2014年整个期间来看，世界食用菌出口量虽然存在年际间的波动起伏，但出口总量依然呈现出逐年增长的态势。

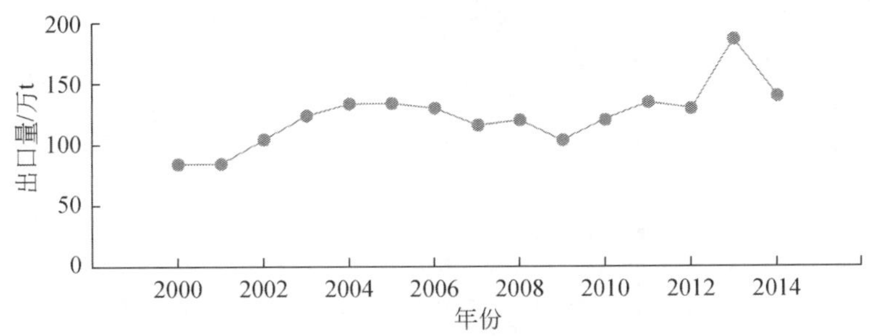

图3.8　2000～2014年世界食用菌出口总量变动趋势图

（2）食用菌出口国主要分布在欧洲、东亚和北美，贸易市场较为狭小

2014年世界食用菌出口总量为140.48万t。由表3.14可知，在世界十大食用菌出口国中，中国为第一位，其出口量达到64.31万t，占比达45.80%；波兰紧随其后，出口量为27.81万t，占比为19.81%；西班牙、白俄罗斯、爱尔兰、加拿大、立陶宛、比利时、法国和美国分列3～10位。这些国家的市场占有率要远低于中国、波兰两个出口大国。通过对比分析不难发现，食用菌出口量排名前五的国家，除中国外均位于欧洲；排名前十的国家中，欧洲国家有7个（波兰、西班牙、白俄罗斯、爱尔兰、立陶宛、比利时和法国），北美洲有2个（加拿大和美国），亚洲有1个（中国）。结合以往数据可以判断，食用菌出口国家主要分布在欧洲等发达国家，亚洲等发展中国家和地区其出口贸易有着较大上升空间。

3.3.4.2　世界食用菌出口贸易流向及其动态演进

对中国、波兰、西班牙、白俄罗斯、爱尔兰和加拿大6大食用菌出口国进行出口竞争力指标计算和贸易空间变化梳理后，对其食用菌出口的贸易流向情况分析如下。

1）中国：主要销往俄罗斯和越南等地，也有较大部分内销中国香港。作为世界第一大食用菌出口国，2014 年中国食用菌出口总量达到 64.31 万 t，主要出口流向为周边国家，如俄罗斯、越南等，出口量依次为 5.89 万 t、9.27 万 t，分别占到出口总量的 9.15%、14.41%。此外，中国内地内销香港的食用菌数量也相当可观，约占到总出口量的 9.11%。中国对泰国、马来西亚、日本和韩国等地的出口量也占到一定份额，依次为 5.48 万 t、5.30 万 t、5.14 万 t 和 5.46 万 t，分别占到出口量的 8.52%、8.23%、7.99% 和 7.09%。总体来说，尽管中国食用菌出口流向范围较广，亚洲、欧洲均有涉及且包括相当数量的对港输出和消费，但从其流向区域来看，流量主要集中在越南、俄罗斯、泰国和马来西亚等周边国家和地区（表 3.18）。

表 3.18　2014 年中国食用菌出口贸易流向

出口国家（地区）	出口量/万 t	占全年总出口量的份额/%
加拿大	1.26	1.96
菲律宾	1.27	1.98
德国	1.40	2.16
韩国	4.56	7.09
日本	5.14	7.99
马来西亚	5.30	8.23
泰国	5.48	8.52
中国香港	5.87	9.11
俄罗斯	5.89	9.15
越南	9.27	14.41
合计	45.44	70.60

资料来源：根据联合国商品与贸易统计数据库（UN COMTRADE）资料整理所得

2）波兰：主要流向欧盟国家和白俄罗斯。2014 年波兰食用菌出口总量为 27.81 万 t，主要流向德国、英国、白俄罗斯、俄罗斯、意大利和法国等国，出口量依次为 7.14 万 t、2.93 万 t、2.39 万 t、2.29 万 t 和 2.09 万 t，分别占到 25.68%、10.55%、8.58%、8.25% 和 7.53%。此外，对俄罗斯、荷兰、瑞典和希腊等国的出口也达到较大数量，分别占到总量的 7.48%、5.51%、3.08% 和 2.80%。总体来说，其食用菌出口流向较为集中，主要流向欧盟各成员国和俄罗斯等国（表 3.19）。

表 3.19　2014 年波兰食用菌出口贸易流向

出口国家	出口量/万 t	占全年总出口量的份额/%
立陶宛	0.71	2.54
希腊	0.77	2.80
瑞典	0.86	3.08
荷兰	1.53	5.51
俄罗斯	2.08	7.48
法国	2.09	7.53
意大利	2.29	8.25
白俄罗斯	2.39	8.58
英国	2.93	10.55
德国	7.14	25.68
合计	22.79	82.00

资料来源：根据联合国商品与贸易统计数据库（UN COMTRADE）资料整理所得

3）西班牙：主要销往法国、葡萄牙等邻国。尽管西班牙食用菌出口量位居世界前列，但其出口量与中国和波兰相比仍然存在较大差距。2014 年西班牙食用菌出口总量为 7.06 万 t，大部分销往法国、葡萄牙等邻国，销量依次为 2.79 万 t、1.41 万 t，分别占到出口总量的 39.50%、20.02%，此外，对意大利和美国的出口也占到一定份额，分别为 14.42%、9.17%，食用菌产品的出口则相对集中（表 3.20）。

表 3.20　2014 年西班牙食用菌出口贸易流向

出口国家	出口量/万 t	占全年总出口量的份额/%
奥地利	0.08	1.15
墨西哥	0.08	1.15
比利时	0.11	1.48
委内瑞拉	0.12	1.72
瑞士	0.13	1.83
沙特阿拉伯	0.14	2.01
美国	0.65	9.17
意大利	1.02	14.42
葡萄牙	1.41	20.02
法国	2.79	39.50
合计	6.53	92.45

资料来源：根据联合国商品与贸易统计数据库（UN COMTRADE）资料整理所得

4）白俄罗斯：主要出口地为俄罗斯和欧洲部分国家。2014 年白俄罗斯的食用菌出口量为 4. 87 万 t，主要流向周边国家和北欧各国。其中，对俄罗斯的出口达到 3. 29 万 t，占到出口总额的 67. 42%，具有绝对出口优势；对哈萨克斯坦和德国也有相对数量的出口，分别占到 16. 14% 和 9. 15%；此外，还少量出口到立陶宛、法国、波兰、奥地利和瑞士等国，分别占到总出口量的 3. 73%、1. 30%、1. 29%、0. 49% 和 0. 13%。由此可见，俄罗斯是其最大的食用菌产品出口市场（表 3. 21）。

表 3. 21　2014 年白俄罗斯食用菌出口贸易流向

出口国家	出口量/万 t	占全年总出口量的份额/%
瑞士	0. 01	0. 13
奥地利	0. 02	0. 49
波兰	0. 06	1. 29
法国	0. 06	1. 30
立陶宛	0. 18	3. 73
德国	0. 42	9. 15
哈萨克斯坦	0. 79	16. 14
俄罗斯	3. 29	67. 42
合计	4. 83	99. 65

资料来源：根据联合国商品与贸易统计数据库（UN COMTRADE）资料整理所得

5）爱尔兰：出口国较为集中，主要流向英国、荷兰。爱尔兰作为全球第五大食用菌出口国，2014 年其食用菌出口量为 3. 42 万吨。就其出口量向来看，其食用菌出口则较为集中，主要销往与其毗邻的英国，其出口量达到 3. 27 万 t，占到全年总出口量的 95. 75%。此外，也有部分销往荷兰，出口量为 0. 14 万 t，所占比例为 4. 25%。可见，英国是爱尔兰主要的食用菌出口贸易国（表 3. 22）。

表 3. 22　2014 年爱尔兰食用菌出口贸易流向

出口国家	出口量/万 t	占全年总出口量的份额/%
荷兰	0. 14	4. 25
英国	3. 27	95. 75
合计	3. 41	100

资料来源：根据联合国商品与贸易统计数据库（UN COMTRADE）资料整理所得

6）加拿大：主要流向美国，出口比较集中。2014 年加拿大的食用菌出口量为 3. 28 万 t，主要输出国为美国，出口量为 3. 23 万 t，占到出口总量的 98. 73%。

此外，对法国、智利和菲律宾等地也有少量的出口但所占份额不多。可见，美国是加拿大食用菌产品的主要出口市场（表3.23），而其他国家则数量极少，反映了加拿大对美国市场在食用菌贸易方面的高度依赖性。

表3.23　2014年加拿大食用菌出口贸易流向

出口国家	出口量/t	占全年总出口量的份额/%
瑞士	13.03	0.04
菲律宾	17.08	0.05
德国	18.07	0.05
智利	27.37	0.08
法国	32.71	0.09
日本	280.73	0.85
美国	32 396.96	98.73
合计	32 785.95	99.89

注：由于加拿大食用菌对外出口数量较少，为了保证数据的严谨性，因此本表中数据的出口量单位统一换算为“吨”，以方便得出更加精确的计算结果

资料来源：根据联合国商品与贸易统计数据库（UN COMTRADE）资料整理所得

3.3.5　主要结论和政策建议

3.3.5.1　主要结论

通过上述指标的比较分析发现：

1）就国际市场占有率来看，随着世界食用菌生产由发达国家向发展中国家的转移，中国食用菌国际市场占有率处于较高水平并表现出较强的竞争优势；波兰其食用菌市场占有份额也呈现出逐年递增的趋势且增速较快；西班牙的市场占有率虽经过波动有轻微下降但依然保持有较大的优势；此外，白俄罗斯、加拿大和爱尔兰等国其竞争优势相对稳定。

2）就贸易竞争指数来看，中国、波兰两国食用菌贸易竞争指数一直保持在较高水平，贸易顺差明显，表现出强劲的竞争力；西班牙其食用菌产品的竞争优势有下降趋势；爱尔兰其产品的贸易竞争指数则保持相对稳定状态；白俄罗斯和加拿大两国其食用菌产品相对缺乏竞争力，竞争优势不明显。

3）就显示性对称比较优势指数来看，中国食用菌产品的绝对竞争优势减弱；波兰和西班牙两国，其食用菌产品的竞争优势则保持较高状态；爱尔兰和加拿大

两国 RSCA 指数经过长期波动有上升趋势，竞争优势逐渐增强；白俄罗斯的竞争优势则处于较低水平。

通过对中国和世界其他主要食用菌出口国食用菌产品的 WMS、TC、RSCA 等指标的测定和对比，以及各食用菌出口大国食用菌贸易的空间变化及出口贸易流向分析，可以发现：中国食用菌产品在国际市场上具有优势，但绝对竞争优势不明显，究其原因，主要有质量、安全水平等因素引起的非价格竞争优势的下滑，产品质量参差不齐，缺乏标准化管理；中国食用菌产品出口的比例较低，虽流向范围较广，但出口量相对集中在少数国家和地区，也因此制约了食用菌产业国际竞争力的发展；此外，发达国家的出口贸易壁垒也对中国食用菌产品出口的大环境造成一定的影响。波兰、西班牙、白俄罗斯、爱尔兰和加拿大等国其食用菌产品的竞争力较强，均表现出较大的发展空间，并占有较高的国际市场份额，食用菌产业的出口呈现出快速发展的态势。

3.3.5.2 政策建议

通过对世界主要食用菌出口国其食用菌产品的贸易竞争力与产业内贸易格局的变化进行比较分析，结合目前中国食用菌产业的贸易现状，本节提出如下的政策建议：一是引进先进技术、面向国际市场需求，提高食用菌产品的品质。通过技术引进以降低生产成本、提高产品质量，以此在国际贸易中减少贸易壁垒的制约。二是拓展出口贸易市场，增强市场的开拓能力，促进中国食用菌出口向世界其他国家和地区的扩展以分散贸易风险，加大国际市场的占有率，并提高绝对竞争优势。三是加大政府的扶持力度，提高菇农食用菌生产的积极性，并给予一定的生产保障。此外，应大力培育龙头企业以带动相关产业的发展，增强抵御国际市场风险的能力。

（王茹慧　张俊飚　张童朝）

3.4 基于 CMS 模型下我国食用菌产品出口贸易波动因素分析——以鲜或冷藏食用菌产品为例

3.4.1 我国食用菌产品贸易发展现状

3.4.1.1 我国食用菌产品出口贸易状况

我国食用菌生产具有栽培历史悠久、自然资源丰富、气候适宜、品种众多等特点，其产量长期居于世界首位。近年来，随着世界食用菌贸易市场的不断发展，我国食用菌出口贸易规模呈现稳步增长态势，已成为弥补农产品贸易逆差的重要部分。根据联合国商品贸易统计，2015 年我国出口食用菌 62 万 t，创汇 52.6 亿美元。在发展趋势上，虽然个别年份存在波动，但一直保持增长态势。

3.4.1.2 我国食用菌产品出口结构

(1) 静态分析

我国食用菌产品出口品种趋于多样化，现阶段出口品种基本维持在 30 个左右，主要包括：蘑菇及块菌（醋或醋酸制作、鲜或冷藏）、干木耳、干银耳、茯苓、冷冻牛肚菌、蘑菇菌丝、冷冻松茸、冬虫夏草、伞菌属蘑菇及天麻等。与 2000 年仅 15 种出口产品相比，2015 年食用菌出口品种数量翻了一番，尤其是冷藏型、加工型品种增加幅度较大，在很大程度上反映了我国食用菌产业加工保鲜技术水平的进步。

(2) 动态分析

根据 HS 分类标准，并考虑到贸易数据的可获得性与完整性，以鲜或冷藏食用菌产品作为主要研究对象，本节选取 2002 ~ 2015 年共 14 年的鲜或冷藏型伞菌属蘑菇（070951 类，简称 1 类），以及鲜或冷藏型松茸、香菇、金针菇、草菇、口蘑、块菌和其他蘑菇（070959 类，简称 9 类）两大类食用菌产品出口贸易额数据进行动态分析，数据来自于中国海关统计信息网。

从表 3.24、图 3.9 中，可直观地看出我国鲜或冷藏食用菌产品出口贸易的变动情况。我国对外出口的主要产品为鲜或冷藏的松茸、香菇、金针菇、草菇、口蘑、块菌和其他蘑菇产品（简称 9 类），其贸易额自 2002 年起持续走高，在 2006 年出现第一个峰值，达 131.87×10^6 美元；随后，贸易额出现快速下滑，并于 2008 年跌至历史最低，仅为 84.74×10^6 美元，下滑幅度高达 35.74%；金融危机之后，伴随着全球经济复苏，9 类食用菌产品出口贸易额迅速回升，于 2011 年达到另一个峰值，高达 158.17×10^6 美元；2012 ~ 2013 年出口贸易额略有下滑，究其原因，可能是由于 2011 年我国食用菌产品对美国和欧盟出口均遭受了 TBT-SPS 通报（史亚千等，2013），导致对外贸易额出现明显下滑；此后，2014 年出口贸易额迅速回升至 160.09×10^6 美元，再创历史新高。与之相比，1 类食用菌产品出口贸易量和贸易额均处于较低水平，除 2008 年因受金融危机影响而有所下降外，其出口贸易额一直保持相对稳定的状态，近年来恢复迹象良好。

表 3.24　2002～2015 年中国食用菌产品分类出口贸易量与贸易额

年份	1 类食用菌出口		9 类食用菌出口	
	贸易量/t	贸易额/×10⁶ 美元	贸易量/t	贸易额/×10⁶ 美元
2002	4 222.20	5.79	32 197.25	81.17
2003	742.98	1.49	40 955.41	102.87
2004	1 384.29	3.67	45 845.31	129.49
2005	2 725.45	8.26	40 644.78	129.80
2006	3 866.63	10.21	35 604.25	131.87
2007	4 720.24	17.15	34 040.13	94.32
2008	67.71	0.18	20 311.59	84.74
2009	317.40	0.50	21 159.82	102.23
2010	436.44	0.95	28 492.51	137.68
2011	1 318.39	3.62	31 819.39	158.17
2012	2 424.85	3.24	39 104.28	152.58
2013	2 822.77	3.95	44 185.11	146.42
2014	2 981.89	4.47	48 658.57	160.09
2015	4 717.06	6.55	50 363.04	151.01

资料来源：联合国商品贸易统计数据库（UN COMTRADE）

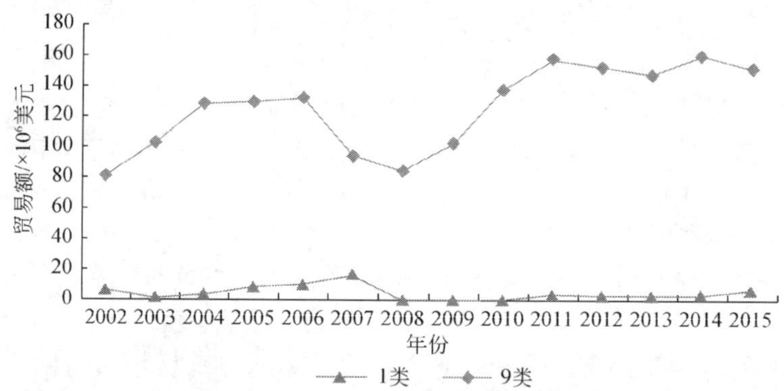

图 3.9　2002～2015 年中国 1 类、9 类食用菌产品出口贸易额走势

3.4.2　我国鲜或冷藏食用菌产品出口贸易波动的影响因素分析

为了更深层次地了解我国鲜或冷藏食用菌出口贸易变动的原因，本节引入恒定市场份额（CMS）模型，以研究影响食用菌产品出口波动的关键因素。基于相关贸易统计资料，采用 CMS 模型对影响我国鲜或冷藏食用菌产品出口的多种因素进行分解，用数量关系论证出口贸易变化的原因。

3.4.2.1　恒定市场份额模型

恒定市场份额（constant market share，CMS）模型最初是由 Tyszynski

（1951）提出，在此基础上，许多专家学者在应用此模型时，对其进行了合理的修正和改进（Leamer and Stern，1970；Milana，1988）。Jempa（1986）从贸易出口额的变化方面，Fagerberg 和 Sollie（1987）以市场份额变化为分解对象，将 CMS 模型进行了扩展。Hiroya Ichikawa（1997）将贸易结构转化为出口产品结构，对一国贸易增长的影响因素进行结构性分解，很好地修正了 CMS 模型。恒定市场份额模型在区域性、全球性市场的分析研究中应用广泛，能够得出相对客观的研究结论。

恒定市场份额模型假定，随着时间变化，一国在出口市场的份额应当保持不变，但若其份额发生变化，则主要是受到商品结构因素、市场结构因素及竞争力因素的影响（Ahmadi-Esfahani，2006）。刘艺卓（2009）利用 CMS 模型研究了我国乳品产品的出口竞争力情况。胡信国（2013）利用 CMS 模型研究了澳大利亚农产品出口贸易的影响因素，同时还解释了其出口贸易增长的源泉。

根据 CMS 模型，本节将影响我国鲜或冷藏食用菌产品出口贸易波动的影响因素基本归为以下三方面：

1）结构效应：①需求增长效应，即国际市场鲜或冷藏食用菌产品的需求增加或减少而引发的一国出口额波动的因素。②产品结构效应，即随着时间推移、经济发展，鲜或冷藏食用菌产品出口结构的调整过程。

2）竞争力效应：①综合竞争力效应。一国出口产品受到诸多因素的影响，如价格因素、信誉和品牌等非价格因素。②产品竞争力效应。同其他产品供应国进行有效的竞争因素。

3）交叉效应：我国鲜或冷藏食用菌产品由出口竞争力变化与国际市场结构变化的交互作用所引起的出口额变动。

由于本节将我国鲜或冷藏食用菌产品出口市场视为单一的世界市场，在考察其食用菌产品（分类）结构效应时，不考虑市场分布效应，将运用一个国家多种产品面向单一出口市场的市场份额模型（CMS 计量模型），模型构建如下。

第一层次分解模型：

$$\Delta q = \sum_i S_i^0 \Delta Q_i + \sum_i Q_i^0 \Delta S_i + \sum_i \Delta S_i \Delta Q_i \tag{3.12}$$

（结构效应）（竞争力效应）（竞争力与结构交叉效应）

第二层次分解模型：

$$\Delta q = S^0 \Delta Q + \left(\sum_i S_I^0 \Delta Q_I - S^0 \Delta Q\right) + Q^0 \Delta S + \left(\sum_i Q_i^0 \Delta S_i - Q^0 \Delta S\right) + \sum_i \Delta S_i \Delta Q_i \tag{3.13}$$

（增长效应）（产品结构效应）（综合竞争力效应）（产品竞争力效应）（交叉效应）

模型中，q 表示中国 i 类食用菌产品（本节指按 HS 分类标准下 1 类、9 类鲜或冷藏食用菌产品）出口额；Q 代表目标市场（即国际市场）i 类食用菌产品的全部出口额；Q_i 表示目标市场对产品 i 的需求额；S 为一国某类食用菌产品出口额在目标市场中所占的份额；上标 0 表示期初年份，Δ 表示一段时间内的变化值，即期末年份相对于期初年份的增量（孙笑丹，2007；温思美和苏国宝，2012）。

3.4.2.2 数据来源及处理

本节基于联合国商品贸易统计数据库 2002～2015 年我国鲜或冷藏食用菌产品出口贸易数据，从食用菌产品出口贸易总额和分类食用菌产品（采用 HS 分类标准下的 1 类、9 类食用菌产品，下同）出口贸易额两个层面进行研究。

从我国鲜或冷藏食用菌产品出口结构（表 3.25）分析中可以看出，9 类食用菌产品在我国食用菌出口产品中占有重要地位，出口额远远高于 1 类产品。此外，从图 3.9 中不难发现，1 类、9 类食用菌产品出口贸易额变动情况较为一致：2002～2004 年，1 类、9 类食用菌产品出口额均处于稳步上升阶段；2005～2008 年（遭受金融危机），1 类、9 类食用菌产品出口额增长速度放缓，分别于 2007 年、2006 年达到一个小高峰之后，呈现急速下跌态势；2009～2011 年，经历金融危机之后，9 类食用菌产品出口额开始迅速反弹，1 类食用菌产品出口额平稳回升，并于 2011 年同时达到另一个历史峰值；2012～2015 年，两类鲜或冷藏食用菌产品出口额均呈现波动上升态势。

表 3.25　2002～2015 年中国鲜或冷藏食用菌产品分类出口额及比例（分时期）

类别	时期	第一期（2002～2004 年）	第二期（2005～2008 年）	第三期（2009～2011 年）	第四期（2012～2015 年）
总体	世界 1、9 类出口额/$\times10^6$ 美元	923.96	1339.42	1545.80	1700.64
	中国 1、9 类出口额/$\times10^6$ 美元	108.16	119.13	134.38	157.07
	中国所占比例%	11.71	8.89	8.69	9.24
1 类食用菌	世界 1 类出口额/$\times10^6$ 美元	587.46	866.84	985.66	1053.74
	中国 1 类出口额/$\times10^6$ 美元	3.65	8.95	1.69	4.55
	中国所占比例/%	0.62	1.03	0.17	0.43
9 类食用菌	世界 9 类出口额/$\times10^6$ 美元	336.50	472.58	560.14	646.90
	中国 9 类出口额/$\times10^6$ 美元	104.51	110.18	132.69	152.52
	中国所占比例/%	31.06	23.32	23.69	23.58

资料来源：联合国商品贸易统计数据库（UN COMTRADE）

基于以上分析，本节以2004年、2008年和2011年为界，将时间轴分为四个时期（表3.25）：2002～2004年为第一期；2005～2008年为第二期；2009～2011年为第三期；2012～2015年为第四期。采用以3年或4年为一期的平均值来计算，可以避免由于某一年份出口额变动异常而对分析结果造成的影响，以确保数据的稳定性和可参考性。因此，通过四个不同时期来深入研究我国2002～2015年鲜或冷藏食用菌产品出口贸易变化情况及影响因素是更为合理的。

3.4.2.3 CMS模型测算结果

根据第一层次分解、第二层次分解模型，可得到如下测算结果（表3.26）。

表3.26 CMS出口增长因素模型测算结果（2002～2015年）

增长因素分解		第一阶段		第二阶段		第三阶段	
		绝对额/%	百分比/%	绝对额/%	百分比/%	绝对额/%	百分比/%
出口实际增长		10.97	100	15.25	100	22.69	100
第一层次分解	结构效应	44.00	401.09	21.64	141.94	20.67	91.09
	竞争力效应	-23.64	-215.51	-5.70	-37.38	1.94	8.55
	交叉效应	-9.39	-85.58	-0.70	-4.56	0.08	0.35
第二层次分解	增长效应	48.64	443.36	18.36	120.39	13.46	59.32
	产品结构效应	-4.64	-42.27	3.29	21.55	7.21	31.77
	综合竞争力	-25.98	-236.86	-2.69	-17.66	8.39	36.97
	产品竞争力	2.34	21.35	-3.01	-19.71	-6.45	-28.42
	交叉效应	-9.39	-85.58	-0.70	-4.56	0.08	0.35

资料来源：联合国商品贸易统计数据库（UN COMTRADE）。经计算得出，本节的第一阶段指的是第一期（2002～2004年）到第二期（2005～2008年）的时间跨度，如此类推

（1）第一层次测算结果分析

第一阶段：第一期（2002～2004年）至第二期（2005～2008年）。总体上看，这一阶段我国鲜或冷藏食用菌产品出口额增长幅度较小。根据表3.26，其中结构效应为44.00×10^6美元，占总效应的401.09%，可见结构效应对我国鲜或冷藏食用菌产品出口的促进作用之大；而竞争力效应却为负值，为-23.64×10^6美元，占总效应的-215.51%，其对我国鲜或冷藏食用菌产品出口具有较大的阻碍作用，表明由于第二期受到金融危机的冲击，我国鲜或冷藏食用菌产品在国际市场上出口竞争力明显下降；同时，交叉效应也为负值，占总效应的-85.58%，进一步削减了我国鲜或冷藏食用菌产品出口额。通过对结构效应、竞争力效应和交叉效应的分析，可以看出，虽然结构效应大幅度地拉动出口额增长，但由于这一阶段竞争力效应和交叉效应所起到的强劲反作用力，使得这一阶段出口额仅增加

了10.14%。

第二阶段：第二期（2005～2008年）至第三期（2009～2011年）。由于受到全球金融危机的影响，我国鲜或冷藏食用菌产品出口总额跌至谷底，但之后迅速恢复了增长势头，并在2009～2011年，保持着较高的增长水平。这一阶段我国鲜或冷藏食用菌产品出口额增加了15.25×10^6美元。其中，结构效应为21.64×10^6美元，占总效应的141.94%，有效地促进了我国鲜或冷藏食用菌产品出口额的增长；竞争力效应依然为负值，但数值大幅降低，仅-5.70×10^6美元，占总效应的-37.38%，其对我国鲜或冷藏食用菌产品出口产生的阻碍作用明显减小；交叉效应为-0.70×10^6美元，同样阻碍了我国鲜或冷藏食用菌出口额的增长。这一阶段，我国鲜或冷藏食用菌产品的增长仍然全部是由结构效应拉动，虽然其拉动幅度相较于前一阶段明显降低，但同期竞争力效应和交叉效应的阻碍作用也均大幅度减小，综合的结果是，此阶段我国鲜或冷藏食用菌产品总额的增长更为显著，增幅为12.80%。

第三阶段：第三期（2009～2011年）至第四期（2012～2015年）。2011年之后，因遭受技术性贸易壁垒，我国鲜或冷藏食用菌产品出口总额略微下滑，随后呈现迅速增长态势。在这一阶段，结构效应为20.67×10^6美元，占总效应的91.09%，仍然是促进我国鲜或冷藏食用菌产品出口额增长的关键因素，但与前两阶段相比，其拉动作用逐渐弱化；与此同时，竞争力效应与交叉效应在该阶段均由负值转为正值，即由阻碍出口额增长转变为促进其增长。其中，竞争力效应为1.94×10^6美元，占总效应的8.55%，意味着这一阶段我国鲜或冷藏食用菌产品在国际市场上的竞争力有所提升；交叉效应为0.08×10^6美元，占总效应的0.35%。总体来看，在这一阶段，结构效应、竞争力效应和交叉效应三者共同促进了我国鲜或冷藏食用菌产品出口额的上升，拉动出口额增加了22.69×10^6美元，增幅为16.88%，处于快速的增长阶段。

（2）第二层次测算结果分析

1）从结构效应的分解来看可以分为以下阶段：

第一阶段，结构效应中增长效应的贡献率为443.36%，但产品结构效应却为-42.27%。这说明国际市场食用菌产品进口需求的增加才是我国鲜或冷藏食用菌产品出口额增长的主要原因，而我国出口的鲜或冷藏食用菌产品结构对其出口额增长产生了一定的阻碍作用。

第二阶段，结构效应中增长效应的影响依然很大，贡献率为120.39%，而产品结构效应则由上一阶段的负值转为正值，贡献率为21.55%，这意味着我国出口的鲜或冷藏食用菌产品结构与国际市场进口需求增长较快的食用菌产品相匹配，符合国际市场需求，两者共同拉动我国鲜或冷藏食用菌产品出口增长，分别为这一阶段出口额增长贡献了 18.36×10^6 美元和 3.29×10^6 美元。

第三阶段，结构效应中增长效应作用明显下降，贡献率仅为 59.32%，但仍是促进我国鲜或冷藏食用菌产品出口额增长的主要因素；与此同时，产品结构效应贡献率上升为 31.77%，说明这一阶段我国鲜或冷藏食用菌产品结构与国际市场需求匹配程度进一步提高，有效地拉动了出口额的增长。

2）从竞争力效应的分解来看可以分为以下阶段：

第一阶段，竞争力效应中综合竞争力效应的贡献率为-236.86%，说明受金融危机影响，我国鲜或冷藏食用菌出口综合竞争力处于弱势状态，阻碍了食用菌产品的出口；产品竞争力效应的贡献率为 21.35%，表明我国特定食用菌产品出口份额增长对食用菌产品整体出口额增长具有明显的拉动作用。

第二阶段，竞争力效应中综合竞争力效应虽仍为负值，但贡献率仅为-17.66%，说明我国鲜或冷藏食用菌出口综合竞争力有所改善，虽仍然处于劣势地位，但阻碍作用大幅度减小；而产品竞争力效应却由上一阶段的正值转为负值，贡献率为-19.71%，说明我国特定食用菌产品出口份额增长对食用菌产品整体出口额增长起到了一定的阻碍作用。

第三阶段，竞争力效应中综合竞争力效应较上一阶段显著增强，由-17.66%增长到 36.97%，说明我国鲜或冷藏食用菌产品出口的综合优势开始显现（如政策、汇率变化等综合影响）；但产品竞争力效应却出现弱化迹象，表明我国特定食用菌产品出口份额增长对食用菌产品整体出口额增长依然存在阻碍作用。

3.4.3 研究结论和政策建议

3.4.3.1 研究结论

本节基于我国食用菌产品出口贸易实际，从出口贸易市场的现状、贸易额和贸易产品结构等几个方面，研究分析了我国食用菌产品出口贸易的主要情况，并以此为基础，采用 CMS 模型对我国鲜或冷藏食用菌产品出口变动情况进行了测算，通过分析可以发现：①从考察期来看，我国鲜或冷藏食用菌产品出口的增长主要是由于国际市场对食用菌产品需求的大幅增加（增长效应）；②我国出口的鲜或冷藏食用菌产品结构有所调整，与国际市场需求匹配程度逐步提升（产品结构效应），有效地拉动了出口额的增长；③从发展趋势来看，我国鲜或冷藏食用菌产品出口的综合竞争力优势不断强化（综合竞争力效应），但产品竞争力却逐渐减弱（产品竞争力效应）。

总体而言，国际市场需求变动对我国鲜或冷藏食用菌产品出口贸易的波动具有十分显著的影响，这表明，我国食用菌产品出口贸易对国际市场具有很强的依赖性。此外，我国鲜或冷藏食用菌产品出口在遭受金融危机打击和技术性贸易壁垒之后，能够快速恢复并呈现持续上升态势，主要得益于近年来其综合竞争力效应的增强，强有力地推动了我国鲜或冷藏食用菌产品的出口贸易。

3.4.3.2 政策建议

（1）提升加工保鲜技术水平，不断优化食用菌产品出口结构

面对国际市场需求结构的多元化趋势，应该进一步提升我国食用菌产品加工保鲜技术，不断丰富食用菌产品种类，优化我国食用菌出口产品结构，与国际市场需求相匹配，进一步提高我国食用菌产品占国际市场的出口份额。

（2）发挥我国食用菌产品竞争优势，继续开拓出口贸易市场

目前，我国鲜或冷藏食用菌产品具有一定的竞争力优势，在此基础上，我国食用菌产品出口贸易应在保持传统市场占有率的同时，加大开拓对东欧、东南亚及非洲等新兴市场的出口力度，促进出口多元化发展。

（3）健全食用菌产品生产标准体系，逐步强化产品质量营销

食用菌产品的质量和安全问题是制约我国食用菌产品出口贸易的关键因素，相关部门应建立健全食用菌产品生产标准体系，如生产技术操作规范、农药使用规范、加工过程管理规范等，以确保食用菌产品的质量安全。与此同时，加强检验检疫部门的监管力度，采用国际化标准控制生产过程，从源头上确保食用菌出口产品的质量和品质，提高消费者的消费信心和国际市场竞争力，打破技术性贸易壁垒，扩大我国食用菌产品出口贸易规模。

（蒋琳莉　张俊飚　吴雪莲）

3.5 汇率波动对中国食用菌出口的影响研究——基于引力模型的实证分析

3.5.1 引言

近年来我国食用菌产业取得了长足发展，已成为世界食用菌生产和出口大国，食用菌产品已成为我国出口创汇农产品中的重要一员。同时由于我国长久以来低成本优势所形成的贸易逆差，人民币经常面临着升值压力，而汇率波动和变化与食用菌出口之间存在着紧密的联系。本节正是基于这一大背景，通过引入改进后的引力模型，来探讨汇率波动及变化与我国食用菌出口之间的关系，为我国食用菌产业发展提供实证依据及相应的对策建议。

针对汇率波动对贸易影响的研究由来已久，国外学者对此研究颇多。Grauwe

(1988) 发现汇率波动对贸易的影响有两种效应：收入效应和替代效应。收入效应指汇率波动增加导致出口价值下降，为了减少汇率波动的负面影响，厂商选择增加出口额；替代效应指汇率波动增加会降低风险厌恶型厂商的出口动机，从而导致其出口额减少。Viaene 和 De Vries（1992）则认为汇率波动对贸易的影响与是否存在完善的金融市场密切相关。在金融市场完善的情况下，汇率波动对进口商和出口商的影响方向相反，所以运用金融工具的选择也相反，进口商、出口商二者哪个会因为汇率波动获益，哪个会因为汇率波动受损完全取决于外汇头寸数值符号的正负及厂商风险厌恶水平的高低。我国学者对此也有深入研究，李广众等（2004）发现汇率风险的回归系数随商品或国家不同而相异，此外，不同商品出口至不同国家的数量受到的影响也不同。曹阳和李剑武（2006）发现汇率波动的增加在长期内会减少出口额、增加进口量，而短期内对进出口额影响不大。黄锦明（2010）发现在长期内，中国的出口贸易受到实际有效汇率波动的影响，但对于实际汇率水平的变化反应不敏感，中国的进口贸易也主要受实际有效汇率水平的影响；在短期内，只有进口贸易受到实际有效汇率的负面影响。谷宇等(2007) 的研究更为具体，其认为在短期内，人民币汇率的波动性对进口、出口都表现为负向冲击，但对进口的冲击效应稍大。从长期来看，人民币实际有效汇率的波动性扩大能一定程度上降低贸易顺差。黄飞雪等（2011）在研究中考虑到了汇率制度改革因素，研究结论认为实际汇率波动率对中国向欧元区出口的影响在汇率改革后显现出来，但其影响方向不确定，而且受到国际和国内宏观经济因素的影响。

在探讨汇率变化与农产品出口的研究中，成果也十分丰富。阙树玉等(2010) 的研究表明人民币升值将激励农产品进口：人民币汇率风险越大，农产品进口的价格就越低。王姝（2014）认为，人民币汇率波动性对出口贸易量的影响存在门槛效应，而且由于农产品特殊的产业性质，汇率波动对农产品贸易影响的门槛效应与总产品有很大差异。李妍和周淑芬（2014）通过对中日间的农产品贸易进行分析，结果表明人民币汇率变动与中国对日本农产品出口呈反向变动关系，与中国对日本农产品进口呈正向变动关系，而且人民币汇率上升或下降并未导致初级农产品出口比重明显上升或下降。陈龙江等认为均衡的农产品出口数量由名义汇率水平及汇率风险、外国消费需求及外国价格水平、厂商国内和进口投入成本、农业技术贸易壁垒四类要素决定，并且以广州为例，得到了人民币升值在短期和长期内均对广东农产品出口有显著的负面影响，而汇率波动性风险的影响并不显著；2005 年汇率改革对广东农产品出口存在短期影响，但长期内不存在显著影响的结论（陈龙江，2007；陈龙江和王厚，2011）。

综上所述，汇率波动对产品出口影响的方向和大小并不确定，而且目前在针对食用菌出口的研究中，均未纳入汇率因素，本节试图弥补这一遗憾，同时在分析中，将汇率改革纳入考察的范畴，通过不同时期的跨期对比分析，全方位探讨汇率波动性对中国食用菌出口贸易的影响。

3.5.2 模型设定及说明

引力模型（Gravity Model）最早由 Tinbergen（1962）和 Pöyhönen（1963）引入应用到国际贸易研究领域，他们认为国家间的贸易流向及流量取决于两国的经济规模和地理距离，出口量的大小与进出口国的国民生产总值成正比，与两国间距离成反比。一个最基本的国际引力模型以自然对数形式可表述为

$$\begin{aligned}\ln X_{ij} = &\alpha_0 + \alpha_1 \ln(\text{GDP1}_i) + \alpha_2 \ln(\text{GDP2}_j) + \alpha_3 \ln(\text{GDP1}_j)\\ &+ \alpha_4 \ln(\text{GDP2}_j) + \alpha_5 \ln(\text{ditance}_{ij}) + \mu_{ij}\end{aligned} \tag{3.14}$$

式中，X_{ij}为 j 国向 i 国的出口额；GDP1_i和 GDP1_j分别为 i 国和 j 国的国内生产总值；GDP2_i和 GDP2_j为两国的人均 GDP；distance 为两国之间绝对距离；u_{ij}为随机误差项。

后来的学者在该模型的基础上，增加了一系列其他变量，使模型估计更加准确，包括了优惠贸易协定（Linneman，1966）、政治稳定性、文化相似度和殖民历史（Srivastava and Green，1986）等。本节在参考已有研究的基础上，对双边贸易引力模型进行了适当改进：

$$\begin{aligned}\text{Exportweight}_{i,t} = &\alpha + \beta_1 \text{Rmbfluct}_t + \beta_2 \text{Exrate}_{i,t} + \beta_3 \text{GDPchina}_t + \beta_4 \text{GDP}_{i,t}\\ &+ \beta_5 \text{PerGDP}_{i,t} + \beta_6 \text{Distance}_i + \beta_7 \text{Boundary}_i\\ &+ \beta_8 \text{Tradeunion}_i + \beta_9 \text{Crisis}_t + \varepsilon_{i,t}\end{aligned} \tag{3.15}$$

$$\begin{aligned}\text{Exportvalue}_{i,t} = &\alpha + \beta_1 \text{Rmbfluct}_t + \beta_2 \text{Exrate}_{i,t} + \beta_3 \text{GDPchina}_t + \beta_4 \text{GDP}_{i,t}\\ &+ \beta_5 \text{PerGDP}_{i,t} + \beta_6 \text{Distance}_i + \beta_7 \text{Boundary}_i\\ &+ \beta_8 \text{Tradeunion}_i + \beta_9 \text{Crisis}_t + \varepsilon_{i,t}\end{aligned} \tag{3.16}$$

其中，模型中主要变量解释及其数据来源如下：

1）食用菌出口量（$\text{Exportweight}_{i,t}$）和食用菌出口额（$\text{Exportvalue}_{i,t}$），即在 t 时期中国向 i 国出口的食用菌贸易净重量（net weight）与贸易额。由于联合国商品贸易统计数据库的商品编码中并无“食用菌”这一确切栏目项，因此本节参照 HS 标准的六位编码，选择了 13 种商品的贸易总量进行分析，分别是：070951（鲜或冷藏的伞属菌蘑菇）、070952（鲜或冷冻的块菌）、070959（鲜或冷藏的其他蘑菇及块菌）、071151（暂时保存的蘑菇及菌块）、071159（其他暂时保存的蘑菇及菌块）、071230（干制食用菌）、071231（干伞属菌蘑菇）、071232（干木耳）、071233（干银耳）、071239（其他干蘑菇及菌块）、200310（非醋方法制作或保存的伞属菌蘑菇）、200320（非醋方法制作或保存的块菌）和 200390（非醋

方法制作或保存的其他蘑菇)。经过搜索数据库和统计验证,该数据加总基本可以代表食用菌产品贸易量和贸易额。

2)人民币汇率波动($Rmbfluct_t$),即 t 时期人民币的汇率波动。汇率波动代表了货币价值的不稳定性,会对国家之间贸易的稳定和增长产生直接影响,同时也会对我国食用菌出口产生一定传导作用。测量汇率波动的方法有很多,如即期减前一期与前一期的比值计算法(张伯伟和田朔,2014),借鉴 Tenreyro(2007)的做法,采用以下公式计算汇率波动:

$$Rmbfluct_t = Std.\ dev[\ln(e_{tm}) - \ln(e_{tm-1})] \tag{3.17}$$

式中,e_{tm} 为人民币在 t 年 m 月的实际有效汇率指数(effective echange rate),$m=1, 2, \cdots, 12$。

3)各国汇率指数($Exrate_{i,t}$)。除了需要考虑人民币币值波动本身对于贸易的影响外,还需要考虑相对汇率的影响。进口国货币汇率上升,表明人民币相对汇率下降,中国出口产品价格更便宜,出口量也就更多,因此预期此变量的系数为正。因为各国的有效汇率指数是根据贸易比例进行加权得到的指数,不仅数值的上升与下降分别直接代表了本国货币的升值或者贬值,同时还消除了通货膨胀的因素。

4)出口国,即中国的 GDP($GDPChina_t$),代表了中国在 t 年的生产能力。一般贸易理论认为,出口国的 GDP 越大,贸易流量就越大,因此预期这一变量的系数符号为正。

5)进口国 GDP($GDP_{i,t}$),代表了进口国 i 在 t 时期的生产能力和经济发展水平。但在国际贸易理论中,经济大国之间的贸易通常发挥着重要作用,其双边贸易流量也更大,因此预期该变量的系数为正值。

6)进口国人均 GDP($Pergdp_{i,t}$),代表了进口国家 i 在 t 时期的需求能力,其数值越大,代表其国家的居民收入和消费水平越高。食用菌作为一种健康保健型农产品,只有在居民具备了一定的经济能力之后才会消费,因此预期该变量的系数符号为正。

7)两国之间距离($Distance_i$),即贸易双方之间的运输成本。两国距离越远,则运输成本越高,风险越大,贸易额也就越少,因此预期该变量的系数符号为负。本节选取的是进口国与出口国双方的最重要城市(经过人口加权)之间的地理距离。

此外,本节引入部分虚拟变量,更加完整地刻画影响食用菌出口的其他因素,包括进口国是否同属于亚洲太平洋经济合作组织(APEC)($Tradeunion_i$),是否与中国临界($Boundary_i$),变量数据均来自法国 CEPII 数据库。最后,本节还考虑了经济危机($Crisis_t$)对于我国食用菌出口的影响作用。在样本期间内,我国曾经历过两次大型经济危机，即1997年亚洲金融危机和2008年世界性经济危机，因此样本属于1997~1999年和2008~2009年的，Crisis赋值为1。

为了探究人民币汇率波动与其他因素的交互作用对食用菌出口的影响，本节还引入了Rmbfluct×Exrate、Rmbfluct×GDPchina、Rmbfluct×GDP，以及Rmbfluct×PerGDP四个交互项变量，并将其纳入回归方程中，以便观察相对汇率、中国及进口国GDP、进口国人均GDP对汇率的出口传导机制有无中介作用。

3.5.3 样本选择及数据来源

本节选择了1994~2015年中国14个食用菌出口国（地区）的贸易数据，分别是：中国香港、泰国、马来西亚、日本、美国、俄罗斯、韩国、新加坡、德国、意大利、菲律宾、荷兰、加拿大和法国。选择这些国家（地区）的原因是，它们不仅是全球食用菌贸易量较大的国家（地区），而且也兼顾到了发达国家（地区）和发展中国家、各大洲的国家分布，以及变量数据的可获性。

食用菌出口贸易数据来自于联合国商品贸易统计数据库。实际有效汇率指数来自于国际清算银行（BIS）数据库，采用的是经过CPI加权的广义指数，基准期为2010年。中国及进口国GDP、人均GDP来自国际货币基金组织（IMF）的WEO（World Economic Outlook）数据库，采用的是1993年不变美元价格。距离、临界变量均来自法国CEPII数据库。

为了消除变量量纲的影响，以及更好地对模型结果进行解释，本节对除了虚拟变量之外的解释变量及被解释变量均进行了对数化处理。同时，由于模型中引入了虚拟变量，会导致个体固定效应模型无法使用，因此采用混合数据的广义最小二乘（GLS）估计法。最后，为了处理误差项的序列相关和同步相关等复杂结构，在模型中参照Beck和Katz（1995）相关研究，使用面板校正标准误（PCSE）的方法得到稳健的标准误差，并报告在各表中。

3.5.4 实证结果及结论

3.5.4.1 模型结果及其分析

原模型的运行结果可从表3.27中的第2、第4列获得。从变量的系数可以看出，进口国相对汇率、中国GDP、进口国GDP及其人均GDP、两国距离和贸易组织变量对我国食用菌出口的贸易量或贸易额产生显著影响。其中，进口国实际有效汇率每提高1%，我国食用菌出口数量和金额分别提高1.41%和1.99%，两国之间的距离每增加1%，出口量和出口额平均而言就要减少大约0.4%，中国对同属于APEC国家的食用菌出口量值要比非APEC国家平均多出近60%。此外，传统模型中的其他主要变量，即进出口国家GDP，在中国食用菌出口模型中影响依然显著。而且，代表需求水平的进口国人均GDP对食用菌出口的影响也是显著的，这体现了食用菌作为非必需消费品的贸易特性。

表 3.27 实证回归结果

	贸易量 Exportweight		贸易额 Exportvalue	
	原模型	含交互项	原模型	含交互项
Rmbfluct	-1.450 *** (0.264)	-25.904 *** (7.732)	-0.824 *** (0.247)	-16.868 ** (7.292)
Exrate	1.410 *** (0.533)	14.647 ** (7.244)	1.989 *** (0.499)	13.287 * (6.832)
GDPChina	0.186 ** (0.081)	1.261 (1.005)	0.615 *** (0.076)	-1.340 (0.948)
GDP	0.384 *** (0.069)	0.939 (0.912)	0.296 *** (0.065)	0.866 (0.860)
PerGDP	0.254 *** (0.091)	3.449 *** (1.233)	0.390 *** (0.086)	3.282 *** (1.163)
Distance	-0.489 *** (0.147)	-0.470 *** (0.141)	-0.421 *** (0.138)	-0.416 *** (0.133)
Boundary	0.820 *** (0.211)	0.831 *** (0.202)	0.512 *** (0.197)	0.515 *** (0.190)
Tradeunion	0.585 *** (0.197)	0.632 *** (0.189)	0.637 *** (0.184)	0.656 *** (0.178)
Crisis	0.291 (0.180)	0.229 (0.173)	-0.000 (0.167)	-0.029 (0.163)
Rmbfluct×Exrate	—	3.105 * (1.695)	—	2.377 * (1.599)
Rmbfluct×GDPChina	—	0.250 (0.235)	—	-0.462 ** (0.222)
Rmbfluct×GDP	—	0.131 (0.212)	—	0.134 (0.200)
Rmbfluct×PerGDP	—	0.745 *** (0.287)	—	0.675 ** (0.271)

续表

	贸易量 Exportweight		贸易额 Exportvalue	
	原模型	含交互项	原模型	含交互项
Constant	0.528 (3.337)	−104.147*** (33.187)	−3.024 (3.120)	−71.203** (31.299)

注：括号内数值为面板校正标准误；***、**和*分别表示在1%、5%和10%水平上显著

然而，人民币汇率波动对贸易量和贸易额均产生了显著的负向影响。这说明了，汇率波动越大，市场越不稳定，那么相应的产品出口量也会降低。同时，食用菌出口的边界效应在贸易量模型中表现更为明显，即中国对邻国（地区）的食用菌出口总净重要比其他国家平均要高82%。此外，经济危机对食用菌出口的影响并不显著，这一点与其他出口研究不太相符，但还有更深层次的原因，后文会对此进行研究和介绍。

在加入交互项之后，模型回归结果列于表3.27第3列、第5列。从模型结果可以看出，汇率波动的影响依然显著，而且系数值提高很多，这说明人民币汇率波动对于食用菌出口的抑制作用是非常大的，汇率波动带来的贸易风险对于进口国家来说不容忽视。同时，相对汇率对于出口贸易的影响系数也变得更大，因此汇率浮动所产生的商品价格变化对于出口的传导作用大小得到了更精确的估计，即进口国实际有效汇率每降低1%，中国食用菌出口量和出口额分别减少14.6%和13.3%，这说明了在贸易中，并不存在绝对优势，在相同质量水平的条件下，低成本、低价格的产品仍然更受欢迎。然而，中国的GDP、进口国的GDP的影响变得不再显著，同时，经济危机对于贸易额的负面影响依然不明显。

就交互项而言，进口国相对汇率的提高削弱了汇率波动对于出口的负面影响，平均而言，相对汇率每提高1%，汇率波动对出口的抑制作用就要减少3.11%和2.38%。这说明了，在人民币汇率波动的背景下，价格的出口优势显著。同时，在食用菌出口额方面，中国的GDP会加剧汇率波动对于出口额的影响。这可能是因为，随着中国经济体量的增加，有更多的产品参与到国际贸易中，一旦汇率出现大幅度的波动，食用菌这一类的小众农产品将最有可能受到牵连。最后，进口国的人均GDP对汇率波动的贸易影响产生显著的缓冲效果，这可能是因为在食用菌国际贸易中，消费能力发挥着更为重要的促进效应。

3.5.4.2 考虑汇率改革的制度影响

2005年我国进行了人民币汇率改革，建立健全了以市场供求为基础，参考一篮子货币（basket of currencies）进行调节的浮动汇率制度，汇率改革的重要目标之一就是增加人民币的汇率弹性（丁剑平，2006），而更大的汇率弹性带来的

是更强的汇率波动，因此也会对我国的产品出口产生影响。为了探讨汇率改革前后，各影响因素对食用菌出口量和出口额的影响，将样本期间以2005年为时间点，划分为改革前和改革后（含2005年）进行分组回归，结果见表3.28。

表3.28 汇率改革前后比较分析结果

	贸易量 Exportweight		贸易额 Exportvalue	
	改革前	改革后	改革前	改革后
Rmbfluct	−2.412*** (0.406)	−0.004 (0.243)	−1.063*** (0.319)	0.104 (0.300)
Exrate	0.523 (0.701)	0.620 (0.643)	1.369** (0.550)	0.599 (0.794)
GDPChina	−0.429*** (0.167)	−0.116 (0.108)	−0.344*** (0.131)	0.561*** (0.133)
GDP	0.316*** (0.101)	0.411*** (0.056)	0.320*** (0.079)	0.215*** (0.069)
PerGDP	0.581*** (0.138)	−0.188*** (0.072)	0.585*** (0.108)	0.047 (0.089)
Distance	−0.712*** (0.232)	−0.352*** (0.111)	−0.537*** (0.183)	−0.371*** (0.137)
Boundary	0.555* (0.316)	1.080*** (0.166)	0.347 (0.248)	0.641*** (0.205)
Tradeunion	0.464 (0.300)	0.502*** (0.155)	0.367 (0.236)	0.637*** (0.191)
Crisis	−0.102 (0.242)	−0.039 (0.187)	−0.455** (0.189)	−0.154 (0.231)
Constant	4.208 (5.065)	16.500*** (3.582)	4.796 (3.977)	11.759*** (4.418)

注：同表3.27

可以看出，汇率制度改革后，人民币汇率波动对食用菌出口贸易的影响较弱，而且相对汇率的作用也被弱化。这可能是因为在2005年及以后，技术性壁垒的直接影响已经超过汇率浮动的间接传导作用，逐渐成为影响国际间农产品贸易的重要因素。其大背景是，在食品安全越来越受到各国重视的情况下，各国一方面保护本国产业，另一方面为保障进口食品的安全，纷纷设置了不同程度的贸易绿色壁垒，极大地影响了中国的食用菌出口贸易。例如，日本从中国进口食用菌的数量逐年递减，2012 年较 2000 年相比减少了近 4000 万 t，其中很大一部分原因就要归结于日本极高的绿色壁垒，如日本厚生劳动省颁布的“肯定列表制度”（李鹏，2012）。在这种情况下，即使中国出口的食用菌具有很大的价格优势，由于产品质量的原因，也不能大举出口之旗。值得注意的是，在经济危机前后，中国食用菌贸易额出现了显著的降低，但是在汇率制度改革后，经济危机对于食用菌出口贸易的影响变得不在显著，说明我国的汇率制度改革为贸易稳健发展提供了一定保障。

3.5.5 结论及政策启示

本节利用 1994 ~2015 年中国与 14 个进口国（地区）的面板贸易数据，考虑 GDP、距离等因素，对人民币汇率波动，以及进口国的相对汇率变化对中国食用菌出口的影响进行了实证分析，得到如下结论：

1）中国 GDP 的增长、与进口国（地区）较短的地理距离、同属于 APEC 组织，以及进口国人均 GDP 均等因素对食用菌出口产生了显著的正面促进作用。这说明了降低贸易成本、减少贸易中的潜在风险，直接促进了食用菌贸易的增长。此外进口国 GDP 增长和邻国效应在食用菌出口量上具有更为明显的推动力。

2）就整个样本期而言，人民币汇率的波动对食用菌出口产生了显著的负面影响，进口国货币相对汇率的提高也有助于出口。与此同时，进口国货币汇率的提高减轻了汇率波动对于出口的抑制，进口国的 GDP 增长也能够消除一部分汇率波动所带来的我国食用菌出口的整体风险。

3）汇率制度改革后，人民币汇率波动和进口国汇率变化对中国食用菌出口的影响均被弱化，可能的原因是进口国采取的技术性贸易壁垒遏制作用更为明显，而汇率变动对价格的传导作用被削弱。同时，汇率制度改革对我国贸易稳定持续增长提供了帮助。

根据以上结论，特提出中国食用菌产业发展的政策建议如下：

1）广泛缔结贸易伙伴，强化相互之间的合作关系。中国食用菌产品在国际上具有明显的比较优势，其市场需求广泛。因此与进口国同属于一个贸易集团不仅能降低双边贸易成本，也对中国食用菌扩张市场、拓展销路、促进产业发展产生助推作用。

2）稳步推进汇率形成机制市场化的同时，警惕汇率风险给食用菌贸易和整个产业带来的冲击。就目前的研究结果而言，人民币的汇率波动和变化对食用菌出口的影响并不显著，但从长期过程来看，其潜在影响将十分巨大，因此汇率风险的防范必不可少。此外，经济增长和提高生产能力对弱化风险发生具有积极作用，增强自身经济实力是抵御贸易风险最稳健的方法。

3）提升产品自身检测标准，增加检测标准数量，建立完备的国际化食用菌产品标准体系。发达国家设立的绿色和技术性壁垒严重制约了中国食用菌贸易的进一步扩张，因此提高产品自身质量是突破贸易限制的最有效途径，同时也能够确保贸易和产业的长远发展。

（童庆蒙　张俊飚　丰军辉）

3.6　世界主要蘑菇贸易国出口竞争力比较分析

3.6.1　引言

进入21世纪以来，世界蘑菇产业快速发展，各主要蘑菇生产国的产量持续快速增长，2002年世界蘑菇（含块菌，下同）总产量为4.73×10^7t，而到2011年则为7.72×10^7t，年均增长5.02%。由于全球一体化与贸易自由化的趋势加强，以及蘑菇的食疗价值在近年来越来越受关注，蘑菇在世界市场上具有较高的需求，世界蘑菇贸易呈现较为繁荣的景象，2011年世界出口量和进口量分别为5.32×10^5t和5.79×10^5t，出口值和进口值分别为16.4亿美元和16.8亿美元。在世界蘑菇贸易迅速发展的同时，蘑菇贸易的摩擦也进一步升级，各种贸易纠纷层出不穷，主要表现为技术性贸易壁垒。而中国由于技术上与世界蘑菇主要生产国还存在一定差距，出口的蘑菇产品质量参差不齐，在国际贸易中频频遭受技术性贸易壁垒的制约。

蘑菇属于农产品的一种，关于农产品的出口竞争力的研究较多，高在模和于明根（2010）从生产率、价格、贸易成果三个方面对中、韩农业竞争力进行了分析，指出中国农产品在国际市场上的价格竞争力强，但是中国农产品的生产率却是落后的；Portia Ndou和Ajuruchukwu Obi（2011）利用固定市场份额（CMS）模型，衡量南非柑橘产业在国际市场上的出口竞争力，认为南非的橙子和柠檬的竞争力是由于该国柑橘产业所选定的市场竞争力的结果；Perry和Woods（1995）从生产、加工、贸易前景等方面对古巴柑橘产业进行了分析。而直接研究蘑菇贸易国的出口竞争力的文献不多，乔雯等（2008）对世界蘑菇的贸易动向进行了深入分析，得出世界蘑菇罐头出口贸易集中度较高，中国与荷兰在出口中占据绝对主导地位，且两国在美国市场上存在激烈的竞争；李鹏等（2010）运用国际市场占有率等指标定量计算了中、荷、德、法四国食用菌的贸易竞争力，就综合竞争力来说，2003年前是荷兰竞争力最强，法国、德国并列，中国最弱，2003年之后，中国的竞争力仅次于荷兰，究其原因，技术壁垒的存在使中国主动调整和反思，进而更适应国际市场。王晶和郭翔宇

(2012) 分析了中国冷、鲜蘑菇产品进出口贸易现状和国际竞争力，由于出口市场相对集中，而主要进口国对产品质量的要求提高，我国在近几年的出口有所下降。基于此，研究和比较世界主要蘑菇贸易国的出口竞争力，发现具有较强竞争的出口国的优势，对我国了解出口面临的国际市场环境、减少贸易纠纷和提高蘑菇出口竞争力具有重要意义。

3.6.2 世界主要蘑菇贸易国的贸易状况

根据 FAO 数据库 2002~2011 年的数据，世界蘑菇贸易状况如图 3.10 所示，从图中可以看出，世界蘑菇贸易在这十年间较为活跃，虽然其中经历了 2008 年的金融危机，危机对世界总的进出口贸易造成了较大影响，但整体影响不大，蘑菇进出口值只在 2008~2009 年出现小幅下降，而并没有造成进出口量的下降。2011 年蘑菇出口量排名前五的国家为波兰、荷兰、爱尔兰、中国和比利时，分别占世界总出口量的 32.90%、18.70%、7.01%、6.23% 和 6.04%。2011 年蘑菇出口值排名前五的国家为波兰、荷兰、中国、爱尔兰和加拿大，分别占世界总出口值的 22.76%、17.14%、9.86%、7.85% 和 6.49%。基于此，本节选取 2011 年出口量和出口值都排在世界前四名的波兰、荷兰、中国和爱尔兰作为研究和比较的对象，比较分析其在 2002~2011 年出口竞争力的强弱与高低。

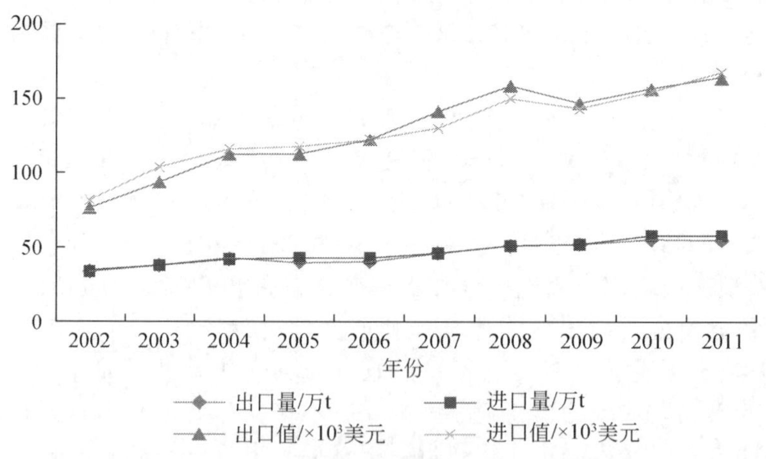

图 3.10 2002~2011 年世界蘑菇进口量及进出口值

3.6.3 出口竞争力评价指标的计算和分析

经济学家给出了较多国际竞争力评价指标的计算标准，而本节研究的是世界主要蘑菇贸易国的出口竞争力，所以主要选取以蘑菇出口量等数据为基础的评价指标，以求更为直观地反映各国蘑菇出口竞争力的大小。

3.6.3.1 国际市场占有率

国际市场占有率（WMS）能够较为直观地反映出某一产品的出口竞争力的强弱。其计算公式为

$$WMS_{ij}=X_{ij}/W_{ij} \tag{3.18}$$

式中，X_{ij}和X_{wj}分别为j产品的i国出口总额和世界出口额。WMS值越大说明出口竞争力越强。

从图3.11可以看出，从2002~2011年，在四个主要蘑菇贸易国中，波兰的国际市场占有率上升较快，2004年之后市场占有率一直居第一位，出口竞争力最强；荷兰的国际市场占有率在2004之前居世界第一位，而2004~2005年出现大幅下降，之后稳步上升，2007年之后保持较高的国际市场占有率；爱尔兰和中国的国际市场占有率呈现波动向下的趋势。

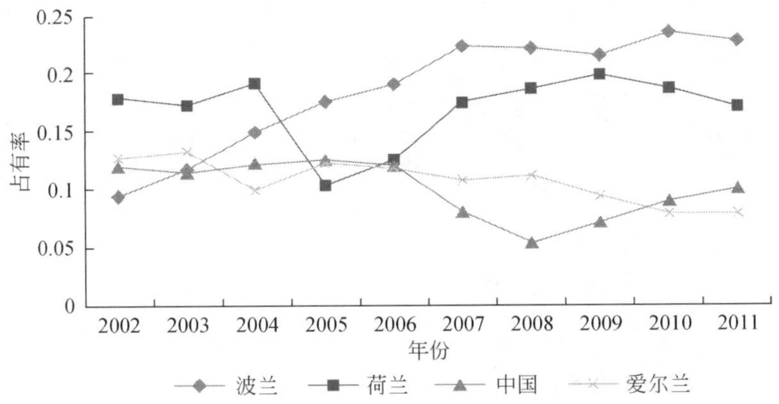

图3.11 2002~2011年世界主要蘑菇贸易国国际市场占有率

注：图中所列的中国的数据不含港、澳、台地区的数据

3.6.3.2 显示性比较优势指数

显示性比较优势指数（RCA）为一国某产品占其出口总值的份额与世界该产品占世界出口份额的比率：

$$RCA_{ij}=(X_{ij}/X_{wj})/(X_i/X_w) \tag{3.19}$$

式中，X_{ij}和X_{wj}分别为j产品的i国出口总额和世界出口额；X_i和X_w分别为i国所有产品和世界所有产品的出口总额。一般来说：当$RCA_{ij}\geqslant 2.5$时，表明i国j

产品的国际竞争力很强；当 $1.25<RCA_{ij}<2.5$ 时，表明 i 国 j 产品的国际竞争力较强；当 $0.8<RCA_{ij}<1.25$ 时，表明 i 国 j 产品的国际竞争力中等；当 $RCA_{ij}<0.8$ 时，表明 i 国 j 产品在国际上缺乏竞争力。

从图 3.12 来看，就各国出口竞争力的横向比较来说，波兰的出口竞争力最强，爱尔兰次之，荷兰再次之，中国排在最后；就各国出口竞争力的变化趋势来说，波兰的蘑菇出口竞争力总体保持向上的趋势，只在 2007～2009 年由于金融危机的影响有所降低，爱尔兰的蘑菇出口竞争力起伏较大，荷兰的蘑菇出口竞争力变化趋势相对平稳，而中国的蘑菇出口竞争力从 2002～2008 年一直下降，从 2008 年之后，保持上升的趋势。

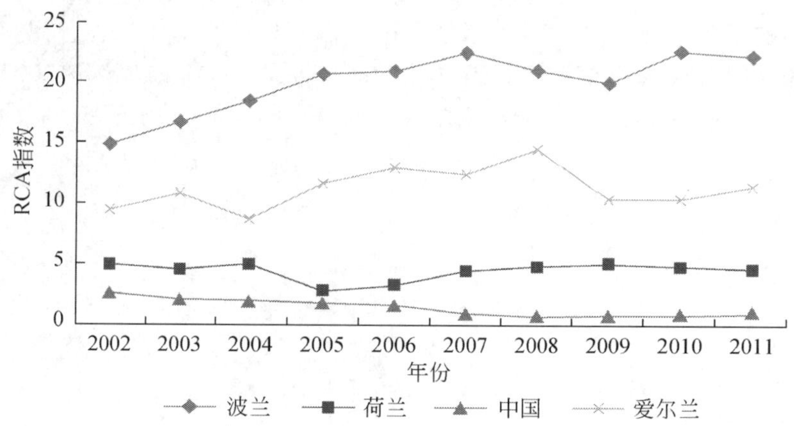

图 3.12　2002～2011 年世界主要蘑菇贸易国显示性比较优势指数

注：图中所列的中国的数据不包含港、澳、台地区的数据

3.6.3.3　相对贸易优势指数

相对贸易优势（RTA）指数，是用相对出口优势指数即显示性比较优势指数（RCA）减去相对进口优势指数（RMA），具体计算公式为

$$RMA_{ij}=(M_{ij}/M_{wj})/(M_i/M_w) \tag{3.20}$$

$$RTA_{ij}=RCA_{ij}-RMA_{ij}=(X_{ij}/X_{wt})/(X_i/X_w)-(M_{ij}/M_{wt})/(M_i/M_w) \tag{3.21}$$

式中，X_{ij} 和 X_{wj} 分别为 j 产品的 i 国出口总额和世界出口额；X_{it} 和 X_{wt} 分别为 i 国所有产品和世界所有产品的出口总额；M 为相应的进口值。RTA 为正，表明该国生产该种产品具有相对优势；RTA 为负，表明该国不具有贸易优势。根据 RTA 值的大小，可将产品的优势分为强优势（RTA≥1）、弱优势（0≤RTA<1）、弱劣势（-1≤RTA<0）和劣势（RTA<-1）。

从图 3.13 可以看出，2002～2011 年，波兰的相对贸易优势指数最高，远远高于其他三国，只在 2007～2009 年有小幅下降；爱尔兰的相对贸易指数在 2008 年之前较高，说明其生产的蘑菇在国际市场上具有较强的竞争力，而 2008 年之后其相对贸易指数迅速下降，2009～2010 年小于荷兰和中国，在 2011 年甚至小于-1，说明该国蘑菇在国际市场上处于劣势；荷兰的相对贸易指数变化不大；中国的该指数总体变化不大，但处于下降的趋势。

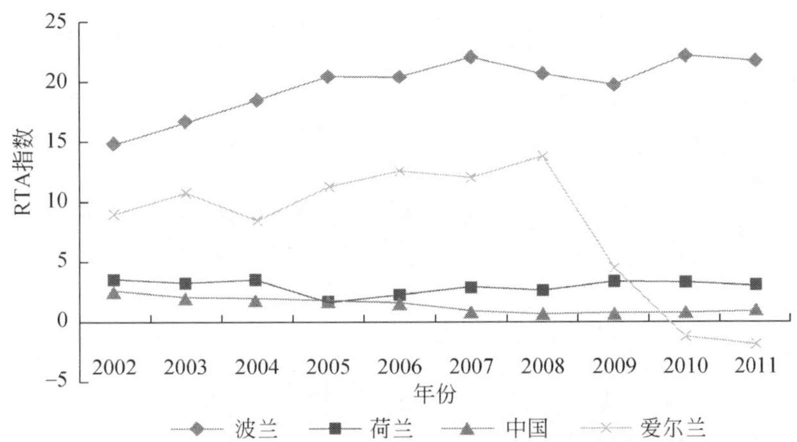

图 3.13　2002～2011 年世界主要蘑菇贸易国相对贸易优势指数

注：图中所列的中国的数据不包含港、澳、台地区的数据

3.6.3.4　显示性竞争力指数

为了使衡量指标更具对称性，Vollrath（1992）在相关研究的基础上提出了采用显示性出口比较优势指数和进口比较优势指数取对数后的差，即显示性竞争力指数（RC）来衡量出口竞争力的优劣势，其计算公式如下：

$$RC_{ij}=(RCA_{ij})-\ln(RMA_{ij}) \tag{3.22}$$

若 $RC_{ij}>0$，则表明 i 国 j 产品具有竞争优势；若 $RC_{ij}<0$，则表明没有竞争优势。

从图 3.14 可以看出，整体上四个主要蘑菇贸易国的竞争力都较强，波兰和中国的显示性竞争力指数较高，交替领先，说明两个的出口竞争力也是交替领先；爱尔兰的 RC 指数变化较大，2008 年之前较高，2008 年后下降较快，2010 年之后小于 0，说明其出口竞争力下降较快；荷兰的整体出口竞争力起伏不大。

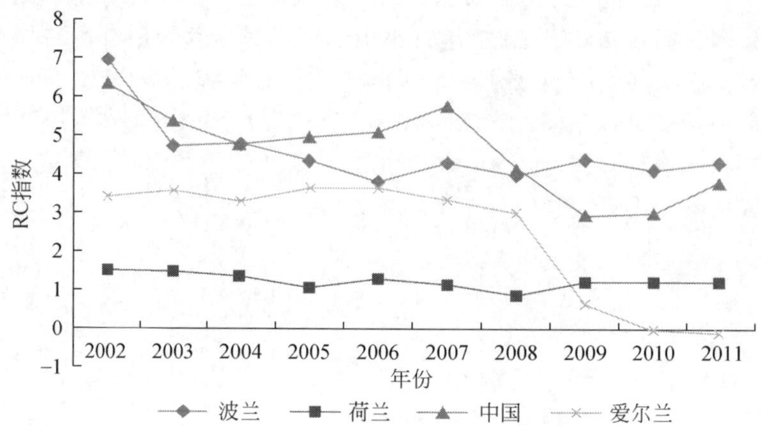

图 3.14　2002～2011 年世界主要蘑菇贸易国显示性竞争力指数

注：图中所列的中国的数据不包含港、澳、台地区的数据

3.6.4　主要结论与政策建议

3.6.4.1　主要结论

通过对 2002～2011 年四个主要蘑菇贸易国蘑菇产品的国际市场占有率、显示性比较优势指数、相对贸易优势指数和显示性竞争力指数的测算和比较之后发现，波兰的出口竞争力最强，荷兰各项指数一直较为稳定，有较强的出口竞争力，爱尔兰各项指数波动较大，2010 年之前位于第二，但在 2010 年后落后于其他三国，且缺乏竞争力，而中国的出口竞争力相比其他三国则稍弱，且近年来呈现下降的趋势。

中国蘑菇的出口竞争力相比其他三国不强的主要原因如下：一是中国蘑菇产量出口的比例较低，且出口相对集中，因此在国际市场上的占有率不高。二是中国蘑菇产业链条还有待完善，政府对大部分蘑菇产品的产前研发投入不足，产品的产后处理欠缺，这些都严重制约了我国蘑菇产业的国际竞争力。在其他的相关行业方面，中国也较为落后。三是中国蘑菇生产的技术相对较为落后，生产的产品安全质量和品质参差不齐，缺乏标准化的生产管理，比较容易受到技术壁垒的制约。

3.6.4.2　政策建议

结合以上各项比较和分析，为提高中国的蘑菇产品的出口竞争力，提出如下政策建议：一是面向国际市场的需求，提高蘑菇的品质。主要依靠提高栽培蘑菇的生产技术，加大科研投入，生产安全无公害的绿色产品，在国际贸易中减少技术壁垒的制约。二是完善中国蘑菇产业的链条。目前世界蘑菇贸易以蘑菇罐头为主，要求我国完善蘑菇深加工的链条，通过链条的延伸提高蘑菇的利润率。三是加大政府扶持力度，培育大型的蘑菇栽培企业主体，增强抵御国际市场风险。

（朱 烨 张俊飚）

3.7 中国与东盟主要国家食用菌双边贸易效率及潜力研究——基于随机前沿引力模型

近年来中国食用菌产业取得了长足的发展，食用菌的生产与需求都有了巨大的增长，并且已经成为世界食用菌生产第一大国。食用菌也已经成为继粮食、果品和蔬菜后我国的第四大种植产业，具有巨大的发展潜力。食用菌也因其丰富的营养和安全性，越来越受到消费者的青睐，成为中国重要的出口创汇农产品之一。东盟是世界上食用菌主要的消费集中地之一，而中国与东盟一直是友好的贸易伙伴关系，自 2002 年中国与东盟签署《中国－东盟全面经济合作框架协议》并启动自贸区建设以来，双方在商品贸易、服务贸易等多个贸易领域取得了不菲的成绩。截至 2015 年底，中国与东盟食用菌贸易量达到 156 267 万 t，贸易额达到 13.37 亿美元，而且已连续 7 年成为东盟最大的贸易伙伴。在此背景下，中国与东盟的双边贸易状况究竟如何呢？哪些因素促进或者阻碍了相互之间的贸易？中国与东盟的食用菌贸易效率如何？了解这些问题对于促进双边食用菌产品的贸易和交流具有重要的现实意义。

3.7.1 文献综述

中国与东盟各国的双边贸易问题一直是众学者的研究热点，目前主要基于宏观的整体状况对双边的贸易情况进行分析。部分学者研究了中国与东盟各国的贸易现状、问题与对策。例如，保健云（2008）运用 1970～2003 年的中国与东盟北部四国、南部六国对外贸易增长的比较分析，发现双边的发展前景及目前存在发在不平衡和不确定性性风险、贸易摩擦等问题，并提出了相关政策建议。对于双边贸易情况有一个比较清晰的认识之后，部分学者开始探究各种因素对于双边贸易发展的影响。例如，乐静（2012）基于传统的贸易理论分析了贸易成本对于中国与东盟双边贸易发展的影响，最后发现运输成本是影响双边贸易的主要因素，因此提出了要降低运输成本的建议。同样分析贸易成本对于双边贸易影响的还有丁媛媛（2012）、方虹等（2010）等。其中方虹等（2010）运用改进的引力模型，对 1992～2007 年中国与 28 国的双边贸易成本进行了测度，结论表明，中国的贸易成本呈现下降趋势，中国与发达国家的双边贸易成本低于发展中国家；汇率的变化带来了贸易成本的上升，贸易成本对地理距离的弹性呈逐渐减少趋势，历史联系紧密的贸易双方信息成本等相对较低。基于中国与主要贸易伙伴国的双边贸易成本呈不断下降趋势，并且还有继续下降的空间，最后提出了中国应继续挖掘贸易成本下降的途径，继续提高出口竞争力的政策建议。

引力模型是探究双边贸易影响因素重要的分析工具，中国学者基于引力模型的分析也很多。例如，邓丽春（2013）也运用了引力模型对于中日的双边贸易进行了分析，并从进口和出口两个层次对双边贸易的影响因素进行了研究。部分学者将双边的农产品贸易纳入分析框架。例如，崔琛（2013）利用引力模型对中、日、韩三国的水产品贸易流量的影响因素进行分析取证，并分析了中、日、韩水产品自由贸易区建立对贸易量的影响。虽然引力模型可以较好地分析影响双边贸易的因素，但是对于贸易效率的测算更是学者关心的重要问题。屠年松和李彦（2016）利用随机前沿的引力模型分析了影响中国与东盟国家双边贸易效率的因素，并对贸易效率进行了分析，发现应不断提高海上丝绸之路的建设来提升双边贸易效率，释放贸易潜力。丁丽红和朱智洛（2016）运用随机前沿引力模型，系统分析了中国对东盟国家的农产品出口效率及潜力，研究结果显示，东盟国家中，中国对马来西亚、印度尼西亚、越南的农产品出口效率最高，对应的出口潜力提升空间较为狭小。

通过对部分学者相关研究成果的回顾可以发现，中国与东盟的双边贸易一直是相关领域的研究热点，引力模型也是分析双边贸易状况的重要工具，现有的研究为本节提供了丰富的理论和工具基础。遗憾的是，既有的相关研究虽然对农产品的贸易展开了分析，但是具体到某一种类尤其是食用菌的贸易问题研究则很少。为此，本节试图利用随机前沿的引力模型对中国与东盟的食用菌双边贸易情况进行分析，了解食用菌贸易的影响因素及目前中国与东盟的贸易效率，以期丰富相关研究。

3.7.2 中国与东盟主要国家食用菌贸易现状分析

3.7.2.1 贸易总体概况

自20世纪90年代以来，东盟与中国之间的双边贸易额不断增加，呈现出稳步增长的趋势。本节选取的研究对象样本中包括了东盟5个主要成员国，即印度尼西亚、马来西亚、菲律宾、新加坡和泰国。据统计，在2009年之前，这5个国家的食用菌出口额占到东盟的90%左右，近几年虽然出口份额在10国中有所减少，但仍占据主要地位。

图 3.15 为 2001～2015 年中国食用菌与东盟主要的 5 个国家的贸易总量及贸易总额情况。总体来看，中国在这 15 年间与东盟主要国家的食用菌贸易总量与贸易总额呈现波动上升的趋势。2001～2005 年，中国食用菌产量快速增长，2005 年贸易量达到 4500 万 t 左右，在 2006 年贸易量有所下降，可能受食用菌出口贸易壁垒的影响；2007～2011 年食用菌贸易总量增长迅速，至 2012 年有所下降，主要原因是 2012 年食用菌出口退税政策对中国的菇农影响较大，而且价格下跌幅度非常大，导致 2012 年的贸易额下降。随后几年食用菌的贸易量呈现波动上升趋势，说明中国食用菌与东盟的贸易呈现了良好势头。

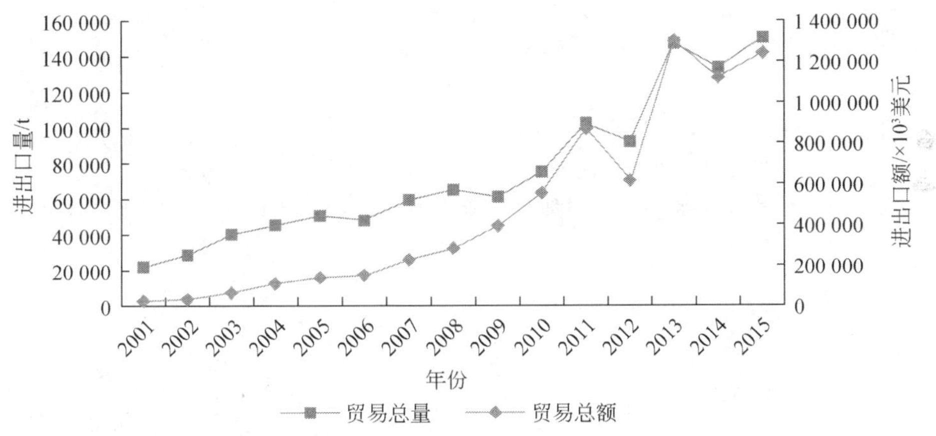

图 3.15　2001～2015 年中国-东盟 5 国食用菌贸易概况

资料来源：联合国商品贸易统计数据库（UN COMTRADE）

3.7.2.2　出口贸易概况

图 3.16 为 2001～2015 年中国食用菌出口到东盟主要的 5 个国家的贸易总量及贸易总额情况。总体来看，中国在这 15 年间出口到东盟主要国家的食用菌贸易总量与贸易总额呈现波动上升的趋势，与食用菌贸易总量的变化趋势相似；而且，从图 3.15、图 3.16 比较可以看出，食用菌的出口量、出口额与贸易总量、贸易总额的差距很小，说明中国与东盟主要国家的贸易来源于食用菌的出口，即出口占据了两国食用菌贸易的主要部分。2001～2005 年，中国食用菌出口量快速增长，2005 年贸易量达到 4400 万 t 左右，在 2006 年出口量有所下降，可能受食用菌出口贸易壁垒的影响导致出口量下降；2007～2011 年食用菌出口贸易量增长迅速，至 2012 年大幅下降，主要原因是 2012 年食用菌取消出口退税政策的影响，加之价格大幅度下跌，2012 年的出口贸易额下降。2013 年，食用菌的出口量猛增，可能是受出口退税政策的恢复，企业出口的积极性增强，东盟放宽对

中国食用菌产品的相关监控，以及中国食用菌质量安全示范区的建设效果明显。

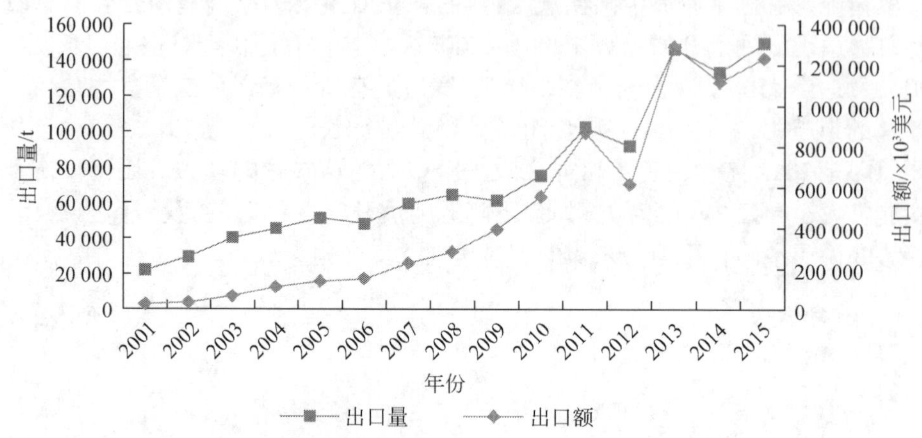

图 3.16　2001～2015 年中国-东盟 5 国食用菌出口贸易概况

资料来源：联合国商品贸易统计数据库（UN COMTRADE）

3.7.3　模型、变量与数据

3.7.3.1　模型介绍

贸易引力模型是测算贸易潜力最常用的方法，双边贸易量看做是贸易国的经济、距离、文化等变量的函数。传统的引力模型估算的贸易拟合值只是各种决定贸易因素的平均效应，在实证分析中将无法测量的贸易阻力因素全部纳入残差项，从而导致贸易潜力的估计结果存在偏差。鉴于此，本节将随机前沿方法引入贸易引力模型中，随机前沿引力模型衡量个体经济在特定投入下所达到的最大产出，而贸易潜力为一定自然条件、政策制度、经济环境等条件下的最大贸易规模，并且随机前沿引力模型计算的是给定投入组合下个体经济可以达到的最优贸易值；另外，随机前沿模型不仅可以分析影响贸易的自然因素，还可以研究影响贸易的人为因素。因此，采用随机前沿的引力模型分析贸易效率更为合理。

根据随机前沿面板数据模型基本形式可以写出随机前沿引力模型的对数表达式：

$$\ln T_{ijt} = \ln f(X_{ijt}, \beta) + v_{ijt} - \mu_{ijt} \tag{3.23}$$

式中 T_{ijt} 为 t 时期 i 国对 j 国的出口额或贸易总额；X_{ijt} 为引力模型中核心变量，如国内生产总值、人口、距离等；ν_{ijt} 为随机测量误差或者随机性因素；μ_{ijt} 为贸易非效率项，$\mu_{ijt} \geqslant 0$；贸易潜力等同于随机前沿分析中的最优前沿水平，而贸易效率就是技术效率的估计值。

本节在参考已有研究的基础上，对双边贸易引力模型进行了适当改进：

$$\ln EV_{ijt}=\alpha+\beta_1\ln GDPChina_t+\beta_2\ln GDP_{i,t}+\beta_3\ln perGDP_{i,t}+\beta_4\ln D_{ij} +\beta_5 WTO+\beta_6 CAFTA+\beta_7 ST+\nu_{ij}-\mu_{ij} \tag{3.24}$$

其中，模型中主要变量解释如下：

1）食用菌出口额（$EV_{i,t}$），即在 t 时期中国向 i 国出口的食用菌贸易额，是本节的被解释变量。

2）出口国 GDP 即中国的 GDP（$GDPChina_t$），即中国在 t 时期内的生产能力。一般来说，出口国的国内生产总值越大，它的贸易流量也是越大的，因此预期该变量的系数符号为正。

3）进口国 GDP（$GDP_{i,t}$），即进口国在 t 时期内的消费能力。一般来说，进口国的国内生产总值越大，说明它的消费能力越强，可能购买的食用菌产量越大，因此预期该变量的系数符号为正。

4）进口国人均 GDP（$perGDP_{i,t}$），即进口国在 t 时间内的购买能力。一般来说，进口国的人均 GDP 越大，国民的收入水平与消费水平越强，可能购买的食用菌产量越大，因此预期该变量的系数符号为正。

5）两国之间的距离（D_{ij}）。两国之间的距离可以代表其贸易成本的大小，距离越大，其运输成本、信息成本和其他因素造成的贸易成本就会越高，相应的贸易额会减少，因此预期该变量的系数符号为负。

6）WTO 成员国（WTO），即 t 时期进口国与出口国是否共同加入 WTO。WTO 相关贸易协定可以促进成员国之间的贸易，中国加入 WTO 后，有利于产品的出口，降低关税减少贸易壁垒，促进食用菌的出口；也有学者认为中国在加入 WTO 后，会面对非关税型的新型贸易壁垒，不利于中国农产品的出口。WTO 为虚拟变量，若两国同为 WTO 成员国则取 1，否则为 0。因此该变量的系数符号有待考证。

7）中国-东盟自由贸易区的建立（CAFTA）。中国-东盟自由贸易区的建立对于双边的贸易肯定有积极作用，自由贸易区的建立有助于打破贸易壁垒，降低关税成本，扩大贸易量。因此本节将中国-东盟自由贸易区是否成立作为虚拟变量纳入模型，若自由贸易区成立则取 1，否则为 0。本节预期自由贸易区的建立对于双边的食用菌贸易有正向影响。

8）中国食用菌建立的标准数（ST）。食用菌标准的颁布对于食用菌的标准化建设有正向的影响，但中国目前食用菌的种植主要还是依靠单一的菇农，单个的个体很难满足食用菌生产标准，因此本节预期颁布的食用菌标准数越多，中国食用菌出口额会减少，预期符号为负。

3.7.3.2 数据来源

本节选取东盟5个主要成员国（印度尼西亚、马来西亚、菲律宾、新加坡、泰国）为研究对象，考虑到数据的可得性，样本时间跨度为2001～2015年，共有75个观测值，使用的计量分析软件为Frontier 4.1。

食用菌进出口贸易数据来自于UN COMTRADE数据库；中国及进口国的GDP、人均GDP来自于IMF数据库；距离数据采用的是两国首都之间的距离，数据来自于Distance Calculator网站；WTO数据来源于WTO官网；中国-东盟自由贸易区建立（CAFTA）相关数据来源于联合国世界贸易区的统计；中国每年出台的食用菌标准数量整理于中国工标网。

3.7.4 实证分析

3.7.4.1 模型适用性检验

在对模型进行估计之前，首先对随机前沿引力模型的适用性进行假设性检验，采用似然比检验方法。若似然比LR统计量大于1%显著性水平下的卡方分布临界值，则拒绝原假设；反之，则接受。据分析，LR单边检验误差为89.03，γ值为0.9483，均大于显著水平为1%时的单边检验临界值。因此，使用随机前沿引力模型比较恰当且模型总体拟合效果较好，通过检验。

3.7.4.2 实证结果分析

随机前沿贸易引力模型的回归结果表明中国的GDP、进口国的GDP、进口国的人均GDP、中国-东盟自由贸易区是否成立与食用菌的出口额呈正相关关系，两国之间的距离、是否同为WTO成员国、中国食用菌出台的标准数与食用菌出口额呈负相关关系（表3.29）。具体解释如下：

表3.29 随机前沿引力模型回归结果

自变量	系数	T统计量	统计信息	系数
常数项	4.39	7.05	σ^2	3.28
lnGDPChina	1.65*	4.08	γ	0.948
lnGDPC	0.32	0.68	μ	0.85
lnperChina	0.41*	2.98	η	-0.077
lndist	-0.08	-0.057	对数似然值	-49.51
WTO	-0.13	-0.68	LR统计量	89.03

续表

自变量	系数	T 统计量	统计信息	系数
CAFTA	0.48	0.038	—	—
ST	-0.0021	-0.186	—	—

＊＊＊、＊＊、＊分别表示1%、5%、10%的水平上显著

1）国内生产总值（GDPChina）变量显著为正，与预期结果一致。回归系数为1.65，表明中国GDP每增加1%，双边的出口贸易额增加1.65%，说明中国的经济规模是影响食用菌出口的主要因素。很多学者也论证了经济规模与出口额之间的正向关系（孙丽超，2015；张燕和高志刚，2015）。可能的解释是：随着中国经济持续稳定地增长，中国食用菌生产的规模也在扩大，食用菌生产技术不断发展，为中国食用菌出口奠定了坚实的基础，从而推动中国食用菌出口额的增长。

2）进口国的经济规模（$GDP_{i,t}$）变量的估计系数为正但不显著，与预期结果一致。其回归系数为0.32，表明进口国的GDP每增加1%，双边的出口贸易额增加0.32%。可能的解释是：进口国的经济规模虽然能代表其收入水平和消费能力，但是并不能代表其居民的消费能力。

3）进口国的人均GDP变量显著为正，与预期结果一致。其回归系数为0.41，表明进口国的GDP每增加1%，双边的出口贸易额增加0.41%。可能的解释是：食用菌具有丰富的营养价值，而且其产量有限，因此其消费群体相对收入水平较高，进口国的人均GDP越高，表明消费者的收入水平越高、消费能力越强，因此对食用菌的需求较大。与中国的GDP回归系数相比，这15年间东盟国家的国内生产总值对双方贸易的影响比我国的经济规模小，这表明中国经济总量的增长对中国-东盟食用菌贸易增长的促进作用更大。

4）距离变量（distance）在进出口模型和出口模型中系数为负但不显著。可能的解释是：两个首都距离的增加会导致运输成本的增长，使贸易成本加大，从而在一定程度上制约了两国之间的经贸往来。但经过深入分析不难发现，食用菌的生产地与消费群体并不一定在首都，从产地到首都的距离对于食用菌出口额的影响可能比两个首都间的距离影响更大，因此利用首都之间的距离可能并不能很好地衡量运输成本，因此距离变量对于整个模型的影响并不显著。

5）虚拟变量WTO与食用菌出口量的系数为负。这主要是因为中国加入WTO后，食用菌产品的出口除了面临日益激烈的市场竞争之外，技术壁垒（绿色壁垒）明显增多；另外，中国食用菌主要由菇农来种植，生产规模小且较为分散，生产技术难以规范，质量因此也很难保证。

6）虚拟变量中国-东盟自由贸易区的建立变量（CAFTA）的系数为正但不显著，这可能与虚拟变量的设置有关，自贸区建立后取1，自贸区建立前取值0。

可能的解释是：第一，自贸区建立时间较短，但在中国-东盟自由贸易区建立之前，中国与东南亚国家的贸易就较为紧密，贸易规模也相对比较大，所以中国-东盟自贸区建立后的贸易增量目前不明显。

7）食用菌标准的建设与食用菌的出口额呈反向关系，这样的结果说明中国食用菌标准化建设对于出口额的贡献作用并不大，对于技术性贸易壁垒的抵御作用还很有限，这与近年来产业标准化建设的快速发展出现了相悖。本节认为出现这种结果的原因可能有以下三点：第一，食用菌标准化建设发展不均衡、实施不到位，没有对产业整体质量水平的提升起到应该有的推动作用；第二，由于与一些发达国家的食用菌标准相差甚远，中国食用菌标准制定和实施的程度对食用菌出口根本无法发挥应有的促进作用；第三，中国的食用菌的种植主体是单个的菇农，生产规模小，没有形成规模经营，因此标准化建设较为困难。

3.7.4.3 中国与东盟国家双边贸易效率分析

根据软件的回归结果，可以得出 2001 ~ 2015 年中国与东盟 5 个主要成员国之间的双边贸易效率值，表 3.30 选取的是 2007 ~ 2015 年的贸易效率值。由表 3.30 可知，与中国贸易效率最高的两个国家是泰国与马来西亚，这得益于两国开放的投资环境与优惠的贸易政策，同时文化相似、地理位置优越等因素也极大地促进了这两国与中国的贸易来往。除此之外，除印尼在 2012 年贸易效率值达到最大值 0.973，且在五国中的贸易效率最高，其他的国家贸易效率均呈逐年递减的趋势。随着食用菌贸易壁垒的增多，对食用菌出口标准的提高，中国虽然在减免关税的背景下，食用菌出口量增加，但整体的贸易效率是呈现递减的趋势。

表 3.30 中国与东盟国家双边贸易效率

中国的贸易伙伴国	2007 年	2008 年	2009 年	2010 年	2011 年	2012 年	2013 年	2014 年	2015 年
印度尼西亚	0.204	0.18	0.157	0.135	0.116	0.973	0.808	0.662	0.533
马来西亚	0.806	0.792	0.778	0.763	0.747	0.73	0.713	0.694	0.675
菲律宾	0.307	0.28	0.252	0.226	0.201	0.177	0.154	0.133	0.113
新加坡	0.195	0.171	0.149	0.128	0.109	0.91	0.752	0.612	0.49
泰国	0.881	0.873	0.863	0.853	0.843	0.832	0.82	0.808	0.795
平均值	0.479	0.459	0.44	0.421	0.403	0.386	0.369	0.352	0.337

注：根据随机前沿引力模型估计结果整理而得，平均值为中国与东盟 5 国的双边贸易效率算数平均值

从整体上来看，中国与东盟 5 个主要成员国的贸易效率平均值在 0.34 ~ 0.48，意味着中国与东盟之间的出口贸易潜力的提升空间很大。在 2007 ~ 2015 年整体的贸易效率持续下滑，其原因可能是：受金融危机的影响，中国食用菌的

出口也受到制约；受其他经济体的影响，中国与东盟双边贸易在我国贸易发展中的空间被压缩；中国-东盟自贸区于 2010 年才正式启动，自贸区建立的时间较短，自贸区对于食用菌出口的贸易效果影响还不明显。这说明虽然中国与东盟的贸易额不断上涨，但是贸易效率是降低的，因此要着重提高贸易效率，提高贸易潜力。

3.7.5 结论与政策建议

3.7.5.1 主要结论

本节通过对中国-东盟主要国家的双边贸易的影响因素与贸易效率进行了分析，得出以下三点结论：

第一，中国的 GDP 和进口国的人均 GDP 与食用菌的出口额呈正相关关系。进口国的人均 GDP 越高，居民的消费水平越高，越有可能购买具有营养价值的食用菌。食用菌的出口对于中国的 GDP 有一定的贡献，出口额越多，表明中国的生产能力越强。

第二，中国-东盟自贸区的建立对于双边的贸易有正向的影响，但是影响并不明显，主要的原因是中国在自贸区成立之前就与东盟有较大的贸易规模，所以自贸区的成立对双边的贸易影响并不明显。

第三，中国与东盟 5 个国家的贸易效率呈现下滑的趋势，而且贸易效率都比较低，因此双边的贸易潜力有待挖掘。

3.7.5.2 政策建议

第一，转变食用菌经营方式，加快食用菌产品结构调整和产业结构升级。中国食用菌的种植多为单个的分散的农户，难以形成规模经营，获取规模效益。根据引力模型的分析可知，中国单个分散的农户对于国际市场贸易壁垒的应对能力较弱，因此应积极推动食用菌产业的规模化经营，采用“企业+农户”的经营方式，提升中国食用菌产业的竞争力。

第二，加强食用菌标准化建设，提高食用菌出口产品的质量。在改变经营方式之后，中国同时也要注重食用菌的标准化建设，提高产品质量，应对非关税贸易壁垒或者进口国对食用菌进口的限制制度。

第三，充分发挥 WTO 与中国-东盟自贸区的积极作用。目前，中国与东盟的贸易中，WTO 与自贸区的优势体现不够明显，我们应充分利用其优势，克服非关税贸易壁垒的限制，充分发挥自由贸易区的优势，推动食用菌出口额的增长。

（程文能　张俊飚　童庆蒙）

3.8 中国与“一带一路”沿线国家食用菌贸易现状分析

2013 年 9 月和 10 月，习近平总书记在出访中亚和东南亚国家期间，先后提出共建“丝绸之路经济带”和“21 世纪海上丝绸之路”（以下简称“一带一路”）的重大倡议，力图构建一种不同于传统区域合作体系的新的经济发展模式。《推动共建丝绸之路经济带和 21 世纪海上丝绸之路的愿景与行动》指出：“一带一路”是促进共同发展、实现共同繁荣的合作共赢之路，是增进理解信任、加强全方位交流的和平友谊之路。

“一带一路”倡议的提出与实施，为我国农产品贸易发展提供了难得的历史机遇，我国与其中一些国家的农产品贸易存在很强的贸易互补性。作为食用菌出口大国，20 世纪 90 年代以来，依赖于得天独厚的条件和有力的政策支持，我国食用菌产业发展迅速，已成为世界第一大食用菌生产国，在面对我国食用菌出口贸易发展势头迅猛的情况下，了解我国与“一带一路”沿线国家的食用菌贸易现状，分析其特征，有助于进一步强化我国与“一带一路”沿线国家的经贸合作，对食用菌贸易结构的优化也具有重要意义。为此，本节拟利用 2001 ~ 2015 年的数据，对我国与“一带一路”沿线国家的食用菌贸易发展现状、贸易结构和品种结构等进行分析，以总结归纳其中的问题，为我国食用菌贸易发展政策的制定提供有益参考。

3.8.1 中国与“一带一路”沿线国家食用菌贸易现状

从图 3.17 可看出，2001 ~ 2015 年，尽管在 2012 年出现较大幅度的跌落，但我国对沿线各国的食用菌进出口总额整体上是处于较快上升的趋势。2001 年，我国对沿线各国食用菌进出口总额仅为 4784.51 万美元，而到了 2015 年，双边食用菌进出口总额增长了 65 倍，增长到 313 988.93 万美元。我国对沿线各国食用菌出口额一直处于较快增长状态，从 2001 年的 4696.54 万美元，增长到 2015 年的 312 270.47 万美元，而我国从沿线各国食用菌进口额则一直较少，但也有着较快速度的增加，在 2015 年达到 1718.46 万美元，比 2001 年增长了 18.53 倍。此外，我国在与沿线各国之间的食用菌贸易一直处于贸易顺差的地位，且顺差呈现不断增加的趋势，2009 年之后增加大幅度尤其明显，这一趋势与我国食用菌贸易总额是一致的。同时，进口额相对于出口额过少，使得分别代表我国与“一带一路”沿线国家的食用菌进出口总额、出口总额和顺差额三条折线几乎重合。

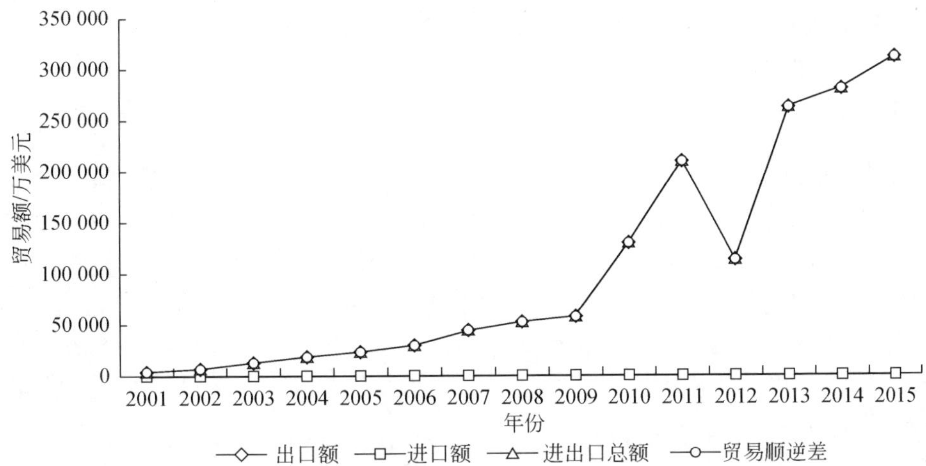

图 3.17 2001 ~2015 年我国与“一带一路”沿线各国双边食用菌贸易额

资料来源：国家食用菌产业技术体系产业经济研究室

从图 3.18 可看出，2001 ~2015 年我国对“一带一路”沿线国家食用菌出口额占我国食用菌总出口额的比例不断攀升，从 2001 年的 11.30% 增长到 2015 年的 59.31%，增长近 48 个百分点。尽管在 2012 年出现了较大幅的跌落，但整体而言，可以说“一带一路”沿线各国在我国的食用菌出口贸易中扮演着越来越重要的角色。

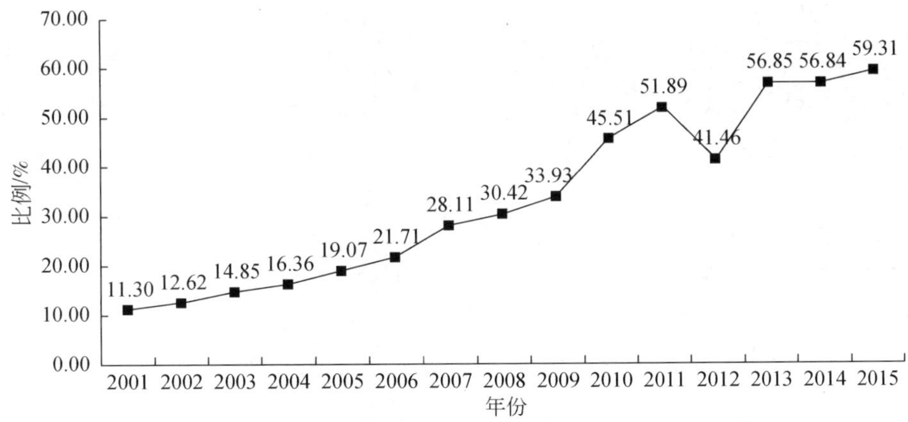

图 3.18 我国对“一带一路”沿线国家食用菌出口额比例

资料来源：国家食用菌产业技术体系产业经济研究室

3.8.2 中国与“一带一路”沿线国家的食用菌贸易市场结构

3.8.2.1 市场集中度

与中国进行食用菌贸易的“一带一路”沿线国家存在明显的市场集中性特征。就中国食用菌出口而言，市场集中度较高，且自2001年至2015年集中度不断提升，CR5、CR10、CR15分别由2001年的60.60%、81.79%、92.50%提高至93.68%、97.72%、98.63%。就中国食用菌进口而言，市场来源更加高度集中，主要贸易国家不足10个，CR10一直保持100%。可见，目前中国从“一带一路”沿线国家的食用菌出口98%以上销往前15大国家，进口国家则一直数量较少，不足10个（表3.31）。

表3.31 中国与“一带一路”沿线主要国家食用菌贸易的市场集中度

（单位:%）

市场集中度	2001年		2008年		2015年	
	从中国进口	对中国出口	从中国进口	对中国出口	从中国进口	对中国出口
CR5	60.60	100.00	68.46	99.24	93.68	99.68
CR10	81.79	—	84.42	100.00	97.72	100.00
CR15	92.50	—	89.85	—	98.63	—

资料来源：国家食用菌产业技术体系产业经济研究室

3.8.2.2 主要食用菌贸易伙伴

结合表3.32~表3.34可知，整体来看，中国与“一带一路”沿线国家的食用菌贸易伙伴主要进行出口贸易，进口则非常少，地区方面集中在东南亚和中东地区，欧洲国家较少，主要是俄罗斯，但贸易量较大，如2015年俄罗斯从中国进口食用菌贸易额为8149.58万美元，位居前五，向中国出口食用菌贸易额为49297.00美元，同样位居前五。

出口方面，从时序特征来看，马来西亚一直处于前三的位置，而俄罗斯也一直处于前五的位置。整体上来看，从中国进口食用菌的前15位国家中，东南亚国家所占席位和进口份额都不断攀升并逐步替代了中东国家，2001年东南亚国家在前10位国家中仅占4席，2008年占到6席，2015年已占到7席，而以色列、沙特阿拉伯等中东国家的名次则不断下降。可见，从出口的区域格局来看，东南亚国家正日益扮演着极为重要的角色。

进口方面，中国与“一带一路”沿线国家的进口贸易较少，进口贸易伙伴也较少，但与伙伴国的贸易额不断增加。2001 年，中国的食用菌进口贸易伙伴仅有马来西亚和泰国两国，2008 年巴基斯坦、蒙古国、印度、越南和菲律宾加入，马来西亚则退出，2015 年俄罗斯、土耳其等国家加入，数量增加至9 国。贸易额方面，2001 年为9344. 00 美元，2008 年为153 034. 00 美元，2015 年为4 669 715. 00 美元，可见，尽管中国从沿线国家的食用菌进口较少，但进口额得到了快速提升。

表 3. 32　2001 年中国与“一带一路”沿线主要国家的食用菌贸易

序号	从中国进口			向中国出口		
	国家	贸易额/万美元	份额/%	国家	贸易额/美元	份额/%
1	马来西亚	861. 70	18. 35	马来西亚	8 426. 00	90. 18
2	俄罗斯	587. 87	12. 52	泰国	918. 00	9. 82
3	以色列	538. 58	11. 47			
4	罗马尼亚	446. 06	9. 50			
5	新加坡	412. 10	8. 77			
6	菲律宾	303. 44	6. 46			
7	黎巴嫩	196. 22	4. 18			
8	印度尼西亚	176. 15	3. 75			
9	捷克	171. 26	3. 65			
10	阿联酋	147. 95	3. 15			
11	爱沙尼亚	133. 40	2. 84			
12	缅甸	115. 43	2. 46			
13	泰国	97. 88	2. 08			
14	沙特阿拉伯	80. 70	1. 72			
15	科威特	75. 71	1. 61			
小计		4 344. 47	92. 50	小计	9 344. 00	100. 00
从中国进口的 45 国合计		4 696. 54	100. 00	2 国合计	9 344. 00	100. 00

资料来源：国家食用菌产业技术体系产业经济研究室

表 3. 33　2008 年中国与“一带一路”沿线主要国家的食用菌贸易

序号	从中国进口			向中国出口		
	国家	贸易额/万美元	份额/%	国家	贸易额/美元	份额/%
1	泰国	12 288. 29	23. 70	泰国	145 172. 00	94. 86
2	马来西亚	8 189. 94	15. 80	巴基斯坦	3 630. 00	2. 37
3	俄罗斯	7 474. 81	14. 42	蒙古国	1 800. 00	1. 18

续表

序号	从中国进口			向中国出口		
	国家	贸易额/万美元	份额/%	国家	贸易额/美元	份额/%
4	新加坡	4 320.50	8.33	印度	1 233.00	0.81
5	越南	3 221.95	6.21	越南	1 160.00	0.76
6	乌克兰	2 767.79	5.34	菲律宾	39.00	0.03
7	印度尼西亚	1 983.90	3.83			
8	菲律宾	1 558.20	3.01			
9	爱沙尼亚	1 263.29	2.44			
10	黎巴嫩	702.96	1.36			
11	阿联酋	666.45	1.29			
12	叙利亚	579.56	1.12			
13	以色列	576.47	1.11			
14	约旦	500.15	0.96			
15	沙特阿拉伯	493.53	0.95			
小计		46 587.79	89.85	小计	153 034.00	100.00
从中国进口的59国合计		51 848.40	100.00	6国合计	153 034.00	100.00

资料来源：国家食用菌产业技术体系产业经济研究室

表3.34 2015年中国与“一带一路”沿线主要国家的食用菌贸易

序号	从中国进口			向中国出口		
	国家	贸易额/万美元	份额/%	国家	贸易额/美元	份额/%
1	越南	169 343.40	54.23	印度	3 127 578.00	66.98
2	泰国	60 365.92	19.33	巴基斯坦	823 510.00	17.64
3	马来西亚	45 830.31	14.68	土耳其	496 084.00	10.62
4	新加坡	8 833.59	2.83	越南	158 369.00	3.39
5	俄罗斯	8 149.58	2.61	俄罗斯	49 297.00	1.06
6	菲律宾	5 022.37	1.61	蒙古国	9 240.00	0.20
7	印度尼西亚	4 114.42	1.32	克罗地亚	4 472.00	0.10
8	哈萨克斯坦	1 806.21	0.58	马来西亚	600.00	0.01
9	缅甸	909.34	0.29	斯洛文尼亚	565.00	0.01
10	黎巴嫩	788.83	0.25			
11	阿联酋	741.45	0.24			
12	沙特阿拉伯	622.15	0.20			

续表

序号	从中国进口			向中国出口		
	国家	贸易额/万美元	份额/%	国家	贸易额/美元	份额/%
13	吉尔吉斯斯坦	525.69	0.17			
14	埃及	511.81	0.16			
15	以色列	436.37	0.14			
小计		308 001.44	98.63	小计	4 669 715.00	100.00
从中国进口的62国合计		312 270.47	100.00	9国合计	4 669 715.00	100.00

资料来源：国家食用菌产业技术体系产业经济研究室

3.8.3 中国与“一带一路”沿线国家的食用菌贸易产品结构

3.8.3.1 中国向“一带一路”沿线国家出口食用菌结构特征

由表3.35可知，中国向“一带一路”沿线国家出口的食用菌品种主要是干制食用菌、其他干蘑菇及块菌和干木耳等11种。其中，干制食用菌出口额为137 118.03万美元，占中国向沿线国家食用菌出口贸易总额的43.91%，其次是其他干蘑菇及块菌，出口额为91 217.69万美元，占比26.01%，干木耳出口额为50 558.15万美元，占比16.19%。这三种食用菌占比达86.11%，其他品种总计占比不足14%。

表3.35 2015年中国对“一带一路”沿线国家食用菌进出口贸易

食用菌品种	出口额/万美元	份额/%	进口额/万美元	份额/%
非醋方法制作或保藏的其他蘑菇	10 259.64	3.29	0.51	0.11
非醋方法制作或保藏的伞菌属蘑菇	16 933.09	5.42	0.06	0.01
其他干蘑菇及块菌	81 217.69	26.01	225.28	48.24
干银耳	5 294.47	1.70		
干木耳	50 558.15	16.19		
干伞菌属蘑菇	47.72	0.02		
干制食用菌	137 118.03	43.91	225.28	48.24
其他暂时保藏的蘑菇及块菌	82.33	0.03		
暂时保藏的蘑菇及块菌	503.04	0.16	15.84	3.39
鲜或冷藏的其他蘑菇及块菌	4 811.10	1.54		
鲜或冷藏的伞菌属蘑菇	5 445.23	1.74		
总计	312 270.47	100.00	466.97	100.00

资料来源：国家食用菌产业技术体系产业经济研究室

3.8.3.2 中国从“一带一路”沿线国家进口食用菌结构特征

相对于出口，中国从“一带一路”沿线国家进口食用菌的品种则较少，仅有干制食用菌、其他干蘑菇及块菌、暂时保藏的蘑菇及块菌等5种。其中干制食用菌和其他干蘑菇及块菌两者进口额均为225.28万美元，占比均为48.24%，暂时保藏的蘑菇及块菌进口为15.84万美元，占比3.39%，其他占比均不足0.2%。

3.8.4 结论

本节利用2001~2015年的数据，对中国与“一带一路”沿线国家的食用菌贸易情况进行了现状、市场结构和产品结构分析，得出的主要结论如下。

3.8.4.1 食用菌贸易总额呈快速上升趋势

中国和“一带一路”沿线国家的食用菌贸易总额由2001年的4 784.51万美元增长至2015年的313 988.93万美元。出口额与总额呈现相似的趋势，中国对沿线国家食用菌出口所占中国对世界食用菌贸易出口的份额也在不断上升，2001年为11.30%，2015年上涨至59.31%；进口额方面则相对较少，但贸易额也在不断上升，2001年为87.97万美元，至2015年已跃升至1718.46万美元。

3.8.4.2 食用菌贸易集中在少数国家

从出口的角度来看，中国对沿线国家出口食用菌主要集中在俄罗斯和东南亚的国家，其贸易额占中国对沿线国家贸易总额比例较大，2015年中国对越南、泰国、马来西亚、新加坡和俄罗斯五四国的出口额总计为292 522.806 2万美元，份额比例为93.68%，占据中国对沿线国家出口份额的绝对主导地位。进口方面，2015年中国从印度、巴基斯坦、土耳其、越南和俄罗斯五国的食用菌贸易进口额为465.48万美元，份额比例甚至达到99.69%。

3.8.4.3 食用菌贸易集中在少数品种

中国同沿线国家食用菌贸易主要集中于某几类产品上。2015年我国对沿线国家出口前三大食用菌品种为：干制食用菌、其他干蘑菇及块菌和干木耳，其出口总额为268 893.87万美元，份额占比达到86.11%，中国对沿线国家进口食用菌当中，干制食用菌、其他干蘑菇及块菌、暂时保藏的蘑菇及块菌，占比高达到99.88%，三者合计进口额为466.40万美元。

3.8.5 建议

3.8.5.1 进一步提升食用菌产业国际竞争力，丰富食用菌贸易品种

中国对沿线国家出口主要集中于少数几个品种，从沿线国家的进口则更加集中，中国与沿线国家应该充分发挥自身资源禀赋优势，适当增加具有发展优势的食用菌的贸易数量和贸易种类，从而扩大中国同沿线国家食用菌贸易发展规模，减少由于品种过度集中带来的市场风险。

3.8.5.2 巩固食用贸易伙伴关系，扩大我国食用菌市场

目前中国与沿线各国双边食用菌贸易集中于少数国家，扩大多边食用菌贸易是当下促进中国与沿线国家农产品贸易最为重要内容之一，在“一带一路”倡导的区域合作框架下，应坚持互惠合作的原则，积极推进中国与沿线各国自由贸易区的建立，逐步建成高水平的自贸区网络，形成公平安全稳定的食用菌贸易市场体系，消除关税壁垒及非关税壁垒，提高双边食用菌贸易规模。

3.8.5.3 利用好“一带一路”契机，同沿线各国密切开展食用菌技术交流

尽管中国在与沿线国家的食用菌贸易中处于绝对的出超地位，但其他国家向中国的食用菌出口贸易额也在不断增加，应充分利用“一带一路”倡议实施契机，密切同沿线各国的经济技术交流，实现资源互补、技术互通和经贸互惠。

（张童朝　张俊飚　何　可）

3.9 中国对欧盟食用菌贸易国别变化时空分析

3.9.1 引言

20 世纪 90 年代尤其是 21 世纪以来，得益于得天独厚的自然环境和有力的政策支持，中国食用菌产业发展迅速，已成为世界第一大食用菌生产国，与此同时，食用菌的出口贸易发展势头迅猛，成为世界出口量最大的国家之一。欧洲是世界主要蘑菇进口国的集中地，一般占到全球蘑菇进口总量的 60% 左右。因而研究世界食用菌最大出口国与主要进口地区的贸易问题十分必要。

欧洲联盟简称欧盟（EU），该联盟现拥有 28 个成员国，主要的欧洲国家基本均涵盖在内。政治上所有成员国均为民主国家（2008 年《经济学人》民主状态调查），经济上为世界第一大经济实体（其中德国、法国、意大利等为八大工

业国成员）。欧盟是欧洲地区规模最大的区域性经济合作的国际组织，凭借其自身的经济、技术实力，对内实现市场大统一，对外来产品特别是食品的要求极高，设定了严格的检测标准，作为当前食用菌的主要消费地区，其重要性不容忽视。基于此，本节针对中国与欧盟国家的食用菌贸易的时空变化进行研究，重点分析食用菌贸易总额、格局、聚集程度变化等，从而发现规律，为中国食用菌贸易政策的制定提供依据。

3.9.2 研究综述

国际农产品贸易问题一直是相关学者的研究重点。有学者立足中国现实情况的角度出发，研究中国的农产品贸易现状、问题与对策，如何秀荣（2002）主要利用最近20年的中国农产品贸易数据，使用历史比较法和国际比较法分析中国农产品贸易的变化。程国强（2004）系统评估了农产品出口的商品结构、地区分布、出口企业，以及出口目的地市场结构特征与变化，进一步利用投入-产出（I-O）方法实证分析，发现尽管中国农产品出口份额呈下降趋势，但农产品出口对中国经济发展具有越来越重要的战略地位。屈小博等（2007）系统分析了农产品出口的商品结构、地区结构、市场结构，以及出口经营主体结构的特征与变化，并用显示比较优势指数（RCA）、贸易竞争力指数（TC）及国际市场份额等评价了中国农产品出口的国际竞争力，实证分析显示农产品出口贸易结构总体反映了中国农业资源的禀赋和比较优势特征，且该优势主要集中在具有竞争优势的劳动密集型农产品。

也有学者就中国与其他国家、地区间的贸易问题展开研究，如赵亮和穆月英（2012）以东盟10国和中、日、韩3国为研究对象，就劳动密集型和资本密集型农产品分阶段进行恒定市场份额（CMS）的比较分析，得出的主要结论是：东亚地区农产品市场总体需求潜力很大；产业和结构的合理和完善可在一定程度上提高农产品的竞争力；中国农产品出口份额相对较大，但主要依靠低廉的价格，并且竞争力逐渐减弱；政府制定的贸易政策和外部机会在未来农产品贸易中发挥着越来越重要的作用，区域经济合作是一种理想的选择方式。刘荣茂等（2014）利用GARCH模型，有效度量了欧元汇率的波动状况及危机给汇率所带来的冲击，同时利用ARDL-ECM模型，考察了欧元汇率水平、汇率波动性与我国农产品出口贸易间的长短期联动关系，研究结果表明：无论在短期还是长期内，欧元汇率波动对我国对欧农产品出口贸易有着显著的负影响，而汇率水平的影响则并不显著；在危机的冲击下，欧元汇率风险短期内被显著放大，而在长期则会给中国农业出口贸易的发展带来机遇。孙致陆和李先德（2015）根据UNCOMTRADE数据库中2000~2013年数据，利用显示性比较优势指数、综合贸易互补性指数、修正的出口相似性指数和贸易强度指数，对中欧农产品贸易的比较优势和增长前景进行了研究，结果表明中欧各自具有出口比较优势的农产品类别及其出口比较优势均存在较大差异。

通过对部分学者研究成果的回顾可以发现，农产品国际贸易特别是中国的农产品国际贸易一直是领域内的研究热点，其中中欧的农产品有着十分重要的地位，但是目前的相关研究主要集中在一般性的贸易探讨或大宗农产品的交易分析，具体到食用菌的贸易问题研究则少之又少。为此，本节拟利用现有数据，针对中国与欧盟的食用菌贸易时空变化展开分析，以期丰富相关研究，并对中国的食用菌产业发展贸易政策制定提供决策依据。

3.9.3 中国与欧盟食用菌贸易时空变化特征

为了直观描述中欧农产品贸易进出口变化情况，把 1995 ~ 2015 年数据分为 1995 ~ 1999 年、2000 ~ 2004 年、2005 ~ 2009 年和 2010 ~ 2015 年 4 个时期，将每一阶段的贸易额加总平均后，按升序分别选取 4 个阶段累计比例为 95% 的主要贸易国家作为分析对象。

3.9.3.1 中国向欧盟出口食用菌的区域分布变化特征

中国向欧盟出口农产品的区域分布具有集中、稳定的特征。由表 3.36 可知，1995 ~ 1999 年、2000 ~ 2004 年、2005 ~ 2009 年和 2010 ~ 2015 年 4 个时期中，排在前五位的国家均为德国、法国、意大利、荷兰和波兰，且五个国家的相对排名以及占中国出口欧盟食用菌的比例基本稳定，五个国家食用菌进口比例分别占到了中国对欧盟所有国家出口总量的 85.32%、80.65%、84.91%、78.64%。而排名第 6 ~ 10 位的国家则相对变化较大，但基本集中在瑞典、西班牙等几个国家，其占比较低，基本低于 5%。进一步观察中国食用菌在欧盟的出口贸易伙伴累计比例可以看出，排在前十位的国家在四个时期的累计比例均高达 85% 以上，这说明中国在欧盟的食用菌出口集中度非常高，而国家间的排名变化不大，说明贸易集中状况相对稳定。

表 3.36 中国食用菌出口额排名前十位的欧盟国家及其占比 （单位：%）

排名	1995 ~ 1999 年		2000 ~ 2004 年		2005 ~ 2009 年		2010 ~ 2015 年	
	国家	进口额占比	国家	进口额占比	国家	进口额占比	国家	进口额占比
1	德国	39.54	德国	37.26	德国	35.61	德国	30.15
2	法国	17.62	意大利	18.47	意大利	22.65	意大利	21.85

续表

排名	1995~1999年		2000~2004年		2005~2009年		2010~2015年	
	国家	进口额占比	国家	进口额占比	国家	进口额占比	国家	进口额占比
3	意大利	14.54	法国	16.44	法国	17.67	法国	15.95
4	荷兰	7.00	荷兰	4.49	荷兰	6.07	荷兰	7.20
5	波兰	6.62	波兰	4.00	波兰	2.91	波兰	3.48
6	瑞典	5.24	瑞典	3.35	西班牙	2.90	西班牙	3.71
7	捷克	2.86	捷克	2.99	瑞典	2.12	瑞典	1.51
8	斯洛伐克	1.70	罗马尼亚	2.89	罗马尼亚	1.88	捷克	1.11
9	芬兰	1.11	西班牙	2.40	捷克	1.37	奥地利	0.81
10	罗马尼亚	0.99	斯洛伐克	2.04	奥地利	1.04	斯洛伐克	0.63
累计比例		97.24		94.32		94.23		86.40

资料来源：国家食用菌产业技术体系产业经济研究室

同时也应指出的是，德国在中国的食用菌进口量一直居于欧盟国家第一位，但是其比例正在不断下降，而紧随其后的法国、意大利则占比逐年增加，荷兰、波兰的占比则处于一个波动的过程中，其他国家比例均很低，但也在不断变化。这说明，中国食用菌对欧盟国家的出口整体上呈现出集中、稳定态势的同时，还存在小范围分散性、波动性的特征，几大重要的食用菌出口贸易伙伴之间的贸易额差距日益缩小。

3.9.3.2　中国由欧盟进口食用菌的区域分布变化特征

中国由欧盟的进口贸易经历了一个从无到有的变化过程，虽增速较快但进口贸易额始终偏低。表3.37列出了四个时期中国进口食用菌的主要欧盟国家及进口额，整体而言，相对于出口额，中国在欧盟国家的食用菌进口额非常之低，说明在与欧盟国家的食用菌贸易中，中国处于绝对的顺差。同时，与出口情况相同，中国食用菌进口的主要贸易伙伴依然集中在意大利、德国、法国等国家，其中，意大利在四个时期均有向中国出口食用菌且增速较快；德国、法国均在2005年后开始向中国出口食用菌，但是后来居上，迅速超越意大利，分列欧盟向中国出口食用菌国家的第一位和第二位；其他国家如果波兰、荷兰、芬兰和西班牙开始向中国出口食用菌的时间也较晚，出口量也不大；此外，奥地利在2005~2009年曾一度向中国出口少量食用菌，后再无出口。这说明，中国由欧盟国家的食用菌进口贸易十分少，区域分布集中度高，同时又表现出分散化的特点，虽有快速增长且贸易国有所增加，但依旧维持在较低的水平，且仅与少数几个国家保持着长期的进口贸易关系。

表 3.37 中国食用菌进口的主要欧盟国家及进口额 （单位：万美元）

国家	1995～1999 年	2000～2004 年	2005～2009 年	2010～2015 年
意大利	0.5792	1.0256	13.2364	52.6801
奥地利	0	0	0.0282	0
比利时	0	70	0	0
波兰	0	0	0	9.6728
德国	0	0	46.0373	95.1826
法国	0	0	6.4883	76.3672
芬兰	0	0	0	0.0564
荷兰	0	0	2.6657	2.6654
西班牙	0	0	1.9935	6.6089
匈牙利	0	0	0	3.9980

资料来源：国家食用菌产业技术体系产业经济研究室

3.9.4 中国与欧盟食用菌贸易聚集程度分析

通过初步统计数据对中国与欧盟国家的食用菌贸易时空变化特征进行了分析，并且得出初步的定性式的结论，为进一步准确衡量中国与欧盟国家的食用菌贸易聚集度，本节拟采用贸易熵指数来分析中国与欧盟各国的贸易聚集程度变化。贸易熵指数是借鉴熵指数的概念发展而来，熵指数（简称 E 指数）借用了信息理论中熵的概念，具有平均信息量的含义，其定义公式如下：

$$\log\left(\frac{1}{E}\right) = \sum_{i=1}^{n} S_i\left(\log\frac{1}{S_i}\right) \tag{3.25}$$

式中，E 为熵指数；S_i为第 i 企业的市场份额（销售额或增加值等）。贸易熵指数是国际上广泛采用来衡量出口贸易地理空间聚集度的指标。较高的集中度表明该国贸易更容易受到贸易伙伴经济波动的影响。贸易熵指数计算公式为

$$\mathrm{TE} = \left(\frac{X_{\mathrm{sd}}}{\sum_{\mathrm{d}} X_{\mathrm{sd}}}\right)\ln\left(\frac{1}{X_{\mathrm{sd}}\Big/\sum_{\mathrm{d}} X_{\mathrm{sd}}}\right) \tag{3.26}$$

式中，TE 为贸易熵指数；s 代表中国，d 代表中国在欧盟的贸易伙伴；X 为不同农产品进口（出口）额。TE 的数值分布在 0 至正无穷，数值越高的表示其国家贸易地理空间越分散，当 TE 指数无穷大时，表示其在每个国家的贸易份额相同；反之，TE 越小，表示熵越小，贸易空间越集中。

熵指数计算结果如图 3.19 所示。观察图 3.19 可知，以上根据初步统计得出

的结论是正确的：中国向欧盟国家的食用菌出口区域分布整体而言集中稳定，但也有分散化和波动的态势。图 3.19 中，中国向欧盟国家的食用菌出口贸易熵指数基本处于 1.5 ~2.0，指数偏低，说明贸易空间聚集程度较高，数值变化不大，说明贸易空间聚集度稳定性很高。具体来看，1995 年的贸易熵指数为 1.607，到 2015 年上升为 1.973，上升幅度不大，但体现出了分散化的态势；1998 年一改往年稳步上升的态势，出现了急剧的下降，1999 年降为 1.590，低于 1995 年，其后又迅速上升，2000 年为 2.178，为观测期间的最高值，这可能是当时受 1997 年金融危机的影响，因而出现了较大幅度的波动；自 2001 年开始，该值趋于平稳，基本在 2.0 上下波动，说明中国向欧盟国家的食用菌出口贸易区域聚集程度较为稳定，但偶有波动。

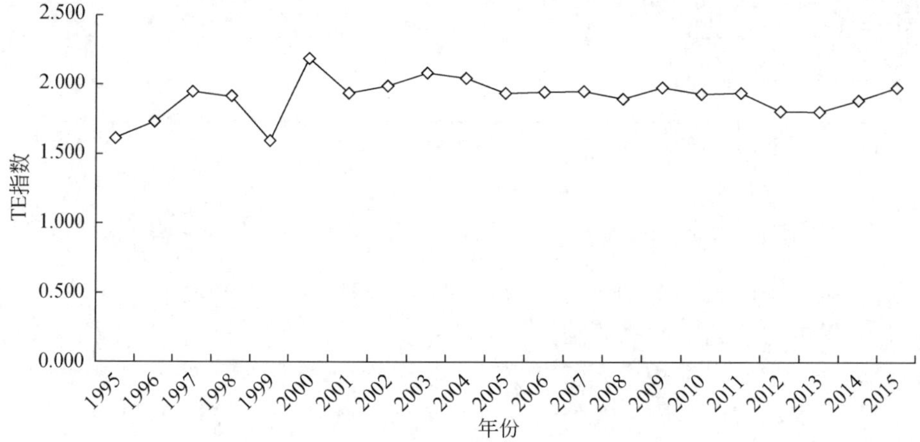

图 3.19　1999 ~2015 年中国对欧盟食用菌出口贸易熵指数

资料来源：国家食用菌产业技术体系产业经济研究室

为了使结果更加准确，同时采用区域赫斯曼（regional Hirschman）指数进行计算。区域赫斯曼指数为另一个用于衡量出口地理空间集中度的指标，其计算公式如下：

$$RE = \sqrt{\sum_{d}\left(\frac{X_{sd}}{\sum_{d} X_{sd}}\right)} \tag{3.27}$$

式中，RE 为区域赫斯曼指数；s 代表中国，d 代表欧盟国家；X 为双边农产品进口（出口）额。RE 数值分布在 0 ~1，数值越大，表明贸易空间地理集中程度越高，反之则越低。

中国对欧盟食用菌出口贸易的区域赫斯曼指数计算结果如图 3.20 所示，观察图 3.20 可知，区域赫斯曼指数的计算结果所反映的贸易区域聚集程度及其变化与熵指数是一致的，但前者可以更加细致地刻画贸易聚集程度的变化。中国对欧盟的食用菌出口贸易区域赫斯曼指数在观测期间，2015 年的赫斯曼指数低于1995 年，说明区域分布具有分化态势；而赫斯曼指数在 1995 ~ 2015 年均在一定范围不停波动，并在 1999 年前后出现剧烈波动，表现为先下降后上升，这与贸易熵指数所反映的情形是高度一致的。

图 3.20　1999 ~ 2015 年中国对欧盟食用菌出口贸易区域赫斯曼指数

资料来源：国家食用菌产业技术体系产业经济研究室

3.9.5　主要结论

本节采用 1995 ~ 2015 年中国与欧盟国家的食用菌贸易数据，针对中国对欧盟食用菌贸易的国别变化进行了时空分析，并应用贸易熵指数和区域赫斯曼指数对观察结果进行验证，主要结论如下。

1）中国与欧盟国家的食用菌贸易严重不平衡，中国处于绝对顺差，以出口为主，进口非常之少。主要表现在：中国食用菌向欧盟国家的出口额巨大，且不断增加，贸易伙伴几乎涵盖了所有欧盟成员国家；但对欧盟国家的食用菌进口则少之又少，且只和少数国家保持着进口贸易关系。

2）中国对欧盟国家的食用菌出口贸易呈现出极强的区域分布聚集性，且这一特征保持着长期的稳定性特征。根据 1995 ~ 2015 年的数据显示，中国在与欧盟国家食用菌贸易方面的主要合作伙伴基本稳定，且向前五位的合作国家，即德国、法国、意大利、荷兰和波兰的食用菌出口额占了 75% 以上，向前十位的合作国家食用菌出口额占向欧盟总出口额的 85% 以上。

3）就出口而言，中国与欧盟国家的食用菌贸易区域分布虽集中且稳定，但仍显现出分散化与波动性态势。其主要表现有：中国占比前五位的出口合作伙伴国家的综合占比略有下降，占比最大的德国则表现出持续下降态势，其他国家的占比略有上升，并表现出一定的波动态势，说明区域集中度分散与波动的特征有所显现。

4）中国向欧盟国家的食用菌出口贸易的熵指数和区域赫斯曼指数证实了本节的分析。两个指数的计算结果所呈现的情况具有一致性特征，中国向欧盟国家的食用菌出口贸易区域聚集程度一直维持在较高水平，但有分散化的趋势，表现为贸易熵指数始终偏低，基本低于2.0，但整体而言熵指数在观测期内有所上升；而聚集程度整体稳定的情况下表现出小范围的波动，其中无论熵指数还是赫斯曼指数均在1999年前后体现出较为剧烈的波动，并在此后趋于稳定，仅在小范围内波动。

根据上述结论，为推进中国与欧盟国家的食用菌贸易发展，特提出如下建议：一是要进一步开拓欧盟市场，同更多国家建立食用菌贸易关系，开展多元化的贸易发展，降低贸易区域聚集度。二是面对当前中国对欧盟食用菌贸易的绝对顺差状况，应将如何提高食用菌产品质量和附加值作为重点，不断提高食用菌产品的多样化、优质化和安全绿色化，保证中国食用菌在欧盟乃至欧洲市场的竞争力。三是要进一步研究探讨影响贸易区域聚集程度变化的因素和机制，以为中国调整食用菌国际贸易战略，以及制定相关政策提供科学有效的决策依据。

（张童朝　张俊飚　王茹慧）

4 资源环境

4.1 农作物秸秆基质化栽培食用菌的资源空间与经济潜力分析

农作物秸秆是指在农业生产过程中，收获了稻谷、小麦、玉米等农作物中的主要经济产品以后，残留的不能食用的茎、叶等副产品。我国是农业大国，农作物秸秆产量大、分布广、种类多，长期以来一直是农民生活和农业发展的宝贵资源。我国秸秆资源丰富，约占世界秸秆总量的25%左右（Lal，2005）。据调查，2010 年全国秸秆理论资源量为8.4 亿t，可收集资源量约为7 亿t。秸秆品种以水稻、小麦、玉米等为主。其中，稻秸约2.11 亿t，麦秸约1.54 亿t，玉米秸秆约2.73 亿t，棉秆约2600 万t，油料作物秸秆（主要为油菜和花生）约3700 万t，豆类秸秆约2800 万t，薯类秸秆约2300 万t。我国的粮食生产带有明显的区域性特点，辽宁、吉林、黑龙江、内蒙古、河北、河南、湖北、湖南、山东、江苏、安徽、江西、四川等13 个粮食主产省（区）秸秆理论资源量约6.15 亿t，占全国秸秆理论资源量的73%。

4.1.1 我国秸秆资源总量与空间特征

4.1.1.1 农作物秸秆类型与计算方法

(1) 农作物秸秆类型与营养组成

秸秆就是农作物生产的副产品，在现代可再生物质能源中占据重要地位。是由成熟农作物的茎叶、穗组成，主要成分有粗纤维、碳水化合物和无氮浸出物等。例如，稻秆、麦秆、玉米叶、豆秸、薯蔓、花生壳、油料作物秸秆、棉秆、蔗叶等。我国秸秆资源丰富，又富含碳、氮、磷、钾、钙、镁等微量元素，被广泛地应用于工业加工、栽培食用菌、养畜和新能源开发等。主要农作物秸秆的组成成分见表4.1。

表 4.1 农作物秸秆的组成成分 (单位:%)

秸秆种类	纤维素	半纤维素	木质素
水稻秸秆	32.0	24.0	12.5
小麦秸秆	30.5	23.5	18.0
棉花秸秆	44.1	10.7	15.2
玉米秸秆	34.0	37.5	22.0
豆秸	33.0	18.5	—

(2) 农作物秸秆产量计算系数

农作物秸秆产量分理论产生量和可收获产量。理论产生量是指某一区域秸秆的年总产量，表明理论上该地区每年可能生产的秸秆资源量。农作物秸秆理论产生量不等于可收获量，农作物秸秆的产生量与农作物产量之间存在理论上的对应系数，即草谷比系数。秸秆理论资源量=农作物产量×草谷比。同一作物的不同品种，以及不同种植类型，其草谷比也不相同。同一地区同种作物，其丰、平、歉年的草谷比也是有差异的（表4.2）。农作物秸秆理论产生量不等于可收获量，其为可以从田间收集，并可为人们利用的秸秆资源的最大数量。因为在农作物收获过程中，许多农作物需要留茬收割；在秸秆收集及运输过程中，会发生部分枝叶脱落而造成损失。对秸秆资源可收集利用量的估算，一般不考虑秸秆综合利用的经济技术可行性及秸秆需求对秸秆可收集利用量的影响，也不考虑未来农作物收获环节技术革新对秸秆可收集利用的影响。对于那些可收集而未收集、可利用而未利用的农作物秸秆都要估算在秸秆可收集利用量中，如田间焚烧、田间地头堆弃的秸秆，以及保护性耕作覆盖还田、留高茬还田的秸秆等。考虑到收集过程中的损耗，可收集资源量与理论资源量并不相同，受作物品种、收集方式、气候等原因的影响，与收集技术和收集半径等因素有关（表4.3）。理论产生量是可收获量的重要测算依据，而在分析秸秆利用时，则仅需考虑可收获量。

表 4.2 农作物秸秆草谷比系数

农作物	Yang 等	科技部星火计划	可再生能源战略研究组	中国农村能源行业协会	Zeng 等	Shen 等	Kim 和 Dale	蔡亚庆等	变异范围	本书系数
水稻	0.68	0.95	0.62	1.00	0.62	1.00	1.40	0.90	0.68~1.40	0.90
小麦	0.73	1.28	1.37	1.00	1.34	1.10	1.30	1.16	0.73~1.37	1.10
玉米	1.25	1.25	2.00	2.00	2.00	2.00	—	1.75	1.25~2.00	1.50
薯类	—	0.50	0.50	1.00	0.50	1.00	—	0.70	0.50~1.00	0.70
豆类	—	1.50	1.50	1.50	1.50	1.70	—	1.54	1.50~1.70	1.50

续表

农作物	Yang 等	科技部星火计划	可再生能源战略研究组	中国农村能源行业协会	Zeng 等	Shen 等	Kim 和 Dale	蔡亚庆等	变异范围	本书系数
花生	—	2.21	2.00	2.00	2.00	1.50	—	1.94	1.50 ~ 2.21	2.00
油菜	1.01	2.21	2.00	2.00	2.00	3.00	—	2.04	1.01 ~ 3.00	2.00
芝麻	—	2.21	2.00	2.00	2.00	2.00	—	2.04	2.00 ~ 2.21	2.10
棉花	5.51	3.14	3.00	3.00	3.00	3.00	—	3.44	3.00 ~ 5.51	4.26

表 4.3　农作物秸秆可收获系数

农作物	崔明等	王亚静等	蔡亚庆等	农业部规划设计研究院	本书系数
水稻秸秆	0.78	—	0.75	0.78	0.78
小麦秸秆	0.76	0.83	0.74	0.76	0.75
玉米秸秆	0.95	—	0.95	0.95	0.95
薯类藤蔓	—	0.80	0.80	—	0.80
其他粮食作物秸秆	—	0.80	0.80	—	0.80
豆类作物秸秆	—	0.88	0.88	—	0.88
油料作物秸秆	0.90	0.85	0.88	0.90	0.88
棉花秸秆	0.89	0.90	0.90	—	0.90
麻类秸秆	—	0.87	0.87	—	0.87
糖料作物副产品	—	0.88	0.88	—	0.88

4.1.1.2　农作物秸秆产量与时空特征分析

(1) 农作物秸秆理论产量的波动特征

通过计算结果（表 4.4）可知，总体上看，我国主要农作物秸秆理论产量呈现增长态势，从 1991 年的 50 942.53 万 t 增长到 2012 年的 76 622.82 万 t，增长幅度为 50.41%，年均增长率为 1.96%，这与我国农作物产量的提升有关。从具体波动特征来看（图 4.1），主要分为三阶段：1991 ~ 1998 年的波动上升态势，理论产量环比平均增速为 2.80%；1999 ~ 2003 年的波动下降态势，理论产量环比平均下降速度为 2.45%；2004 ~ 2012 年则呈直线上升态势，理论产量环比平均增速为 3.97%。

从农作物组成结构来看，2012 年秸秆产生量排序依次为玉米>水稻>小麦>花生>棉花>油菜>豆类>薯类>芝麻。水稻、小麦、玉米、豆类、薯类、棉花、花生、油菜、芝麻秸秆理论产量平均占比分别为28.00%、19.23%、32.59%、4.76%、3.80%、3.82%、4.07%、3.51%、0.22%。其中排名前三位且占据秸秆产量主要部分的依次为玉米、水稻、小麦（图4.2），合计占比高达79%。具体增长情况来看，1991～2012年水稻、小麦、玉米、豆类、薯类、棉花、花生、油菜、芝麻秸秆理论产量年均增长率依次为0.50%、1.11%、3.55%、1.57%、0.92%、0.89%、4.75%、3.06%、1.85%，其中花生、玉米、油菜秸秆理论产量增长较为明显，水稻则相对稳定。

表4.4　1991～2012年全国农作物秸秆理论产生量

年份	水稻/万t	小麦/万t	玉米/万t	豆类/万t	薯类/万t	棉花/万t	花生/万t	油菜/万t	芝麻/万t	合计/万t
1991	16 543.17	10 554.83	14 815.95	1 870.65	1 901.13	2 417.56	1 260.65	1 487.24	91.35	50 942.53
1992	16 759.98	11 174.57	14 307.45	1 878.00	1 990.94	1 920.57	1 190.65	1 530.61	108.42	50 861.19
1993	15 976.26	11 702.90	15 405.60	2 925.60	2 226.77	1 592.95	1 684.22	1 387.88	118.22	53 020.40
1994	15 833.97	10 922.67	14 891.25	3 143.40	2 117.78	1 849.26	1 936.44	1 498.38	114.98	52 308.13
1995	16 670.34	11 242.77	16 797.90	2 681.25	2 283.82	2 030.96	2 046.93	1 955.42	122.36	55 831.75
1996	17 559.24	12 162.59	19 120.65	2 685.45	2 475.20	1 790.59	2 027.69	1 840.23	120.83	59 782.47
1997	18 066.13	13 561.79	15 646.31	2 813.25	2 234.60	1 960.76	1 929.58	1 915.52	118.82	58 246.76
1998	17 884.17	12 069.86	19 943.10	3 000.90	2 522.95	1 917.44	2 377.25	1 660.20	137.78	61 513.65
1999	17 863.86	12 526.80	19 212.95	2 840.94	2 548.39	1 631.09	2 527.71	2 026.36	156.06	61 334.16
2000	16 911.69	10 959.96	15 899.97	3 015.00	2 579.61	1 881.79	2 887.33	2 276.12	170.35	56 581.82
2001	15 982.23	10 326.03	17 113.16	3 079.21	2 494.15	2 267.82	2 883.15	2 266.29	168.86	56 580.90
2002	15 708.47	9 931.90	18 196.14	3 361.83	2 566.11	2 094.31	2 963.53	2 110.45	188.00	57 120.74
2003	14 459.01	9 513.68	17 374.53	3 191.27	2 459.29	2 070.24	2 683.97	2 284.00	124.49	54 160.48
2004	16 117.89	10 114.70	19 543.06	3 348.10	2 490.37	2 693.82	2 868.36	2 636.34	147.81	59 960.45
2005	16 252.96	10 718.96	20 904.81	3 236.51	2 427.95	2 434.24	2 868.31	2 610.45	131.33	61 585.52
2006	16 354.65	11 931.25	22 740.45	3 005.59	1 890.88	3 208.97	2 577.38	2 193.22	138.96	64 041.35
2007	16 743.06	12 022.78	22 845.07	2 580.15	1 965.46	3 247.65	2 605.50	2 114.51	117.02	64 241.20
2008	17 270.61	12 371.05	24 887.09	3 064.93	2 086.16	3 191.54	2 857.23	2 420.33	123.12	68 272.06
2009	17 559.27	12 662.66	24 596.04	2 895.44	2 096.84	2 716.51	2 941.59	2 731.43	130.61	68 330.39
2010	17 618.49	12 669.88	26 586.77	2 844.81	2 179.88	2 539.44	3 128.77	2 616.37	123.20	70 307.61
2011	18 090.09	12 914.10	28 917.16	2 862.62	2 291.14	2 810.75	3 209.27	2 685.11	127.14	73 907.38
2012	18 381.23	13 312.56	30 842.11	2 595.80	2 304.95	2 912.13	3 338.32	2 801.46	134.27	76 622.83
年均增长率	0.50%	1.11%	3.55%	1.57%	0.92%	0.89%	4.75%	3.06%	1.85%	1.96%

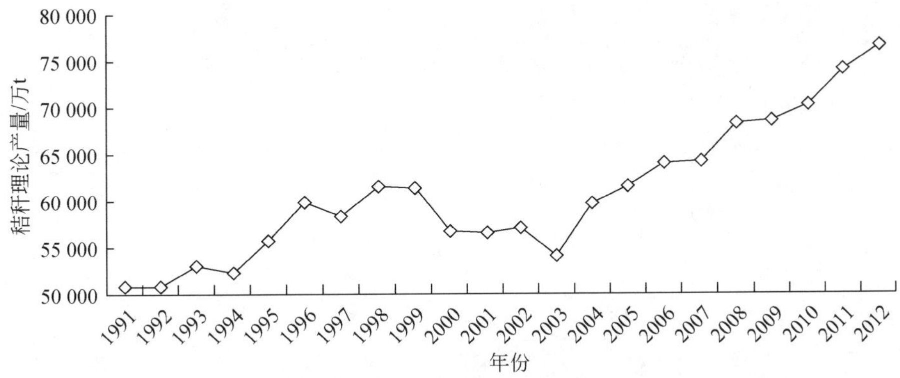

图 4.1　1991 ~ 2012 我国主要农作物秸秆理论产量的变化趋势图

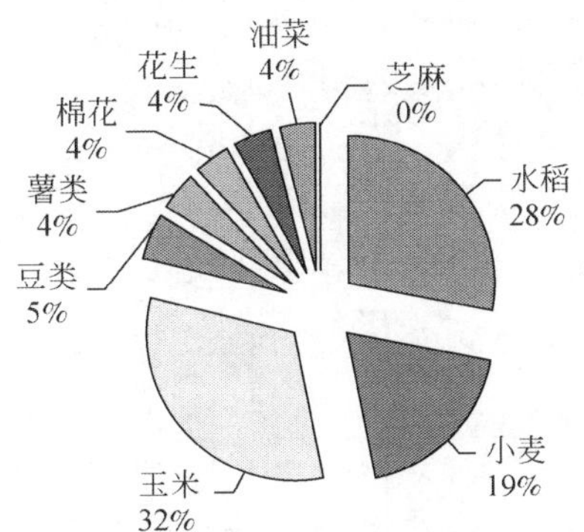

图 4.2　1991 ~ 2012 年农作物秸秆组成结构

(2) 农作物秸秆可收获量的波动特征

农作物可收获量是农作物再利用的重要前提，也是农作物资源化潜力的核算基础。从计算结果可知（表 4.5），农作物可收货量呈现明显的增长态势，从 1991 年的 42 754.26 万 t 增长到 2012 年的 65 948.14 万 t，增长幅度为 54.25%，年均增速为 2.09%，增长幅度与年均增速均超过秸秆理论产量。秸秆理论产量与秸秆可收获量之间的差值可理解主要为秸秆的直接留茬还田，留茬还田秸秆量从 1991 年的 8188.27 万 t 增长为 2012 年的 10 674.67 万 t，增长幅度为 30.37%，年均增长率为 1.27%。留茬还田认为是农作物收获中秸秆资源化利用的直接方式，因此不再对其资源化潜力和成本效益进行替代核算。

表 4.5　1991 ~ 2012 年全国农作物秸秆可收获量

年份	水稻/万 t	小麦/万 t	玉米/万 t	豆类/万 t	薯类/万 t	棉花/万 t	花生/万 t	油菜/万 t	芝麻/万 t	合计/万 t
1991	12 903.67	7 916.12	14 075.15	1 646.17	1 520.90	2 175.80	1 134.59	1 308.77	73.08	42 754.25
1992	13 072.78	8 380.93	13 592.08	1 652.64	1 592.75	1 728.52	1 071.59	1 346.94	86.74	42 524.97

续表

年份	水稻/万 t	小麦/万 t	玉米/万 t	豆类/万 t	薯类/万 t	棉花/万 t	花生/万 t	油菜/万 t	芝麻/万 t	合计/万 t
1993	12 461. 48	8 777. 18	14 635. 32	2 574. 53	1 781. 42	1 433. 66	1 515. 80	1 221. 33	94. 57	44 495. 29
1994	12 350. 50	8 192. 00	14 146. 69	2 766. 19	1 694. 22	1 664. 33	1 742. 80	1 318. 58	91. 98	43 967. 29
1995	13 002. 87	8 432. 08	15 958. 01	2 359. 50	1 827. 06	1 827. 87	1 842. 23	1 720. 77	97. 89	47 068. 28
1996	13 696. 21	9 121. 94	18 164. 62	2 363. 20	1 980. 16	1 611. 54	1 824. 92	1 619. 40	96. 67	50 478. 66
1997	14 091. 58	10 171. 34	14 863. 99	2 475. 66	1 787. 68	1 764. 68	1 736. 62	1 685. 66	95. 05	48 672. 26
1998	13 949. 65	9 052. 40	18 945. 95	2 640. 79	2 018. 36	1 725. 69	2 139. 52	1 460. 98	110. 23	52 043. 57
1999	13 933. 81	9 395. 10	18 252. 30	2 500. 03	2 038. 71	1 467. 98	2 274. 94	1 783. 20	124. 84	51 770. 91
2000	13 191. 12	8 219. 97	15 104. 97	2 653. 20	2 063. 69	1 693. 61	2 598. 59	2 002. 98	136. 28	47 664. 41
2001	12 466. 14	7 744. 52	16 257. 50	2 709. 71	1 995. 32	2 041. 03	2 594. 83	1 994. 33	135. 09	47 938. 47
2002	12 252. 60	7 448. 93	17 286. 33	2 958. 41	2 052. 89	1 884. 88	2 667. 18	1 857. 20	150. 40	48 558. 82
2003	11 278. 02	7 135. 26	16 505. 80	2 808. 32	1 967. 43	1 863. 21	2 415. 57	2 009. 92	99. 59	46 083. 12
2004	12 571. 95	7 586. 02	18 565. 91	2 946. 33	1 992. 30	2 424. 43	2 581. 52	2 319. 98	118. 25	51 106. 69
2005	12 677. 31	8 039. 22	19 859. 57	2 848. 13	1 942. 36	2 190. 82	2 581. 48	2 297. 20	105. 07	52 541. 16
2006	12 756. 63	8 948. 43	21 603. 43	2 644. 92	1 512. 71	2 888. 07	2 319. 65	1 930. 03	111. 17	54 715. 04
2007	13 059. 59	9 017. 09	21 702. 82	2 270. 54	1 572. 37	2 922. 89	2 344. 95	1 860. 77	93. 62	54 844. 64
2008	13 471. 07	9 278. 28	23 642. 74	2 697. 14	1 668. 93	2 872. 39	2 571. 51	2 129. 89	98. 50	58 430. 45
2009	13 696. 23	9 496. 99	23 366. 24	2 547. 99	1 677. 47	2 444. 86	2 647. 43	2 403. 66	104. 49	58 385. 36
2010	13 742. 42	9 502. 41	25 257. 43	2 503. 43	1 743. 90	2 285. 50	2 815. 90	2 302. 41	98. 56	60 251. 96
2011	14 110. 27	9 685. 57	27 471. 30	2 519. 11	1 832. 91	2 529. 67	2 888. 35	2 362. 90	101. 72	63 501. 80
2012	14 337. 36	9 984. 42	29 300. 00	2 284. 30	1 843. 96	2 620. 91	3 004. 48	2 465. 29	107. 41	65 948. 13
年均增长率	0. 50%	1. 11%	3. 55%	1. 57%	0. 92%	0. 89%	4. 75%	3. 06%	1. 85%	2. 09%

从各类别农作物秸秆可收获量的增长情况来看，2012 年可收获量多少依次为玉米>水稻>小麦>花生>棉花>油菜>豆类>薯类>芝麻。水稻、小麦、玉米、豆类、薯类、棉花、花生、油菜、芝麻等农作物秸秆可收获量年均增速分别为 0. 50%、1. 11%、3. 55%、1. 57%、0. 92%、0. 89%、4. 75%、3. 06%、1. 85%。从各农作物可收获量的环比增长情况来看，波动态势呈现一定收敛性。1991 ~ 2012 年水稻、小麦、玉米、豆类、薯类、棉花、花生、油菜、芝麻等农作物秸秆可收获量环比增速的变异系数依次为 7. 28、4. 97、2. 55、6. 06、6. 30、7. 38、2. 17、3. 17、4. 64，从整体来看，秸秆可收获量波动程度大小应为：棉花>水稻>薯类>豆类>小麦>芝麻>油菜>玉米>花生（图 4. 3）。

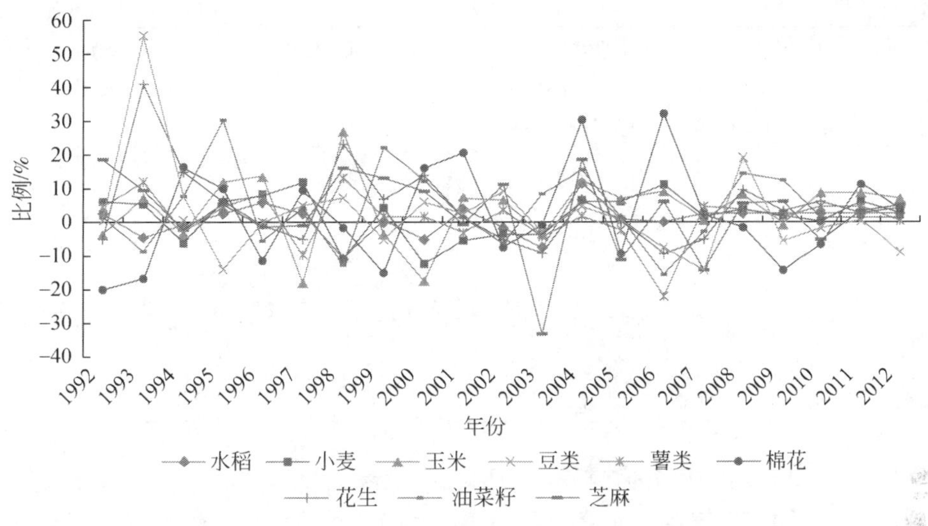

图 4.3　1991～2012 年农作物秸秆可收获量的环比增长情况

(3) 农作物秸秆理论产量空间分布特征

从各类农作物的分布来看，区域特征明显（表 4.6），水稻秸秆主要集中分布在中部地区、华南地区、东北地区的 9 省区，小麦秸秆主要分布在长江以北地区、华北地区的 9 省区，玉米秸秆主要分布在东北地区、华北地区、西南地区的 10 省区，豆类秸秆主要分布在东北地区、华中地区、华东地区、西南地区的 11 省区，薯类秸秆主要分布在西南地区、西北地区的 11 省区，棉花秸秆主要分布在西北地区、中部地区的 8 省区，花生秸秆主要华中地区、华东地区的 9 省区，油菜秸秆主要分布在华中地区、西南地区的 9 省区，芝麻秸秆主要分布在中部地区的 5 省区。

表 4.6　农作物秸秆理论产量的区域分布

农作物	秸秆主要产区	合计占比/%	地域特征
水稻	湖南、黑龙江、江西、江苏、湖北、四川、安徽、广西、广东	76.03	主要分布在中部地区、华南地区、东北地区
小麦	河南、山东、河北、安徽、江苏、新疆、四川、陕西、湖北	89.71	主要分布在长江以北地区、华北地区
玉米	黑龙江、吉林、山东、内蒙古、河南、河北、辽宁、山西、四川、云南	79.62	主要分布在东北地区、华北地区、西南地区
豆类	黑龙江、内蒙古、云南、安徽、四川、河南、江苏、吉林、重庆、陕西、山东	77.00	主要分布在东北地区、华中地区、华东地区、西南地区

续表

农作物	秸秆主要产区	合计占比/%	地域特征
薯类	四川、重庆、甘肃、贵州、山东、内蒙古、云南、广东、黑龙江、湖南、河南	71.44	主要分布在西南地区、西北地区
棉花	新疆、山东、河北、湖北、安徽、河南、湖南、江苏	93.19	主要分布在西北地区、中部地区
花生	河南、山东、河北、辽宁、广东、安徽、湖北、四川、广西	85.01	主要分布在华中地区、华东地区
油菜	湖北、四川、湖南、安徽、江苏、河南、贵州、江西、云南	82.97	主要分布在华中地区、西南地区
芝麻	河南、湖北、安徽、江西、陕西	83.76	主要分布在中部地区

根据2012年各省区各农作物类型秸秆理论产量计算结果可知（表4.7），从区域分布（图4.4）来看，中部地区（22 697.13万t）>西部地区（20 563.21万t）>东部地区（18 681.60万t）>东北地区（14 680.21万t）。从具体区域比较来看，各省区秸秆理论产量大小依次排序为：河南（8021.56万t）>黑龙江（7190.71万t）>山东（6671.35万t）>河北（4619.47万t）>吉林（4573.61万t）>安徽（4112.46万t）>四川（3972.27万t）>江苏（3746.19万t）>内蒙古（3392.27万t）>湖南（3341.33万t）>湖北（3303.26万t）>新疆（3158.62万t）>辽宁（2915.89万t）>江西（2187.24万t）>云南（2171.82万t）>山西（1731.28万t）>陕西（1663.62万t）>广西（1593.56万t）>广东（1474.39万t）>甘肃（1386.48万t）>贵州（1306.25万t）>重庆（1247.68万t）>浙江（803.96万t）>福建（648.50万t）>宁夏（456.33万t）>天津（238.11万t）>海南（202.48万t）>青海（166.68万t）>北京（160.47万t）>上海（116.69万t）>西藏（47.79万t）。

表4.7　2012年全国各地区农作物秸秆理论产生量　（单位：万t）

地区	水稻	小麦	玉米	豆类	薯类	棉花	花生	油菜	芝麻	合计
北京	0.12	30.19	125.37	1.45	0.86	0.00	2.48	0.00	0.00	160.47
天津	10.06	61.34	138.68	2.24	0.36	24.52	0.92	0.00	0.00	238.12
河北	44.84	1471.51	2474.27	48.68	78.02	240.44	253.88	5.94	1.91	4619.49
山西	0.54	285.10	1355.81	41.40	22.30	20.01	4.06	1.31	0.75	1731.28
内蒙古	65.93	207.26	2676.59	244.35	129.31	0.66	6.40	61.33	0.28	3392.11
辽宁	457.02	3.52	2135.25	51.30	34.86	0.24	233.07	0.19	0.45	2915.90
吉林	478.83	0.00	3868.16	78.86	48.09	3.40	93.38	0.00	2.90	4573.62
黑龙江	1954.06	77.02	4331.91	719.40	93.82	0.00	14.09	0.21	0.19	7190.70

续表

地区	水稻	小麦	玉米	豆类	薯类	棉花	花生	油菜	芝麻	合计
上海	80.22	24.82	3.78	2.28	0.54	1.62	0.41	3.02	0.00	116.69
江苏	1710.06	1153.63	345.30	121.73	27.51	93.92	72.04	218.25	3.74	3746.18
浙江	547.43	29.81	43.70	54.96	38.64	12.73	10.68	64.17	1.84	803.96
安徽	1254.15	1423.40	641.25	180.75	31.75	125.23	173.71	268.64	13.59	4112.47
福建	453.40	0.79	27.01	31.14	80.03	0.00	52.44	3.36	0.33	648.50
江西	1778.40	2.51	18.87	44.75	43.51	64.84	89.63	137.51	7.24	2187.26
山东	93.04	2397.45	2991.77	59.78	130.05	297.56	697.31	4.16	0.24	6671.36
河南	443.30	3495.09	2621.63	126.84	85.83	109.43	908.05	175.21	56.19	8021.57
湖北	1486.24	407.86	423.84	48.32	65.80	232.30	148.68	460.06	30.16	3303.26
湖南	2368.47	9.42	295.88	57.66	87.39	106.76	55.50	357.14	3.12	3341.34
广东	1013.91	0.33	119.55	30.21	117.15	0.00	191.04	1.62	0.58	1474.39
广西	1027.80	0.22	375.90	35.40	45.36	0.94	102.58	4.01	1.34	1593.55
海南	140.18	0.00	17.01	3.53	21.01	0.00	20.31	0.00	0.44	202.48
重庆	448.20	42.30	384.39	67.56	206.07	0.00	22.65	75.42	1.10	1247.69
四川	1382.49	480.70	1051.95	140.40	336.30	5.67	129.63	444.17	0.95	3972.26
贵州	362.19	57.63	513.38	35.40	165.08	0.51	15.71	156.35	0.00	1306.25
云南	580.14	97.13	1050.00	194.48	128.10	0.00	14.98	107.00	0.00	2171.83
西藏	0.49	27.03	3.93	3.42	0.32	0.00	0.00	12.61	0.00	47.80
陕西	78.62	479.05	850.35	64.68	57.77	28.63	19.52	79.88	5.12	1663.62
甘肃	3.52	306.35	756.15	49.64	167.65	34.52	0.80	67.86	0.00	1386.49
青海	0.00	38.72	25.50	10.65	22.75	0.00	0.00	69.06	0.00	166.68
宁夏	64.17	68.20	286.80	7.05	29.54	0.00	0.00	0.57	0.00	456.33
新疆	53.42	634.19	888.17	37.53	9.22	1507.81	4.27	22.39	1.62	3158.62

注：数据为零的省区，主要未公布数据，经查证未公布原因基本为产量极少

资料来源：《中国统计年鉴2013》

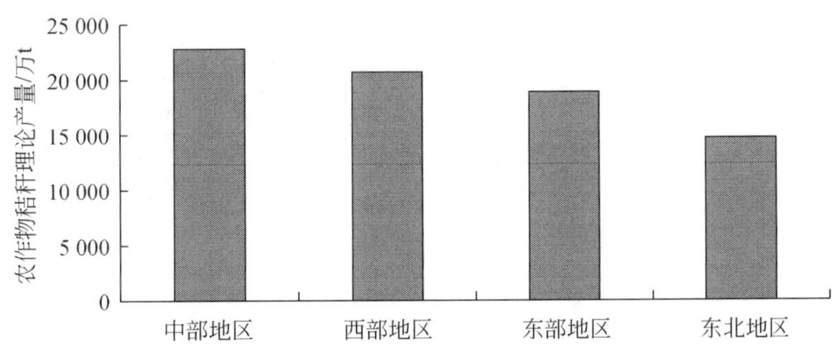

图4.4　2012年我国农作物秸秆理论产量的区域分布

(4) 农作物秸秆可收获量空间分布特征

各农作物种类的可收获量的空间分布特征与理论产量相同。农作物可收获量分别为：中部地区（18 889.29 万 t）>西部地区（17 925.58 万 t）>东部地区（15 797.64 万 t）>东北地区（13 335.06 万 t）。从农作物可收获量区域比较来看（表 4.8），主要集中在长江以北地区、华北地区、东北地区，区域排序依次为：河南>黑龙江>山东>吉林>河北>安徽>四川>内蒙古>江苏>新疆>湖北>湖南>辽宁>云南>江西>山西>陕西>广西>甘肃>广东>贵州>重庆>浙江>福建>宁夏>天津>海南>北京>青海>上海>西藏。从各地区的留茬还田来看（图 4.5），中部地区（3807.84 万 t）>东部地区（2883.96 万 t）>西部地区（2637.63 万 t）>东北地区（1345.15 万 t），各地区留茬还田多少依次排序为：河南（1268.78 万 t）>山东（902.64 万 t）>黑龙江（772.31 万 t）>安徽（756.71 万 t）>江苏（745.53 万 t）>四川（628.05 万 t）>湖南（622.32 万 t）>河北（573.43 万 t）>湖北（568.42 万 t）>江西（440.28 万 t）>新疆（375.28 万 t）>吉林（328.09 万 t）>广东（275.59 万 t）>广西（269.39 万 t）>云南（267.71 万 t）>内蒙古（263.46 万 t）>辽宁（244.76 万 t）>陕西（214.32 万 t）>重庆（189.25 万 t）>贵州（177.41 万 t）>甘肃（166.33 万 t）>浙江（154.81 万 t）>山西（151.33 万 t）>福建（126.75 万 t）>宁夏（52.33 万 t）>海南（38.43 万 t）>天津（27.37 万 t）>青海（25.07 万 t）>上海（24.99 万 t）>北京（14.44 万 t）>西藏（9.05 万 t）。

表 4.8 2012 年全国各地区农作物秸秆可收获量 （单位：万 t）

地区	水稻	小麦	玉米	豆类	薯类	棉花	花生	油菜	芝麻
北京	0.09	22.64	119.10	1.28	0.69	0.00	2.23	0.00	0.00
天津	7.85	46.00	131.74	1.97	0.29	22.07	0.83	0.00	0.00
河北	34.97	1103.64	2350.55	42.83	62.41	216.39	228.50	5.23	1.53
山西	0.42	213.82	1288.01	36.43	17.84	18.01	3.66	1.16	0.60
内蒙古	51.43	155.45	2542.76	215.03	103.45	0.60	5.76	53.97	0.23
辽宁	356.48	2.64	2028.49	45.14	27.89	0.21	209.76	0.16	0.36
吉林	373.48	0.00	3674.75	69.39	38.47	3.06	84.04	0.00	2.32
黑龙江	1524.17	57.77	4115.31	633.07	75.06	0.00	12.68	0.19	0.15
上海	62.57	18.61	3.59	2.01	0.43	1.46	0.37	2.66	0.00
江苏	1333.85	865.22	328.04	107.12	22.01	84.53	64.84	192.06	2.99
浙江	427.00	22.36	41.51	48.36	30.91	11.46	9.62	56.47	1.47
安徽	978.24	1067.55	609.19	159.06	25.40	112.71	156.34	236.40	10.87
福建	353.65	0.59	25.66	27.40	64.03	0.00	47.20	2.95	0.26

续表

地区	水稻	小麦	玉米	豆类	薯类	棉花	花生	油菜	芝麻
江西	1387.15	1.88	17.93	39.38	34.80	58.35	80.66	121.01	5.79
山东	72.57	1798.09	2842.18	52.60	104.04	267.80	627.58	3.66	0.19
河南	345.77	2621.31	2490.54	111.62	68.66	98.48	817.25	154.19	44.96
湖北	1159.27	305.89	402.65	42.52	52.64	209.07	133.81	404.86	24.13
湖南	1847.40	7.06	281.08	50.74	69.91	96.08	49.95	314.29	2.50
广东	790.85	0.25	113.57	26.58	93.72	0.00	171.94	1.42	0.47
广西	801.68	0.17	357.11	31.15	36.29	0.85	92.32	3.53	1.07
海南	109.34	0.00	16.16	3.11	16.81	0.00	18.28	0.00	0.35
重庆	349.60	31.72	365.17	59.45	164.85	0.00	20.39	66.37	0.88
四川	1078.34	360.53	999.35	123.55	269.04	5.10	116.67	390.87	0.76
贵州	282.51	43.22	487.71	31.15	132.06	0.46	14.14	137.59	0.00
云南	452.51	72.85	997.50	171.14	102.48	0.00	13.48	94.16	0.00
西藏	0.38	20.27	3.73	3.01	0.25	0.00	0.00	11.10	0.00
陕西	61.32	359.29	807.83	56.92	46.22	25.77	17.57	70.29	4.10
甘肃	2.74	229.76	718.34	43.68	134.12	31.07	0.72	59.72	0.00
青海	0.00	29.04	24.23	9.37	18.20	0.00	0.00	60.78	0.00
宁夏	50.05	51.15	272.46	6.20	23.63	0.00	0.00	0.50	0.00
新疆	41.67	475.65	843.76	33.03	7.38	1357.03	3.84	19.70	1.29

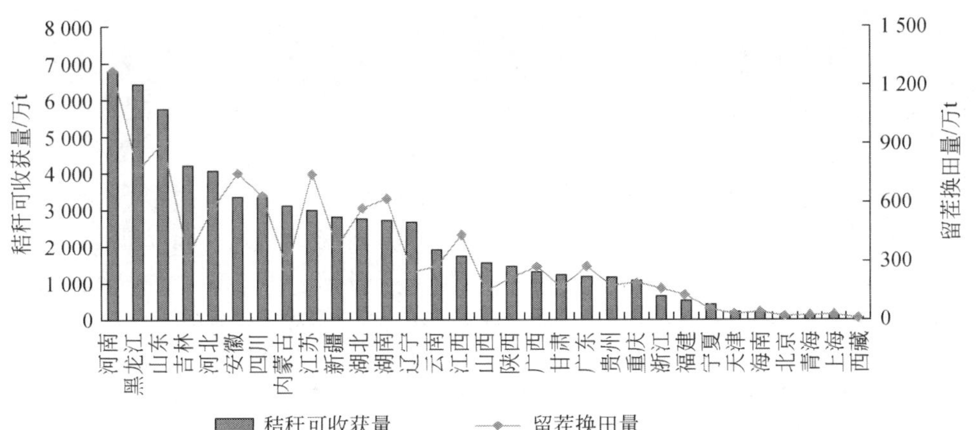

图 4.5　2012 年全国各省区秸秆可收获量及留茬还田量比较

4.1.2 秸秆基质栽培食用菌的综合效益

实践证明，秸秆栽培食用菌具有提高食用菌产量、提升食用菌品位、改善生态环境等具有极为明显的社会经济效益。

4.1.2.1 经济效益

首先，秸秆基质化利用有利于提高我国食用菌产量。我国是农业大国，农作物秸秆产量巨大，供给充足，2012 年我国农作物秸秆产量高达7.66 亿 t。基质供给充足，将有助于扩大栽培规模，提高食用菌产量。例如，人工栽培平菇，以玉米芯、木屑、棉籽壳、甘蔗渣、稻草粉等为原料，生物效率高达 100% ~150%；香菇、木耳、金针菇等以木屑为主要原料，适当配比棉籽壳、玉米芯、甘蔗渣等，生物学效率为70% ~100%；草菇、双孢蘑菇等草腐菌以稻草、麦秸、玉米秸和牛粪等废弃物为主要原料，生物学效率为 30% ~40%（胡清秀，2014）。其次，利用秸秆作为有机废料代替段木等其他基质进行食用菌栽培，不仅节省了木材，保护森林环境，而且降低有效降低生产成本，有效诞生了农业产业链，提高食用菌栽培和资源利用的经济效益。宫志远等（2012）认为每亩大棚栽培食用菌可以消化 20 ~30 亩作物秸秆，一年生产两季可收获 1.5 万 kg 鲜菇，相当于 4.5 亩耕地生产的粮食，形成6 万元以上的产值效益。最后，秸秆基质化利用可以提高资源利用效率。秸秆栽培食用菌的氮素转化效率平均为20.9%左右，高于羊肉（6%）和牛肉（3.4%）的转化率。

4.1.2.2 社会效益

第一，可以扩大食用菌产品供应，惠及普通消费群体，使绿色、营养、安全、保健食品逐步走上大众百姓的餐桌，提高广大人民的生活水平和身体健康。第二，有利于促进农村产业结构调整和农业产业结构的优化升级，提高食用菌产业的技术水平。第三，农作物秸秆基质化栽培食用菌相比于农作物秸秆废弃或焚烧等简单处理而言，在基质化处理的粉碎、打包、运输、袋装等环节需要更多的劳动力（图 4.6），将增加农村劳动力市场需求，进而有助于带动农村剩余劳动力的就地就业，有利于实现农村的稳定繁荣发展。

4.1.2.3 生态效益

农作物秸秆基质化利用是典型的循环农业模式，同时也是低碳农业发展的重要典范。农作物秸秆在传统焚烧处理下，不仅导致资源浪费，更为严重导致大量的碳排放。露天每焚烧 1t 秸秆，将产生 1.247t 的温室气体。如果按照 40% 的焚

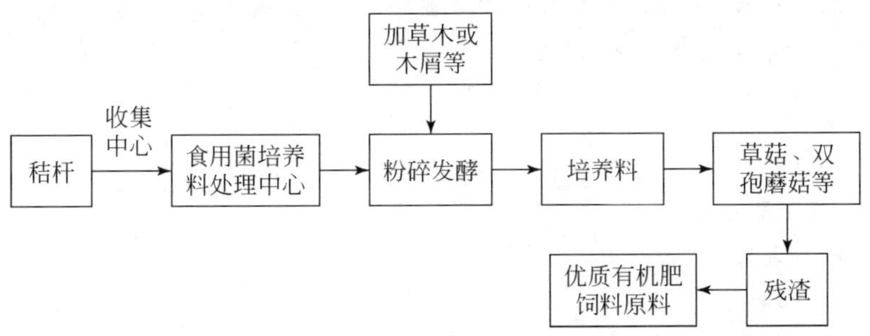

图 4.6 农作物秸秆基质化利用的流程图

烧率，2012 年农作物秸秆可收获量为 65 948.14 万 t，因露天焚烧将产生 32 894.93 万 t 温室气体。农作物秸秆栽培食用菌，可以有效解决农作物秸秆随意处理所造成的环境危害。

4.1.3 秸秆栽培食用菌的经济潜力分析

4.1.3.1 食用菌秸秆基料可利用量

根据蔡亚庆等等（2011）对各地区农作物秸秆使用途径及资源量的测算结果中各种用途的比例关系，合理推算农作物秸秆食用菌基料可利用比例（表 4.9）。推算基于以下四个方面的基本假定：一是短期内农作物秸秆仍然是农村生活的必要能源，且无其他替代能源，尤其是在贫困和经济落后地区。二是农作物秸秆仍然是农村草食性家畜不可或缺的饲料来源，且在一定时期内无明显替代性。三是为增强农田土壤肥力，农民总是会将一部分秸秆沤肥还田或者直接还田，并认为这种方式也是秸秆利用的较佳途径，不需进行改变，且在政府相关政策推动下，有稳定发展态势。四是除以上三种固定用途外，认为秸秆作为食用菌基料来源，是一种经济产出较好重要用途。

根据以上参考和合理假设，核算出食用菌基料可利用量的秸秆量（表 4.9），即全国（统计数据不包含港、澳、台地区的数据）食用菌基料可利用量为 19 916.34 万 t。各省区中食用菌基料可利用量的秸秆量排在前十位的省份依次为：河南（2991.48 万 t）、黑龙江（2657.22 万 t）、吉林（1757.65 万 t）、山东（1644.08 万 t）、安徽（1489.95 万 t）、江苏（1476.32 万 t）、河北（954.87 万 t）、湖北（927.11 万 t）、新疆（854.49 万 t）、内蒙古（622.60 万 t），10 省份可利用量合计占比为 77.28%，主要集中在华北地区、东北区地区和长江中下游区。

表 4.9 农作物秸秆食用菌基料可利用比例及可利用量

地区	农村生活能源占可收集比例/%	饲料化用途占可收集比例/%	秸秆还田占可收集比例/%	食用菌基料可利用比例/%	食用菌基料可利用量/万 t
全国	30.7	24.5	14.6	30.2	19 916.34
北京	26.8	36.0	20.0	17.2	25.12
天津	35.1	26.8	20.0	18.1	38.14
河北	27.3	29.1	20.0	23.6	954.87
山东	24.5	35.0	12.0	28.5	1 644.08
河南	22.7	21.0	12.0	44.3	2 991.48
辽宁	36.3	34.4	15.0	14.3	381.97
吉林	22.1	21.5	15.0	41.4	1 757.65
黑龙江	25.5	18.1	15.0	41.4	2 657.22
山西	39.3	36.2	20.0	4.5	71.10
陕西	33.8	27.4	20.0	18.8	272.47
甘肃	35.6	27.4	20.0	17.0	207.43
内蒙古	26.3	33.8	20.0	19.9	622.60
宁夏	20.4	45.9	20.0	13.7	55.35
新疆	21.2	28.1	20.0	30.7	854.49
西藏	39.0	36.9	20.0	4.1	1.59
青海	39.0	35.7	20.0	5.3	7.51
上海	0.0	17.8	12.0	70.2	64.37
江苏	30.5	8.3	12.0	49.2	1 476.32
浙江	32.6	14.8	12.0	40.6	263.56
安徽	28.6	15.0	12.0	44.4	1 489.95
湖北	30.1	24.0	12.0	33.9	927.11
湖南	38.8	31.5	12.0	17.7	481.27
江西	36.7	17.4	12.0	33.9	592.22
重庆	46.4	19.0	15.0	19.6	207.45
四川	51.9	23.4	15.0	9.7	324.39
贵州	46.4	24.2	15.0	14.4	162.55
云南	47.8	24.2	15.0	13.0	247.54
福建	30.8	22.7	12.0	34.5	180.00
广东	32.3	23.7	12.0	32.0	383.62
广西	29.8	22.5	12.0	35.7	472.73
海南	25.0	14.6	12.0	48.4	79.40

注：本表数据不包含港、澳、台地区的数据

4.1.3.2 食用菌品种对秸秆的生物转化情况

生物转化率是测算农作物秸秆栽培食用菌产出效率的重要指标（表4.10）。主要选取产量较高的香菇、平菇、双孢蘑菇、金针菇、黑木耳。基于相关专家实验结论与农作物秸秆的营养组成成分对比，大致确定食用菌各品种的生物转化率情况。

表4.10 主要食用菌品种对秸秆的生物转化率情况

秸秆类型	香菇	平菇	双孢蘑菇	金针菇	黑木耳
水稻秸秆	1：1000	1：1500	1：300	1：500	1：600
小麦秸秆	1：1000	1：1500	1：300	1：500	1：600
玉米秸秆	1：1000	1：1000	1：300	1：500	1：600
豆类秸秆	1：1000	1：800	1：300	1：720	1：600
薯类秸秆	1：800	1：800	1：200	1：500	1：600
棉花秸秆	1：900	1：1100	1：300	1：700	1：600
花生秸秆	1：800	1：800	1：300	1：500	1：600
油菜秸秆	1：800	1：800	1：300	1：700	1：600
芝麻秸秆	1：800	1：800	1：300	1：500	1：600

4.1.3.3 秸秆栽培食用菌的经济潜力测算与分析

由于不同农作物秸秆栽培同种食用菌生物转化率不同，且同一农作物秸秆栽培不同食用菌生物转化率也不同，且农作物秸秆在食用菌生产上根据区域特征具有多重选择，因此其各品种产量以及效益是一个弹性区间。在不考虑秸秆资源区域流动的前提下，产量空间为根据食用菌生物学转化率最高且栽培结构单一等极限情况下能够生产食用菌的最大产量。而经济潜力，则是根据生物学效率和当年市场平均价格（表4.11）所确定的极限情况下生产食用菌所能产生最大产值（表4.12）。

表4.11 2012年全国及各省区食用菌主要品种的平均价格 （单位：元/kg）

地区	香菇均价	平菇	双孢蘑菇	金针菇	黑木耳
北京	7.75	5.30	14.52	7.98	4.58
河北	8.52	4.41	9.79	8.11	3.53
天津	7.75	4.23	13.33	8.97	—
山西	10.97	5.03	12.17	8.93	3.50

续表

地区	香菇均价	平菇	双孢蘑菇	金针菇	黑木耳
内蒙古	9.78	5.83	6.47	17.46	—
吉林	9.58	5.56	17.39	10.55	—
辽宁	6.93	5.55	13.21	9.43	—
黑龙江	8.93	6.24	14.78	11.06	—
上海	15.38	5.66	12.86	6.93	4.00
江苏	11.02	5.78	14.41	8.59	5.08
浙江	11.58	5.07	14.33	9.00	5.50
安徽	10.65	4.56	13.79	8.32	—
福建	14.81	8.80	13.90	10.97	6.26
江西	8.64	5.11	—	8.49	—
山东	9.65	5.27	10.54	8.31	7.00
河南	9.90	4.28	9.38	7.82	3.65
湖北	10.86	4.85	12.83	7.23	4.00
湖南	9.70	5.68	14.07	9.33	—
广东	9.72	6.93	12.50	12.74	7.59
广西	12.09	6.25	10.00	10.40	—
海南	—	—	—	—	—
重庆	9.67	6.65	11.60	10.00	7.80
四川	9.99	7.11	10.00	7.35	—
贵州	9.02	4.37	9.77	6.70	6.08
云南	12.11	5.38	12.00	10.98	11.19
西藏	—	—	—	—	—
陕西	11.92	5.58	12.78	7.53	5.16
甘肃	11.28	5.26	11.06	15.43	8.00
青海	10.02	5.74	12.14	7.60	—
宁夏	10.42	7.07	13.43	7.10	—
新疆	14.04	8.07	18.11	12.32	6.67

注：表中数据不包含港、澳、台地区的数据

表 4.12　2012 年全国及各省区食用菌增产潜力与经济潜力

地区	产量空间/万 t	经济潜力/万元
全国	5 974 ~ 19 916.34	49 749.29 ~ 202 425.74
北京	7.54 ~ 25.11	69.02 ~ 194.67

续表

地区	产量空间/万 t	经济潜力/万元
河北	286.46 ~ 954.87	2 022.41 ~ 8 135.46
天津	11.44 ~ 38.14	114.43 ~ 295.62
山西	21.33 ~ 71.10	149.31 ~ 779.94
内蒙古	186.78 ~ 622.60	1 206.61 ~ 6 089.06
吉林	527.29 ~ 1 757.65	3 691.06 ~ 16 838.26
辽宁	114.59 ~ 381.97	1 145.92 ~ 3 980.15
黑龙江	797.16 ~ 2 657.22	5 580.15 ~ 23 728.94
上海	19.31 ~ 64.37	154.50 ~ 990.07
江苏	442.90 ~ 1 476.32	4 499.83 ~ 16 269.07
浙江	79.07 ~ 263.56	869.74 ~ 3 052.00
安徽	446.99 ~ 1 489.95	2 681.91 ~ 15 867.99
福建	54.00 ~ 180.00	676.09 ~ 2 665.83
江西	177.67 ~ 592.22	1 421.32 ~ 5 116.77
山东	493.22 ~ 1 644.08	6 905.15 ~ 15 865.40
河南	897.77 ~ 2 991.48	3 275.67 ~ 29 615.67
湖北	279.13 ~ 927.11	2 225.06 ~ 10 068.39
湖南	144.38 ~ 481.27	866.28 ~ 4 668.28
广东	115.08 ~ 383.62	1 746.99 ~ 3 728.74
广西	141.82 ~ 472.73	850.91 ~ 5 715.28
海南	23.82 ~ 79.40	238.19 ~ 793.98
重庆	62.24 ~ 207.45	970.88 ~ 2 006.06
四川	97.32 ~ 324.39	681.22 ~ 3 240.65
贵州	48.77 ~ 162.55	592.99 ~ 1 499.23
云南	74.26 ~ 247.54	1661.95 ~ 2 997.65
西藏	0.48 ~ 1.59	4.29 ~ 19.06
陕西	81.74 ~ 272.47	843.56 ~ 3 247.83
甘肃	62.23 ~ 207.43	995.64 ~ 2 339.76
青海	2.25 ~ 7.51	55.52 ~ 75.20
宁夏	16.60 ~ 55.35	166.04 ~ 576.72
新疆	256.35 ~ 854.49	3 419.66 ~ 11 996.99

注：表中数据不包含港、澳、台地区的数据

根据测算结果，我国秸秆食用菌基质栽培经济潜力非常明显。若能将食用菌基料可利用秸秆最大量进行充分利用，则当年全国食用菌产业可增加 49 749. 29 万 ~ 202 425. 74 万元的产值。从各区域比较来看，经济潜力较大，且至少过千万的区域为河南（3275. 67 万 ~ 29 615. 67 万元）、黑龙江（5580. 15 万 ~ 23 728. 94 万元）、吉林（3691. 06 万 ~ 16 838. 26 万元）、山东（6905. 15 万 ~ 15 865. 40 万元）、安徽（2681. 91 万 ~ 15 867. 99 万元）、江苏（4499. 83 万 ~ 16 269. 07 万元）、河北（2022. 41 万 ~ 8135. 46 万元）、湖北（2225. 06 万 ~ 10 068. 39 万元）、新疆（3419. 66 万 ~ 11 996. 99 万元）、内蒙古（1206. 61 万 ~ 6089. 06 万元）、江西（1421. 32 万 ~ 5116. 77 万元）、广东（1746. 99 万 ~ 3728. 74 万元）、辽宁（1145. 92 万 ~ 3980. 15 万元）、云南（1661. 95 万 ~ 2997. 65 万元）。当然，这是一种较为理想的情况。事实上，在市场发育和需求尚未得到充分开发的情况下，利用作物秸秆，虽然在技术存在可行之处，但是在经济上，是否能够获得良好的效益产出，则还需要全方位的消费市场培育与潜力开发。这样才能在资源利用有效的基础上，获得全面的经济有效、生态有效和社会有效。

（李　波　张俊飚）

4. 2　食用菌产业对经济发展和资源环境的影响

随着社会经济的不断发展、城镇化的推进及人口的增加，我国面临着资源与环境约束条件日益趋紧，粮食和能源等供应逐渐紧张的问题。尽管当前部分地区出现粮食等过剩的现象，但这也仅是一种低水平的结构性过剩，同时也为我国农业产业结构的转型与调整提供了契机。食用菌产业作为现代生态农业的有机组成部分，不仅能够有效地利用农业生产和产品加工过程中的副产品，将它们变废为宝，增加经济效益，为社会提供食品，更不与农作物生产争地、争时，能够吸收大量农村剩余劳动力或弱势劳动力就业，其综合收益是粮食作物的 4 ~ 5 倍，是集社会效益、经济效益和生态效益于一体的新兴特色产业。与此同时，发展食用菌产业同样会对社会、经济、生态等产生负面的消极影响，如森林植被的破坏、自然灾害的频发等。那么，如何正确理解与处理食用菌产业发展与社会经济发展、生态保护、环境污染治理等关系，以推动区域社会经济与生态环境的良性、协调、绿色发展，成为必须考虑且亟待破除的难题。

4. 2. 1　发展食用菌产业的积极影响

4. 2. 1. 1　经济效益分析

随着食用菌在人们膳食结构中作用的逐渐增强，其消费需求量也在不断增长，根据过去几十年食用菌产业发展历程可以了解到，我国食用菌产业发展迅猛，特别是自2001年以来，每年以15%的速度增长，目前已成为继粮、果、菜之后第四大种植产业，在社会经济发展中的作用日益显现。作为推动地方社会经济发展重要的特色性产业，食用菌显然已成为中国农村地区经济发展中最具活力的新兴产业之一，在增加国家财政税收、农民收入和出口创汇等方面发挥了不可替代的重要作用。

食用菌产业虽然是一种劳动密集型产业，但其生产较为灵活，不与粮食、瓜果等生产争时、争地、争劳动力，农户可根据当地农业生产特性，在农闲时从事食用菌栽培与生产，增加家庭经济收益。自20世纪食用菌就已是我国诸多地方经济发展和农户脱贫致富奔小康的首选产业，部分市场价格较高的野生食用菌品种（如松茸和干巴菌等）的收入甚至可以占到农户家庭总收入的1/3左右。

作为投资较少、生产周期短、经济效益高、市场潜力大的农业产业，利用秸秆、稻糠等栽培食用菌能够在很大程度上有效解决当前秸秆利用效率低和就地焚烧等问题，更能通过其多次循环利用获得较为客观的社会效益和经济效益。同时，由于大部分食用菌（如平菇、草菇和双孢蘑菇等）是以秸秆等农业废弃物为原料的碳源，畜禽粪便为氮源，并通过降解等一系列过程提供蛋白质，这样更有利于社会效益、经济效益和生态效益的统一。例如，用玉米秸秆为主要原料栽培双孢蘑菇，可实现22.5万元/hm^2的收益，获得良好的经济收益，而将食用菌菌渣饲料化，作为家禽、草食动物、鱼等饲料，也能获得较好的经济效益。

4.2.1.2 社会效益分析

农业的持续性主要体现在不仅要能够满足人类社会发展的基本需求，也能满足较高层次的文化需求，食用菌产业正是这样的产业。

在人类社会的各种产品需求中，对粮食等农产品的需求毫无疑问占据首位。作为一种农产品，食用菌产品富含蛋白质、氨基酸等营养元素，又具有低脂肪、低热量、易被人体消化与吸收等众多优点，是其他农产品所不能比拟的，或有着“素中之荤”之称，又或被称为“植物蛋白的顶峰”。随着人们对均衡合理饮食结构的追求，食用菌已是人类均衡营养膳食结构中不可或缺的元素，其在保障我国居民基本食品需求、食物安全、改善饮食结构、增强国民体质方面的作用也就不言而喻。我国食用菌产业发展历史悠久，食用菌饮食文化源远流长也颇具特色。人们对饮食的追求，逐渐形成了多样化、高品位的特色饮食，自然也就积累了大量宝贵的食用菌膳食烹饪与加工方法，并创造了中国博大精深的食用菌饮食文化，这也是其他国家所不能比拟的。

同时，相比其他普通蔬菜和水果，食用菌除了具有基本的食用价值，还具备一定的保健与养生功效。随着我国城乡居民购买力的提升，以及大众健康消费观念的改变，人们对农产品与食品的需求已由追求"吃饱""吃好"转变为"吃的健康""吃的营养与均衡"，这也推动了人们将其作为健康食品、绿色食品进行消费。例如，冬虫夏草多糖、猴头菇多糖等物质，由于具有一定的降血糖、抗癌、增强身体免疫力等作用大受人们喜爱；灵芝不仅对心脑血管疾病和癌症具有一定的预防和治疗效用，还可起到养颜美容的功效，颇受人们青睐；猴菇对肠胃病的治疗具有一定的效果，使得猴菇菌片、猴菇饼干等加工产品成为大众日常医疗和饮食的佳选。

此外，食用菌在我国种植历史悠久，劳动者们在长期农业种植生产过程中所形成的栽培技术、操作工艺等乃是劳动人民智慧的象征，具有一定的文化内涵。随着人们生活质量水平的提高，大家更加追求旅游等休闲娱乐活动，这也促使了诸多具备一定食用菌旅游资源和文化底蕴地区旅游业的兴旺与繁荣。同时，许多地区土地流转后，大多数农户直接就地转移成为食用菌产业工人，食用菌示范试验基地及特色园区的建设，将会为当地农户提供较多的就业岗位。

作为"中国香菇之乡"的庆元县，在几百年的香菇栽培历史中早已形成独具中华特色的香菇栽培技艺，并创造了自身特色的饮食、诗词等文化。当地还成立了香菇博物馆，将这些文物古迹、栽培工具等展出，成为当地香菇文化不可或缺的部分。古田县则依托当地独特的食用菌资源，大力发展与食用菌相关的主题会展旅游，推进主题农业观光园建设、开发食用菌主题旅游商品、主题餐饮、主题会展旅游等，通过各种形式将食用菌贯穿于人们游行、饮食、学习、生活的方方面面，逐步形成集食用菌生产加工、市场建设、产品流通与集散、文化传播、餐饮保健、参观体验、旅游娱乐等众多功能为一体的特色旅游经济区。

4.2.1.3 生态效益分析

食用菌生产主要利用农产品生产后的废弃物等进行生产。这一产业链条的有益延伸，可将菌糠或菌渣用于制作动物饲料，也可以用作有机肥料还田。据相关数据显示，每10 t菌渣相当于0.18 t尿素，0.12 t标准磷肥，0.072 t硫酸钾，对于保持土壤团粒结构具有重要作用，是土壤培肥的大好原料。

农作物秸秆作为一类农业生物质资源，面对当前农村大量秸秆并未利用、秸秆焚烧现象依然难以禁止的现状，用农作物秸秆等废弃物代替木屑，实现其合理利用和多次开发，不仅能够缓解农村焚烧秸秆的严峻局面，有效保护环境及改善生态质量，更有助于农业增产增效，农民增收致富，推动农村社会的可持续发展。食用菌的菌渣可作为有机肥用于还田，还能够有效改善土壤肥力，减少化肥、农药施用量及其残留量，为有机农产品生产提供有利保证。

通过发展生态食用菌产业，不仅能够有效降低投入，提高食用菌品质，实现食用菌产业发展的“节本增效”，更能够发挥其在包括林业在内的大农业生态系统和循环经济中的独特作用，并通过产业嫁接，为我国农业营造良好的发展环境并实现生态生产提供空间和机会。例如，山东沂水利用桑蚕资源发展食用菌生产，桑蚕养殖农闲期间，可利用桑枝和蚕粪等原料，以养蚕大棚基地为场所，以蚕茧站为服务中心，开展食用菌栽培与种植。之后，可利用食用菌的菌渣、菌糠等施肥桑园，进一步提升桑地肥力。这一做法不仅能够实现养蚕业和食用菌栽培的良好结合与循环互动，使桑园经济收益倍增，还能够降低环境污染程度，提高桑条的使用效率，避免林木资源的浪费，推动两个产业的健康可持续发展。

4.2.2 发展食用菌产业的负面影响与挑战

尽管目前部分地区已探索创新出大量可行的食用菌生态循环发展模式，但由于香菇和木耳等多类食用菌栽培依然需消耗较多木材、稻糠和麦麸等营养原料，大量阔叶林木材的投入，将不利于水土保持及生物多样性的保护，再加上这些林木资源的培植周期长，这反过来严重制约着我国食用菌产业的发展壮大与国际市场竞争力的提升。

4.2.2.1 消耗大量木质资源，破坏森林植被

利用阔叶林木栽培香菇，其产生的经济价值明显要高于将这些林木用于其他食品生产过程所得收益。作为利用林业资源生产高级、健康或绿色食品的过程，这一利用手段可提高资源的利用率，也可算是高效利用优质木材的一种途径。据相关资料显示，直接销售 $1m^3$ 阔叶林木材，其收益不足 1000 元，但如果将其制成食用菌营养基木屑，其经济效益则会明显翻番甚至更高。以香菇为例，消耗 $1m^3$ 的木材约可生产 100kg 干香菇，其收益是约为直接销售木材的 3 倍，有些枝桠材通过此途径甚至可使其收益高达 10 倍。

但当前食用菌需求数量不断增长，需消耗大量的木质原料资源，在诸多地方严禁砍伐或非法伐木的现实情况下，一些食用菌生产经营者为了获取高额的收益，大力收购林木资源，部分农户甚至为了追求短期的高额收益，违法或非法砍伐优质林木，造成森林植被及生态环境的严重破坏。

4.2.2.2 食用菌废弃物增多，土壤与水资源等污染严重

长期以来，食用菌的快速发展不仅带动了我国农村产业链条的延伸，为农民提供了更多的就业岗位，有效地改善了农业效益与国民膳食结构。但随着“白色农业”的发展，塑料薄膜等栽培袋和覆盖物增多，由于其大多为不易分解的石油

化学产品，难免造成“白色污染”，加剧农村生态的恶化与环境污染。同时，在食用菌生产消毒过程中的甲醛污染严重。由于大部分农户在栽培食用菌的过程中，制种或接种时的消毒物品仍以甲醛和高锰酸钾为主，而甲醛等化学物品对人体容易产生较大损害，甚至可能会有致癌的危险。此外，食用菌产后废料残渣污染严重。尽管使用后的食用菌菌袋或菌渣等富含较多的营养基，但如果不能合理地处理与科学利用，将会加重环境污染状况。其原因在于菌袋的外层为聚乙烯塑料袋，耐高温且不易腐烂，未经处理直接进入农田，会因其不易透水和不透气的特性破坏土壤结构，其中的病菌等会侵入土壤，造成微生物污染等，进而阻碍植物正常生长，甚至威胁到人类生命安全；若动物误食菌袋，还会因肠道梗阻而死亡。这一系列负面作用最终将导致水土等自然资源污染的加剧及人类生命安全受到威胁与损害。

4.2.2.3 威胁生物多样性，加大生态环境的脆弱性

当前食用菌产业发展仍以木腐菌为主，草腐菌数量相对较少。木质菌的栽培需要消耗大量的森林木材作为原料，食用菌产业规模的不断扩大，必然造成对森林资源的掠夺性开发，进而导致森林自然生态系统的破坏及生物多样性遭受威胁，甚至导致部分生物的灭绝。与此同时，森林植被的破坏及生态的脆弱性的加剧，会加大自然灾害发生的频率与危害的严重程度，进一步威胁该区域的可持续发展。

据相关资料显示，享有我国“食用菌之都”之称的古田县，每年生产鲜菇等在 1 亿袋左右，但为此需消耗阔叶林木材等森林资源近 10 万 m^3，这就使得该县域内林木资源特别是阔叶林数量与质量明显下降，全县水土流失面积约占总面积的近 16%，每年土壤养分损失价值高达 94 万元，且洪涝、泥石流等众多自然灾害发生频数从 10 年 2 次直接增至 1 年 1 次，生态环境质量急剧恶化。

4.2.2.4 其他挑战与现实性矛盾

发展食用菌产业与生态环境保护之间的矛盾。诸多山区中食用菌优势生产区域通常为国家天然林保护区，这些区域由于生态较为脆弱，禁止砍伐森林。但是，食用菌的生产特别是袋料等原材料，需要大量生长缓慢且生态功能性极强的林木资源，这就使两者之间的矛盾逐渐凸显。

食用菌用材与农户薪火用材之间的矛盾。尽管现阶段绝对多数农村已大规模用电或用气，但仍有不少乡村依然以薪柴为主要做饭、取暖用材，如我国西部地区，国家也对森林资源砍伐量做了严格性限制要求。倘使这些地区的农户仍要发展食用菌生产，则就需要更多的优质林木资源，这不仅使得这些地区农户生活与

取暖问题更加严峻，也会滋长违法砍伐、偷伐盗砍的行为，进一步导致该地区森林资源的破坏及生态环境的恶化。

发展木质菌与资源利用之间的矛盾。由于现在食用菌培育仍主要依赖于木质菌，食用菌菌种的培育主要通过菌袋进行生产，诸多地区菌袋中木屑均使用的是栎类森林资源，其他替代性原料或木质食用菌较少或利用有限。由于粗壮的栎类林木资源粉碎、装袋等工作较为简便，省工省时，这就造成诸多农户菌袋的培育仅选择较为粗壮的栎类枝干，而略微细小的枝条并未得到利用，造成了林木资源极大的浪费。

4.2.3 优化食用菌产业发展的对策

当前我国食用菌产业每年以15%的增速发展，随着人们健康观念与生活方式的转变，对食用菌产品的多样化需求增多，这为食用菌产业的发展壮大提供了较为广阔的发展空间。但是，在我国环境资源条件日益趋紧的现实背景下，针对当前我国食用菌产业发展过程中出现的诸多与生态文明建设、绿色发展理念、保护生态环境和合理利用资源等不适应的现象，本书将从生态环境保护、菌业和林木资源合理利用等方面提出相应的解决思路，以期能够为我国食用菌产业良性、健康、持续发展提供对策参考。

4.2.3.1 加大科技投入和关键技术研发力度，推动产业链条延伸

当前食用菌产业的发展已不能单纯地依赖于物质投入的增加及生产规模的扩大来实现其产能的提升。面对我国食用菌原料资源较为短缺且诸多原料并未被充分利用的现状，应在食用菌人才队伍建设、科研投入等方面给予支持与优惠，鼓励支持食用菌企业、合作社与高校和科研院所的合作，开展食用菌专用原料植物培育技术及相关配套技术的攻关，并在菌种制作、养料配制方面取得更大突破。与此同时，也要开发菌种种质资源，创新品种选育，并通过在安全生产关键技术、菌种质量控制、病虫害防治、高效保湿材料研发等方面的突破，以新型品种、技术、操作工艺、设施装备等武装食用菌产业，提高食用菌行业的自主创新能力、市场竞争力和发展潜力，为全行业创新发展营造良好的氛围。

针对当前食用菌产品主要为初级产品、精深加工产品较少，难以满足我国居民日益增长的高质量物质需求的现实，应在不断完善生态、绿色、高效的食用菌生产操作技术规程和标准的基础上，改进食用菌产品加工操作流程，加强对食用菌药用或具有保健疗效的多糖生物活性元素、保健食品等的研发，开发食用菌饮料、调味品等深加工产品。同时，通过大力发展与食用菌资源相关的旅游业，拓展产业发展空间，延长产业链条，带动农村劳动力就业与社会经济发展，真正实

现产业优势。

4.2.3.2 创新菌业循环发展模式，提高资源利用效率

首先，广开菌业原料来源，发展新型或替代原料。以农业废弃物（如棉籽壳、玉米芯、农作物秸秆、甘蔗渣、畜禽粪便等）为菌种原料，改变传统的以木屑等为主要原料的栽培方式，提高农业废弃物的利用效率和转化效率，如使用玉米芯、棉籽壳、甘蔗渣、木屑等人工栽培平菇，可实现100%～150%的生物效率。这一生产过程可将这些农林废弃物转化为优质蛋白食品，增加食用蛋白质资源种类，提高我国保障食品安全的能力。

其次，循环利用菌渣、菌糠等，实现菌业高效发展。鉴于当前食用菌栽培与生产过程中，菌渣和菌糠等并未被高效循环利用的现状，可利用菌渣培肥土力或做堆肥原料，改善土壤肥力，增强土壤的透气性，减少对农药、化肥的依赖，进而提升农产品品质，降低生产经营成本，增产增效。将菌渣、菌糠等再次用作食用菌栽培原料，发展其他食用菌产品，如金针菇的菌渣栽培鸡腿菇，杏鲍菇的菌渣栽培双孢蘑菇和草菇，白灵菇的菌渣栽培鸡腿菇、平菇等。将菌渣、菌糠及其他下脚料等用作饲料添加剂，用以补充一般饲料中不具备的菌类多糖和氨基酸等。将菌渣等废弃物晒干贮藏，作为菌种培养料灭菌的燃料，特别是生物质气化炉的使用，更能提高气化效率和热值；同时，还可将菌渣垫料等用作沼料发展沼气，不仅减少环境污染，还能产生较稻草等秸秆多的沼气，提高沼气的产气效能。

4.2.3.3 合理利用各项资源，保护生态环境

首先，在保护野生菌种与珍惜食用菌种质资源的基础上，充分考虑我国环境资源承载力和市场需求，逐步优化并稳定我国食用菌种质和品种结构，对木质型的菌种，如香菇和黑木耳等品种的栽培要逐步稳定，并大力发展金针菇等非耗木型品种，积极开发猴头菇、杏鲍菇、灵芝等特色菌种，优化我国食用菌产业品种结构，实现多菌并举发展的良性局面。除此之外，各地区还应依托当地自然资源优势，不断提高具有地方特色的草腐菌、木腐菌等品种的比例，逐步降低我国食用菌产业对林木资源的依赖性，推动菌业健康、持续、绿色发展。

其次，科学处理食用菌产业发展和森林资源利用与保护的关系。在保证不对我国林木资源造成大面积损害、确保森林资源总量增长的前提下，通过用林与造林挂钩的方法或杂木资源有偿使用的办法，提高耗木型菌种的栽培成本，调整和稳定其生产规模，实现森林资源的合理利用与动态平衡。当然，在林木资源已无法采伐的林地或已濒临脆弱的林地，不仅禁止砍伐，还要加大封山育林和培育杂

林木的力度，推动林木资源的恢复，改善林地生态环境。除此之外，还可通过建设菌菇林木专用基地，发展当地适宜种植的杂木品种，间伐间种，实现生态环境保护与林木资源循环利用的良性结合。

（程琳琳　张俊飚　张安然）

4.3　循环经济约束下食用菌废弃物循环利用模式分析

4.3.1　引言

我国是世界食用菌生产大国，食用菌产量呈现快速增长之势。伴随着生产规模的不断扩大，必然产生大量诸如菌渣、菌袋等废弃物，如果未能及时妥善处理或二次利用，将一方面造成了巨大的资源浪费，另一方面也给食用菌生产带来了极大的隐患，如引起病虫害大量蔓延，影响食用菌生产的产量和质量，甚至还会波及周边居民生活环境等。循环经济以资源的高效利用和循环利用为目标，以“减量化、再利用、资源化”为原则，实现资源节约和环境友好。在大力发展循环经济的背景下，将食用菌产业与种植业、养殖业等有机结合，实现物质与能量的循环转化利用，对于提高食用菌废弃物的价值和利用效率，减少资源耗费，改善农业生态环境及降低农业生产成本等均具有重要意义。

4.3.2　循环经济约束下的食用菌废弃物循环利用模式

食用菌废弃物，是食用菌栽培过程中收获产品后剩余的培养基废料，或称为菌渣（edible fungi residue，EFR），（卫智涛等，2010）。食用菌废弃物中含有丰富的菌丝体，食用菌在生长过程中，通过酶解作用产生了大量小分子营养物质，这些营养物质只有部分用于合成自身的菌体蛋白，尚有大量营养物质留存于培养基质及菌丝体中。如菌渣中含有丰富的有机质、全氮和有效氮，其含量分别为236.1～762.4g/kg、4.9～11.0g/kg和320～520mg/kg。其中，菌渣中的有机质含量是温室土壤含量的60倍，全氮达100倍（Polat et al.，2010）。这些菌渣可用作农作物基肥、饲料添加剂等（Medina et al.，2009；史双兰，2011）。食用菌废弃物循环利用的主要模式包括肥料化、饲料化、燃料化和基料化等四种。

4.3.2.1　食用菌废弃物肥料化循环利用模式

食用菌菌渣是经过一次微生物分解后的剩余物料，含有多种菌体蛋白、代谢产物，以及未被利用的营养物质，与其他农业废弃物相比是良好的堆肥原料。从土壤肥料学的角度看，食用菌菌渣中含多种营养元素和大量矿物质，其中 N、P、K 等基础养分含量高于一般绿肥。在农用地中施用由食用菌菌渣制作而成的有机肥，可显著改善农作物碳氮元素平衡，并使土壤持续分解形成腐殖质，改良土壤团粒结构（王莹和马宏伟，2013），刺激根际固氮微生物的生长，从而达到增加作物产量、提升产品品质的目的（严玲等，2011；温广蝉等，2012）。王建忠（2011）研究发现，施用平菇菌渣有机肥后，番茄的可溶性总糖含量、可溶性固形物含量和维生素 C 含量均较常规施肥得到极显著提高，而硝酸盐含量则极显著降低，这表明施入平菇菌渣有机肥可有效改善番茄品质。宫志远等（2012）研究发现，金针菇菌渣有机肥可替代化肥作为油菜基肥，能够促进油菜增产。菌渣有机肥配合化肥使用效果较好，每亩施用 300kg 菌渣有机肥和 25kg 复合肥的搭配方式最佳，相比农民习惯施肥，油菜产量增加了 24.6%。

4.3.2.2 食用菌废弃物饲料化循环利用模式

食用菌培养基通常主要由棉籽壳、锯木屑、玉米芯、甘蔗渣、农业秸秆（如稻草、麦秸、玉米秸等）、动物有机肥（如牛粪、鸡粪、羊粪等）构成。食用菌生产过程中，培养基料中的纤维素与木质素产生酶解，使得菌渣中氨基酸、粗蛋白及铁、钙、锌、镁等多种微量元素的含量增加，如木质素降解了 30%，粗纤维降解了 50%，粗蛋白由原来的 2% ~3% 提高到 10.03% ~17.43%，氨基酸含量为 0.5% ~0.6%，特别是含有多种畜禽体内不能合成，而一般饲料中又缺少的必需氨基酸和菌类多糖，加之其特殊的醇香，使其具有较强的适口性。因此，食用菌菌渣的饲用价值也受到广大养殖户的关注。将生产废弃的菌渣运用一定的程序进行除菌后，按照一定的比例配合成饲料，将食用菌栽培产业与养殖业有机结合，即食用菌废弃物饲料化循环利用模式。叶红英等（2011）将自制菌渣饲料用于喂养育肥猪，发现 2 种菌渣饲料喂养的育肥猪在体况变化、日增质量和料肉比等方面与对照组并未表现出显著差异，同时还降低了养殖成本。

4.3.2.3 食用菌废弃物燃料化循环利用模式

食用菌的栽培原材料主要为农作物秸秆与木屑。原材料中含有的大量有机物在食用菌生产过程中并未被完全分解，菌渣中仍可释放出可燃性较强的甲烷等燃气。将食用菌菌渣加工成燃料，可有效缓解部分地区农户获取燃料途径单一、环境污染大的问题。食用菌废弃物燃料化循环利用模式即对食用菌菌渣进行气化处理，生产甲烷等可燃气体用于日常生活。在具体实践中，可在食用菌产业集中区筑建气化炉，以集中供气。该模式具有产气量高，能源利用清洁、高效等优点。高士友和周绪元（2010）利用黑木耳、鸡腿菇、草菇等食用菌的菌渣进行沼气生产试验，结果表明，利用菌渣发酵，可提前7~10天产气，且产气率高、产气量大、火力足、供气时间长，其烧水做饭效果与石油液化气相当。姚利等（2014）研究发现，利用菌渣生产沼气，其预处理操作简单、启动迅速，且经过适当处理后，原料（干物质）产气率可达0.133 m^3/kg。

4.3.2.4 食用菌废弃物基料化循环利用模式

作为栽培食用菌后剩下的培养基料，菌渣仍含有相当可观的未被利用的营养成分，因而食用菌菌渣基料化循环利用模式具有广阔的应用前景。在该循环模式下，将菌渣脱离传统模式的束缚，通过一定的配料处理，经科学测算将其添入新的栽培包中，成为可持续利用的食用菌生产原料，既可节约生产成本，又能实现菌渣循环使用。例如，适量的黑木耳菌渣提取液，对平菇和榆黄蘑菌丝生长具有一定的促进作用（王金贺等，2013）。灵芝菌渣和鲍鱼菇菌渣可作为部分原料用于栽培平菇，且40%~50%灵芝菌渣、30%鲍鱼菇菌渣加入量效果较好（张娣等，2013）。将50%的白灵菇菌渣废料代替栽培料中的部分棉籽皮栽培杏鲍菇，其生物学效率可达38.28%，与对照组相比没有显著差异，子实体性状也较为理想（耿小丽等，2013）。此外，通过对双孢蘑菇废弃物发酵前与珍珠岩复配，再经辅助加温、强制通风、快速堆肥处理后与蛭石、泥炭等制成复合基质，可用于黄瓜育苗和番茄栽培（贺满桥，2012）。

值得一提的是，以上4种食用菌废弃物循环利用模式并非相互独立，而是可以相互贯通联结。例如，菌渣进入沼气池发酵产生沼气，而沼气废渣又是优质有机肥，且经过处理后，还可作为蘑菇生产的原料进入再次循环。当菌渣产生霉变不宜作为培养原料或养殖饲料时，可进行适当处理制成绿肥直接还原于种植业，即肥料化循环利用模式。此外，食用菌废弃物还可作为生态环境的修复材料。例如，菇渣中含有大量的漆酶、多酚氧化酶及过氧化物酶等多种降解酶类，此类酶不仅可以降解木质素，还能有效降解苯、菲、吡等多环芳烃的化合物（涂响等，2006）。

在归纳了循环经济约束下食用菌废弃物的4类循环利用模式后，接下来本节将基于实地调研数据，分析农户的食用菌废弃物循环利用模式，并借助多类别logit模型，从个人特征、家庭禀赋及外部环境三方面探究影响农户食用菌废弃物循环利用模式选择的关键因素，以期能为实现食用菌废弃物更高层次的循环利用提供政策启示。

4.3.3 数据来源与描述

本节实证分析中使用的数据资料源于食用菌产业技术体系于2009年4~6月

对全国菇农做的问卷调查。调查区域分布于全国15个省份，主要有东北三省（黑、吉、辽）的10区县、湖北的4区县、山东的4区县、河南的7区县、河北的5区县、江苏的5区县、陕西汉中的勉县、浙江的5区县、福建的4区县，以及北京、甘肃、上海、新疆等地（样本量较小）。数据显示，除北京、甘肃、上海和新疆数量较少外，其余的11个省份在2007年的食用菌总产量占全国食用菌总产量的77.44%，总产值占全国食用菌总产值的78.11%，调查地点覆盖了我国食用菌主产区，所得样本具有一定的代表性。问卷主要分为四大部分，分别为：基本信息（主要为2008年信息），菇农种植食用菌的投入产出调查，食用菌种植技术需求调查和菇农销售行为及市场流通、交易形式，食用菌废弃物处理调查。本节所用数据主要来自于调查问卷的第1和第4部分。在具体分析中，基于研究目的，对问卷进行了筛选整理，共有208位农户对食用菌废弃物循环利用的相关内容做出了明确回答，故有效样本量为208份。

表4.13显示了有效样本的基本情况。由表可知，样本农户以41～50岁年龄段的人数最多，约占样本总体的一半；性别构成上，以男性为主，占比近70%；样本农户的文化程度普遍不高，初中及以下文化程度的农户占总体的比例达80%以上，而受过大学及以上教育的农户比例不足1%；在对食用菌废弃物的价值感知方面，仅有不足一半的农户认为其有价值或用途，农户对食用菌废弃物的价值认知偏低；在家庭农业生产情况上，除了种植食用菌，62.02%的农户还种植了水稻、玉米、大豆、蔬菜等其他作物；超过半数（55.29%）的农户加入了食用菌协会或产销合作社；不足1/5的农户表示自己“了解”食用菌废弃物循环利用相关技术信息，超过一半的农户仅“了解一点”，另有近1/3的农户对其“不了解”；就居住地地形而言，山区农户约占总量的1/3，近半数农户居住于平原地区。总体而言，样本具有一定的代表性，数据较为可靠。

表4.13　样本基本特征

类型	选项	频数/人	比例/%	类型	选项	频数/人	比例/%
年龄	20～30岁	16	7.69	农业生产情况	否	79	37.98
	31～40岁	54	25.96		是	129	62.02
	41～50岁	97	46.63	农民合作组织	没参加	93	44.71
	51～60岁	35	16.83		参加	115	55.29
	60岁以上	6	2.88	运输困难	没有困难	124	59.62
性别	女性	64	30.77		有点困难	58	27.88
	男性	144	69.23		困难很大	26	12.50

续表

类型	选项	频数/人	比例/%	类型	选项	频数/人	比例/%
文化程度	小学及以下	30	14.42	技术信息了解程度	了解	39	18.75
	初中	137	65.87		了解一点	106	50.96
	高中或中专	39	18.75		不了解	63	30.29
	大学及以上	2	0.96	当地地形	山地	72	34.62
价值认知	不知道	114	54.81		丘陵	36	17.31
	知道	94	45.19		平原	100	48.08

4.3.4 研究方法与变量设置

4.3.4.1 研究方法

本节的被解释变量为农户的食用菌废弃物循环利用模式。调查发现，样本农户对食用菌废弃物的处理方式主要有“肥料化”和“燃料化”两种循环利用模式，以及“随意丢弃”这一非循环利用模式。因此，在实证模型中，将被解释变量设为 y，令 $y=1$ 表示“非循环利用模式”，即农户选择将其“随意丢弃”；$y=2$ 表示“肥料化循环利用模式”；$y=3$ 表示“燃料化循环利用模式”。被解释变量为3分类离散变量，且各类别间无明显次序关系，因此可使用多分类 logit 模型（multinomial logit model）。具体到本节，应为三项 logit 模型，并选择 $y=1$，即非循环利用模式为参照组。三项 logit 模型回归具体形式为

$$\begin{cases}\text{logit}P_{2/1}=\ln\left[\dfrac{p(y=2\mid x)}{p(y=1\mid x)}\right]=\alpha_1+\sum\limits_{j=1}^{k}\beta_{1j}x_j\\\text{logit}P_{3/1}=\ln\left[\dfrac{p(y=3\mid x)}{p(y=1\mid x)}\right]=\alpha_2+\sum\limits_{j=1}^{k}\beta_{2j}x_j\end{cases}\tag{4.1}$$

这是由两个 logit 函数组成的方程组，共有 $2\times(k+1)$ 个待估参数。其中，第一个式子表示肥料化循环利用模式与非循环利用模式对照的 logit 函数，第二个式子表示燃料化循环利用模式与非循环利用模式对照的 logit 函数。以第一个式子为例，其待估参数的含义为，相应解释变量变化一个单位时，肥料化循环利用模式与非循环利用模式选择概率比值的对数。同时，本节还将计算相对风险比率（relative risk ratio，RRR），以便更好地对运行结果进行解释。

4.3.4.2 变量选择

个体行为的选择决策主要受到其所拥有的各种资源条件的限制。因此，本节

依据现有关于农业废弃物循环利用的研究成果，结合调研数据，将影响农户食用菌废弃物循环利用模式选择的因素归为个人特征、家庭禀赋及外部环境三方面。其中，农户个人特征变量包括受访者的年龄（$x1$）、性别（$x2$）、文化程度（$x3$）、是否为村干部（$x4$），以及食用菌废弃物价值认知（$x5$），家庭禀赋变量包括农业生产情况（$x6$）、食用菌生产规模（$x7$），以及农民合作组织（$x8$），外部环境则以运输困难程度（$x9$）、技术信息了解程度（$x10$）及当地地形（$x11$）3 个变量予以表征。本节所用各变量的含义及其描述性统计见表 4. 14。

表 4. 14　模型变量含义及描述性统计

	变量	变量说明	均值	标准误
被解释变量	食用菌废弃物循环利用模式（y）	随意丢弃 = 1；肥料化模式 = 2；燃料化模式 = 3	2. 058	0. 045
个人特征	年龄（$x1$）	受访者的实际年龄（岁）	44. 183	0. 577
	性别（$x2$）	女 = 0；男 = 1	0. 692	0. 032
	文化程度（$x3$）	小学及以下 = 1；初中 = 2；高中或中专 = 3；大学及以上 = 4	2. 063	0. 042
	是否为村干部（$x4$）	不是 = 0；是 = 1	0. 135	0. 024
	食用菌废弃物价值认知（$x5$）	是否知道食用菌采摘完后基料的价值或用途？不知道 = 0；知道 = 1	0. 452	0. 035
家庭禀赋	农业生产情况（$x6$）	除食用菌以外，家中是否种植其他作物？否 = 0；是 = 1	0. 620	0. 034
	食用菌生产规模（$x7$）	栽培食用菌的现金收入（万元）	3. 360	0. 212
	农民合作组织（$x8$）	您是否加入了食用菌协会、产销合作社之类的组织？否 = 0；是 = 1	0. 553	0. 035
外部环境	运输困难程度（$x9$）	您在食用菌生产作业中存在运输困难吗？没有 = 1；有一点 = 2；困难很大 = 3	1. 529	0. 049
	技术信息了解程度（$x10$）	您了解食用菌废弃物循环利用相关的技术和信息吗？了解 = 1；了解一点 = 2；不了解 = 3	2. 115	0. 048
	当地地形（$x11$）	当地地形：山地 = 1；丘陵 = 2；平原 = 3	2. 135	0. 063

4. 3. 5　研究结果与分析

4. 3. 5. 1　农户的食用菌废弃物循环利用模式

调查数据显示（表 4. 15），第一，208 位农户中，大部分农户都对食用菌废弃物进行了循环利用，共有171位，占样本总量的82.21%；第二，在食用菌废弃物循环利用模式中，以肥料化和燃料化两种循环利用模式应用最为普遍，其中，选择肥料化利用的农户数量最多，达到122人，占样本总量的一半以上，其次为燃料化利用，共有49位农户选择该模式，占总体的23.56%，其他利用模式选择数量极少，暂未统计在内。

表4.15 农户食用菌废弃物循环利用模式情况统计

模式	非循环利用模式	肥料化模式	燃料化模式	样本总体
频数/人	37	122	49	208
比例/%	17.79	58.65	23.56	100.00

4.3.5.2 多重共线性检验

在运行回归方程之前，需要先检视各个解释变量之间是否存在多重共线性问题，以避免多重共线性对估计参数的影响。本节利用SPSS17.0统计分析软件，对解释变量间的共线性情况进行检验。检验结果（表4.16）显示，容差最小值为0.767，方差膨胀因子（VIF）最大值为1.303，均处于合理范围之内（胡博等，2013），这意味着解释变量分别解释的独立信息较多，相互间的多重共线性较弱，故认为通过了多重共线性检验，可进行下一步的模型回归分析。

表4.16 多重共线性检验结果

方程		共线性统计量	
		容忍度	VIF
食用菌废弃物价值认知	年龄	0.954	1.048
	性别	0.829	1.206
	文化程度	0.881	1.135
	是否为村干部	0.838	1.193
	农业生产情况	0.888	1.126
	食用菌栽培规模	0.817	1.224
	农民合作组织	0.769	1.301
	运输困难程度	0.795	1.257
	技术信息了解程度	0.813	1.230
	当地地形	0.916	1.092

4.3.5.3 模型运行结果分析

基于以上调查样本和模型设定，本节运用 stata11.0 统计软件对影响农户食用菌废弃物循环利用模式选择的各个因素进行三项 Logit 模型估计，估计结果见表4.17。从整体情况来看，模型的对数似然值为-110.211，卡方检验值为179.21（p=0.000），因此可认为模型总体通过了显著性检验，拟合效果良好，具有统计学意义。

表4.17 模型回归结果

变量类型	变量名称	y=2：肥料化循环利用模式			y=3：燃料化循环利用模式		
		系数	标准误	相对风险比	系数	标准误	相对风险比
个人特征	年龄	0.089	0.037	1.093	0.126	0.037	1.134
	性别	1.568	0.741	4.798	0.442	0.698	1.555
	文化程度	0.359	0.591	1.697	0.700	0.615	1.496
	是否为村干部	1.781	1.696	5.938	0.929	1.759	2.532
	食用菌废弃物价值认知	3.226***	0.818	5.186	1.398**	0.838	4.047
家庭禀赋	农业生产情况	3.925**	0.741	8.652	1.793	0.704	6.008
	食用菌栽培规模	0.110	0.103	1.895	0.063	0.100	1.939
	农民合作组织	1.288**	0.711	3.627	1.301**	0.687	3.673
外部环境	运输困难程度	-0.572	0.479	0.564	-1.128**	0.491	0.323
	技术信息了解程度	-0.964*	0.526	0.381	-1.417***	0.503	0.242
	当地地形	1.003**	0.342	2.726	0.104	0.328	1.110
卡方检验值		179.21		显著性水平	0.000		
对数似然值		-110.211		伪 R^2	0.4844		
观测值个数		208					

注：相对风险比是对应于某分类解释变量，选择项与基准组（非循环利用模式 y=1）相比发生的相对概率；*、**、***分别表示10%、5%、1%的显著性水平

(1) 农户个人特征影响其食用菌废弃物循环利用模式选择

在表征农户个人特征的5个解释变量中，除了食用菌废弃物价值认知这一变量外，其他变量如性别、年龄、文化程度及是否为村干部等均未对农户的食用菌废弃物循环利用模式选择产生显著影响。对食用菌废弃物的价值认知变量在“肥料化循环利用模式”和“燃料化循环利用模式”两个模型中分别于1%和5%的置信水平上显著。其系数符号均为正，即在其他条件不变的情况下，正确认识食用菌废弃物的价值或用途可显著正向影响农户的食用菌废弃物循环利用行为。从

相对风险比指数来看，两个模型中该指数分别为 5.186 和 4.047，说明相比于选择“随意丢弃”的概率，认识到食用菌废弃物价值的农户选择“肥料化循环利用”和“燃料化循环利用”的概率分别是其 5.186 倍和 4.047 倍。以肥料化循环利用模式为例，在尚未认识到食用菌废弃物价值的 114 位农户中，37.7% 的人选将其还田，即肥料化利用，而在其余 94 位农户中，选择肥料化利用的比例高达 84.0%，高出前者 46.3 个百分点。这意味着，一方面，增强农户对食用菌废弃物的价值认知可有效促成其肥料化循环利用行为，与韦佳培等（2011）研究结论相一致；另一方面，农户对食用菌废弃物的价值认知不足，仅有 45.2% 的农户认识到了其再利用价值。

（2）家庭禀赋对农户的食用菌废弃物循环利用模式有显著正向影响

家庭农业生产情况，即家庭是否种植食用菌以外的其他作物，对农户选择食用菌废弃物肥料化循环利用模式的决策产生了显著影响。其估计系数在 5% 的置信水平上显著为正，表明在其他条件不变的情况下，家庭种植其他作物将会显著促进农户选择将食用菌废弃物作还田处理。其相对风险比指数为 8.652，说明相比于选择“随意丢弃”的概率，家庭同时从事其他作物生产的农户选择“肥料化循环利用”的概率是前者的 8.652 倍。可能的解释是，食用菌废弃物（菌渣）是一种可再利用的肥料，而自家水稻、小麦、玉米等农作物的生长同样需要肥料，这为食用菌废弃物的价值转化提供了一条可行途径，从而促进了农户选择将其还田作为农地肥料，达到食用菌废弃物处理和增加农田有机肥的双重效果。统计数据显示，在未种植其他作物的农户中，选择将食用菌废弃物还田作肥料的比例不足 30%，而在种植了其他作物的农户中该比例达到了 70% 以上，说明家庭农业生产情况显著影响农户对食用菌废弃物肥料化利用模式的选择。模型结果并未证明该变量对农户的燃料化利用模式有显著影响。

农民合作组织参与情况，即农户是否加入了食用菌专业合作社、产销协会等，显著正向影响农户的食用菌废弃物循环利用模式选择。在“肥料化循环利用模式”和“燃料化循环利用模式”两个模型中，该变量均在 5% 的置信水平上显著影响农民对这两种循环利用模式的选择。其系数符号均为正，说明在其他条件不变的情况下，相比于未参加食用菌专业合作社的农户，入社农户更倾向于将食用菌废弃物还田作肥料或者作燃料，而不是将其随意丢弃。两个模型中，相对风险比指数分别为 3.627 和 3.673，表明参加农民合作组织的农户选择将食用菌废弃物进行“肥料化利用”和“燃料化利用”的概率分别是选择将其“随意丢弃”概率的 3.627 倍和 3.673 倍。调查结果也证实了这一点，以燃料化循环利用模式为例，在没有加入农民合作组织的 93 位农户中，有 16.1% 的农户选择将食用菌废弃物进行燃料化利用；而在加入了农民合作组织的115位农户中，该比例达到29.6%，比前者高出13.5个百分点。对此可能的解释是，食用菌合作社等农民合作组织一方面能向会员宣传和推广食用菌废弃物的价值及其循环利用技术，为农户提供技术支撑，并且搭建教学和示范平台，使农户能真切感受到食用菌废弃物循环利用在降低生产成本、提高产出效益等方面的作用，从而促进农户将认知转化为生产实践。

（3）外部环境显著影响农户的食用菌废弃物循环利用模式

食用菌生产作业中若存在运输困难，将不利于农户将食用菌废弃物进行循环利用。运输困难程度变量在5%的置信水平上显著负向影响农户的燃料化利用模式选择。也就是说，食用菌生产中遇到的运输困难越大，农户越不会选择将其废弃物进行燃料化利用。其相对风险比指数为0.323，小于1，说明随着运输困难程度逐级上升，农户选择“燃料化利用”的概率将均小于选择“随意丢弃”的概率。调查数据显示，在“没有运输困难”的农户中，11.3%的人选择将菌渣“随意丢弃”，31.5%的人选择将其“燃料化利用”；运输存在“一些困难”的农户中，两项数值分别为20.7%和13.8%；而在“运输困难很大”的农户中，选择“随意丢弃”的比例达到42.3%，而选择“燃料化利用”的农户比例仅为7.7%。与第一种情况相比，选择“随意丢弃”的比例增加了30多个百分点，而选择“燃料化利用”的比例则下跌了23.8个百分点。可能的解释是，利用食用菌废弃物生产沼气或作为炉灶燃料均需要一定的运输作业，运输难度的加大无疑削弱了农户实施的积极性。此外，运输难度也反映出居住地的道路通畅度，道路不畅阻碍了农户与外界的技术信息交流，不利于农户将食用菌废弃物进行有效合理利用。

对食用菌废弃物循环利用相关技术信息的了解程度越高，农户越倾向于选择将其进行循环利用。在“肥料化循环利用模式”和“燃料化循环利用模式”两个模型中，该变量分别在10%和1%的置信水平上显著影响农民对这两种循环利用模式的选择，且系数符号均为负。这表明，在其他条件不变的情况下，农户对相关技术信息的了解越少，农户选择“随意丢弃”的概率就越大，循环利用的概率则越小。在两个模型中，相对风险比指数分别为0.381和0.242，均小于1，表明随着农户对相关技术信息的了解程度逐级降低，农户将食用菌废弃物“肥料化利用”和“燃料化利用”的概率将均小于将其“随意丢弃”的概率。调查结果也证实了这一点，以燃料化循环利用模式为例，调查发现，在“了解”相关技术信息的农户中，选择“燃料化利用”的比例为46.2%，选择“随意丢弃”的比例仅为2.6%；而在“不了解”的农户中，这两个数值分别为17.5%和25.4%，即选择“燃料化利用”的比例下降了28.7个百分点，而选择“随意丢弃”的比例则上升了22.8个百分点。对此可能的解释是，相比随意丢弃，肥料化利用或者燃料化利用都需要农户投入更多的时间、精力等，对食用菌废弃物循环利用相关技术信息了解程度越低，面临的不确定性越大，在这种情况下，农户更倾向于选择后者。

平原地区的农户更倾向于将食用菌废弃物进行还田处理。“肥料化循环利用”模型中，地形变量在5%的置信水平上通过了显著性检验，其符号为正，说明在其他条件不变的情况下，平原地区的农户更倾向于选择将食用菌废弃物进行“肥料化利用”，而不是“随意丢弃”。其相对风险比指数为2.726>1，表明相比于山地或丘陵地区的农户，平原地区的农户选择“肥料化利用”概率要大于“随意丢弃”的概率。调查数据显示，山区农户选择“随意丢弃”和“肥料化利用”的比例分别为33.3%和31.9%，丘陵地区的农户选择比例分别为11.1%和69.4%，而平原地区农户的选择比例则分别为9.0%和74.0%。换句话说，相比于山区农户，平原地区的农户选择“随意丢弃”的比例下降了24.3个百分点，而选择“肥料化利用”的比例则上升了40多个百分点。可能的解释是，平原地区的交通通信条件均明显优于丘陵山区，对食用菌废弃物循环利用技术信息的接触和了解也相对更多，这为食用菌菌渣还田提供了可能。同时，平原地区农田地势平坦，有利于还田工作的开展，因此还田的概率较高。

4.3.6 主要结论与启示

本节首先总结归纳了循环经济约束下食用菌废弃物循环利用的4类模式，在此基础上借助实地调研数据，分析了农户的食用菌废弃物循环利用模式，并构建多类别logit模型，从个人特征、家庭禀赋及外部环境三方面探究了影响农户选择不同食用菌废弃物循环模式的因素，得出了以下结论：

第一，食用菌废弃物循环利用模式大致可分为4种，即肥料化循环利用模式、饲料化循环利用模式、燃料化循环利用模式和基料化利用循环模式。此外，食用菌废弃物还可作为生态环境修复材料加以利用。

第二，在生产实践中，农户对食用菌废弃物循环利用的比例较高，主要为肥料化和燃料化的两种循环利用模式，其中以肥料化利用模式最为普遍，选择比例接近60%。

第三，个人特征、家庭禀赋和外部环境在农户选择食用菌废弃物循环利用模式决策中起到了重要作用，具体而言，对食用菌废弃物的价值认知、是否加入农民合作组织、相关技术信息了解程度可显著影响农户对肥料化利用模式和燃料化利用模式的选择。此外，平原地区同时从事其他作物种植的农户更倾向于选择肥料化利用模式，而运输难度则削弱了农户选择燃料化利用模式的积极性。

根据上述研究结论，可得出如下政策启示：

第一，通过各种形式和渠道加大对食用菌废弃物燃料化、饲料化、基料及肥料化等多种循环利用模式的宣传推广，提高农户对食用菌废弃物循环利用的价值认知，鼓励农户参与到食用菌废弃物循环利用生产实践中去。

第二，农民专业合作组织如食用菌协会、产销合作社等是农户获取相关技术信息的重要来源，要在政策上继续扶持食用菌专业合作社/协会的成长和发展，提高菇农的组织化程度，以此为平台，加强循环利用技术推广工作。

第三，加强地方尤其是丘陵山区道路通信等基础设施建设，提高交通、信息通畅度，降低食用菌生产运输难度，扩展信息来源渠道，为农户开展食用菌废弃物循环利用提供便利。

（丰军辉　张俊飚　李芬妮）

4.4　食用菌产业发展的生态福利感知及影响因素研究——基于农业废弃物循环利用视角

4.4.1　文献回顾

农业废弃物的不当处理引致严重的农业立体环境的不断恶化——农业水体污染、农业面源污染及大气污染。伴随着农业立体环境形势的恶化，农业废弃物管理成为国内外学者关注的热点问题。农作物秸秆及畜禽粪便等农业废弃物蕴含巨大的资源潜力，实现其循环利用具有显著的环境效应，但是其循环利用过程也存在一定的风险。农业废弃物经过适当的加工与处理可以转化为根瘤菌生长的培养基、食用菌生产的优质基质、沼气能源、生物制氢的原材料及农业有机肥料等，同时，农业废弃物循环利用是重要的碳减排路径与渠道，碳减排潜力巨大，是重要的低碳农业形式。从技术视角与层面来看，技术研发与创新在一定程度上推动了农业废弃物循环利用向机械化、无害化、资源化、高效化及综合化方向的发展，并逐步建立与完善了农业废弃物资源化利用技术的综合评价指标体系。农户、企业是农业废弃物生产及循环利用的重要参与主体，国内学者针对相关主体行为展开了系统的探讨与研究。农户方面，主要集中在农户对农业废弃物的价值感知、处理方式及影响因素、认知程度、生态补偿支付意愿及影响因素、产业联动视角下的农业废弃物循环利用绩效；企业方面，养殖企业对畜禽粪便的处理意愿、方式及影响因素等。当前农业废弃物直接焚烧、随意丢弃等现象普遍存在，农业废弃物循环利用存在一定的环境制约与环境规制的影响，需要构建与完善农业废弃物循环利用的长效激励机制。此外，国内学者还对农业生产废弃物循环利用的物流模式、管理主体的动态博弈、循环农业文化、农村福利供给，以及生态环境可持续发展等方面进行了系统研究与探讨。

农业废弃物循环利用具有显著的生态效益，实现农业废物的转化利用与农户生态福利的有机结合成为学术界的关注话题，而食用菌产业是将农作物秸秆、畜禽粪便等农业废弃物转化为优质蛋白质的高效、生态产业，具有显著的经济、生态与社会效益。作者以食用菌产业发展引发的生态效益为切入点，引入生态福利这一概念。生态福利的内涵是生态化社会福利，是对社会福利的补充和完善，并不断向生态福利需求、生态福利保障群体、生态福利与物质福利的有机结合延伸，在此基础上，部分学者提出“产业是生态福利实现的重要载体，产业生态福利概念是传统的物质福利观念向和谐的生态福利观念过渡与转变的标致”的观点，并以城市居民为例，构建了生态福利测度与评价指标体系。

综合上述相关研究成果发现，学界在农业废弃物循环利用与生态福利方面分别进行了大量的宏观定性研究和微观定量分析，但基于生态福利视角的产业发展方面，尤其是农户生态福利感知及影响因素分析方面的文献未见报道。作者认为生态福利是一个抽象的概念，在探讨农户对食用菌产业发展的生态福利感知及影响因素之前，需要对生态福利的概念进行一个明确的界定。所谓生态福利，作者认为是指行为主体在一定的场景下对其行为过程和行为效果的生态效应的感知与响应。顾名思义，食用菌产业发展的生态福利感知是指伴随着农户将农业废弃物转化为优质食用菌基质的处理行为过程及周边农业立体环境的变化，行为主体个人对农业立体环境（农村空气质量、农业用水质量及耕地质量）改善的感知与响应，也即农户的生态福利。在概念界定的基础上，借助有序 Logistic 回归模型，尝试获得如下新信息：①食用菌产业发展的生态福利感知及响应；②通过有序 Logistic 回归分析，全面把握农户个人特征因素与各环境要素对农户生态福利感知的作用方向及影响程度；③就分析结论给出可操作的建议，以期推进食用菌产业发展，实现产业发展生态福利的规模化效应。

4.4.2 研究方法、数据来源与变量描述

根据心理学研究结论，行为主体对行为结果的感知与响应影响其态度，态度影响其动机，进而影响其行为过程和行为效果。这一结论与农户行为理论基本一致，农户的认知、动机及态度受到其“有限理性、抗风险能力弱、低收入”等特性的影响。根据勒温的行为模型，行为主体的行为受到外部环境因素和个人内在因素两个方面的影响。据此，本节将影响食用菌产业发展的农户生态福利的因素分为农户个人特征因素和外部环境因素两个方面。食用菌产业发展是生态农业发展的重要环节，是现代农业产业链条的延伸，探究农户对食用菌产业发展的生

态福利感知及影响因素，对提升农户的农业废弃物基质化转化利用行为效果具有一定的理论指导意义。

4.4.2.1　研究方法

Logistic 回归方法分析专门用于响应变量为离散属性变量、自变量为连续变量或离散属性变量的回归问题。食用菌产业发展具有显著的生态效益，在实现农业废弃物转化利用过程中农户的生态福利感知如何？因此，根据农户生态福利感知的赋值情况，建立有序 Logistic 回归模型来分析影响农户生态福利感知的因素。模型的函数形式为

$$y_i = \alpha + \sum_{i=1}^{n} \beta_i Z_{k\ i} + \varepsilon_i \tag{4.2}$$

式中，y_i 为农户 i 对食用菌产业发展的生态福利响应，y_i 取 1 表示该农户的生态福利感知为变差了，y_i 取 2 表示该农户的生态福利感知为没有变化，y_i 取 3 表示农户的生态福利感知为变好了；Z_{ki} 为影响农户 i 生态福利感知的第 k 个因素；α 为常数项；β_i 为系数项；ε_i 为随机扰动项，反映无法观测到的其他影响因素和数据统计误差。回归模型的具体形式为

$$\ln\left(\frac{p_i}{1 - p_i}\right) = \alpha + \sum_{k=1}^{m} \beta_i Z_{ki} \tag{4.3}$$

式中，p_i 为农户 i 的生态福利感知的概率；α 为常数项；β_i 为回归系数。

4.4.2.2　数据来源

本节利用国家食用菌产业技术体系产业经济功能研究室在 2012 年 7 月对湖北省武汉市新洲区和随州市的 24 个行政村的 403 个农户的问卷调查（表 4.18），主要围绕农户的基础设施与环境条件、被调查农户家庭的基本情况、农业废弃物利用及环境保护认知状况、农业废弃物循环利用方式及意愿、对农业废弃物循环利用技术的需求、农业废弃物循环利用的观点或感受等（表 4.19）开展了调查数据的收集。

表 4.18　数据来源

地理分布	调研涉及行政村	问卷数量/份	比例/%
武汉市新洲区	辛冲镇马河乡干河村、辛冲镇罗平河村、辛冲镇双桥村、刘集镇刘集乡刘集村、刘集镇刘集乡铁家村、刘集镇双柳街原种厂、刘集镇河口村、邾城镇古岗村、邾城镇胜英村、吴胜大湾、周河村、陈黄湾、铁甲村、马河村、詹家口村、陶家庄、仓埠街道彭泗村	202	50.12

续表

地理分布	调研涉及行政村	问卷数量/份	比例/%
随州市	厉山勤劳村、万店双河村、三里岗吉祥寺村、三里岗贾家湾、杨家棚村、富足村、夹子沟村	201	49.88

注：湖北省武汉市新洲区和随州市是国家现代食用菌产业技术体系的综合实验站点，是重要的食用菌生产基地，在食用菌生产过程中有效实现了农作物秸秆、畜禽粪便及废弃木屑资源的循环利用，以该地区的农户固定观察点进行调查，获取农业废弃物利用及居民生态福利响应为的一手数据，具有较强的代表性

表 4.19　调查对象的基本特征

类型	选项	人数/人	比例/%
性别	男	367	91.07
	女	36	8.93
年龄	30 岁以下	12	3.02
	31~40 岁	48	11.84
	41~50 岁	128	31.74
	51~60 岁	125	30.98
	61 岁及以上	90	22.42
文化程度	不识字或很少识字	44	10.80
	小学	98	24.37
	初中	194	48.24
	高中或中专	61	15.08
	大专及以上	6	1.51
务农年限	10 年以下	91	22.58
	10~20 年	52	12.90
	20~30 年	130	32.29
	30~40 年	86	21.34
	40 年以上	44	10.92
是否兼业	是	223	55.39
	否	180	44.61
是否有固定电话	是	198	49.25
	否	205	50.75
兼业类型	村干部	2	2.90
	技术工	7	10.14
	教师	3	4.35
	企业（工厂）工人	3	4.35
	医生	4	5.80
	其他	50	72.46
附近是否有河流、水库(坝)	是	352	87.28
	否	51	12.72
居住地到最近集市或市场的距离(里，1 里 = 500m)	2 及以下	149	41.16
	2~4	67	18.16
	4~6	75	20.33
	6~8	44	11.92
	8~10	17	4.61
	10 以上	10	2.71
对附近公路的满意程度	很满意	62	15.48
	比较满意	240	59.44
	一般	50	12.38
	不太满意	45	11.15
	很不满意	6	1.55
村中是否有废弃物集中处理设施	是	164	40.65
	否	239	59.35

续表

类型	选项	人数/人	比例/%	类型	选项	人数/人	比例/%
是否有有线电视	是	272	67.58	是否参加农民专业合作组织	是	56	14.00
	否	131	32.42				
是否有网络	是	99	24.63		否	347	86.00
	否	304	75.37				

从表4.19可以看出，调查对象以男性为主，比例高达91.07%；年龄层次主要分布在40～60岁，样本比例高达62.72%；48.24%的调查对象的文化程度为初中，其综合素质和学习能力较弱；55.39%的农户并未从事农业生产以外的其他职业；32.29%的被调查农户的务农年限在20～30年；且在调查农户中有49.25%的农户家中有固定电话，67.58%的农户家庭有有线电视，仅有24.63%的农户家庭中有网络。此外，调查发现，87.28%的农户表示附近是有河流、水库（坝）等，41.16%的农户其居住地离最近市场的距离不足1km，59.44%的农户表示对周边的交通状况比较满意，40.65%的农户表示其村中建有废弃物集中处理设施，但仅有14%的农户参与了当地的农民专业合作组织。从调查样本对象的基本情况来看，基本反映了当前我国农民、农村的现实状况，数据真实可靠，具有较强的代表性。

4.4.2.3 变量统计描述

农业废弃物的随意堆弃与直燃引致严重的“农业立体污染”，畜禽粪便的随意堆弃导致严重的地表水污染，秸秆的直燃引致严重的大气污染，秸秆等废弃物的直接堆弃带来严重的“面源污染”，严重影响耕地质量。然而食用菌产业的发展可以显著改善农业立体环境，实现农业立体环境的优化与改善。根据勒温的行为模型，选择农户的性别、年龄、文化程度、务农年限、兼业程度、技术培训、参与专业经济合作组织等主体个人特征因素，以及基础设施状况、周边环境、国家政策环境等外部环境因素。变量的选取及设置见表4.20。

表4.20 变量的含义与统计特征

变量名称	代码	变量赋值	均值	标准差	最小值	最大值
空气变化的农户感知	Y_1	1=变差了；2=没有变化；3=变好了	1.9057	0.7235	1	3
水质变化的农户感知	Y_2	1=变差了；2=没有变化；3=变好了	1.7816	1.2487	1	3

续表

变量名称	代码	变量赋值	均值	标准差	最小值	最大值
耕地变化的农户感知	Y_3	1=变差了；2=没有变化；3=变好了	1.9454	0.6925	1	3
性别	X_1	0=女；1=男	0.9107	0.2856	0	1
年龄	X_2	1=30岁及以下；2=30~40岁；3=40~50岁；4=50~60岁；5=60岁及以上	51.9198	12.3043	23	91
文化程度	X_3	1=不识字或识字很少；2=小学；3=初中；4=高中或中专；5=大专及以上	2.7211	0.9952	1	5
务农年限	X_4	1=10年以下；2=10~20年；3=20~30年；4=30~40年；5=40年以上	31.5333	14.6452	0	70
是否兼业	X_5	0=否；1=是	0.5881	0.6341	0	1
是否参加培训	X_6	0=否；1=是	0.1030	0.3045	0	1
附近是否有河流水库（坝）	X_7	0=否；1=是	0.8756	0.3379	0	1
是否有村废弃物集中处理设施	X_8	0=否；1=是	0.4065	0.4918	0	1
是否参加农民专业合作组织	X_9	0=否；1=是	0.1521	0.4234	0	1
居住地到最近集市或市场的距离	X_{10}	1=2里及以下；2=2~4里；3=4~6里；4=6~8里；5=8~10里；6=10里以上（1里=500m）	2.2901	1.3750	1	6
对附近公路的满意程度	X_{11}	1=很满意；2=比较满意；3=一般；4=不太满意；5=很不满意	2.2384	0.8997	1	5

1）因变量，包括农户对空气变化的感知、水质变化的感知、耕地质量变化的感知。当前农业废弃物的随意堆弃与直接焚烧是较为普遍的处理方式，引致严重的“农业立体污染”（包括水体、耕地及空气污染），选择农户对空气、水质及耕地质量变化的感知来衡量农业废弃物循环利用的立体生态功能。

2）自变量。①户主的性别，反映性别差异对生态福利感知的差异；②年龄，反映户主的健康程度对食用菌产业发展生态福利感知的影响；③文化程度，反映食用菌产业发展主体的文化素质和学习能力对其生态福利感知的影响；④务农年限，在理论上务农年限时间可以用来衡量农户对农业立体环境变化的感知能力；⑤是否兼业，用来反映专业农业生产者与非专业农业生产者对生态福利感知的差异；⑥是否参加培训，食用菌产业是技术密集型与劳动密集型相结合的活动，用来反映技术掌握程度的差异对食用菌产业发展生态福利感知的影响；⑦附近是否有河流水库（坝），可以将附近环境的变化作为福利感知的参考；⑧是否有村废弃物集中处理设施，食用菌产业发展需要结合必要的配套基础设施，反映基础设施在食用菌产业发展生态福利感知过程中的作用；⑨是否参加农民专业合作组织，农民专业合作组织在指导农户行为，促进食用菌产业发展过程中具有重要作用，在一定程度上反映了其对农户食用菌产业发展生态福利感知的影响；⑩居住地到最近集市或市场的距离，农户距离市场的距离可以反映农户获取信息的便捷性；⑪对附近公路的满意程度，周边交通状况是影响农户参与食用菌产业行为的重要因素，反映了周边交通状况的优劣对食用菌产业发展生态福利感知的影响。

表4.20列出了自变量、因变量的选取、赋值及统计特征值等信息，可以看出：食用菌产业发展的农户生态福利感知的均值及标准差存在一定的差异，这可能是由于农户在食用菌产业发展过程中的规模[①]差异导致的，也可能是农户自身特征差异的原因。样本农户统计数据显示，在影响食用菌产业发展的农户生态福利感知的变量中，户主的平均年龄为51.92岁，具有良好的身体素质；户主平均文化程度为2.72，学历多为初中，综合素质和学习能力较弱；平均务农年限为31.53年，具有丰富的农业生产知识与经验；被调查农户据最近集市或市场的距离均值在2~4里，对周边交通状况的满意程度为2.24，表明被调查农户较容易获取外界信息，对周边公路处于比较满意与一般之间。

4.4.3 结果与分析

4.4.3.1 农业废弃物循环利用的农户生态福利响应

根据因变量选取及赋值情况，在食用菌产业发展过程中，农户的生态福利感知情况可以划分为以下三个方面：第一，空气质量变化的农户感知。在403个调查对象中，31.27%的农户认为近年来农村空气质量变差了，46.90%的农户认为当前农村空气质量没有变化，仅有21.84%的农户认为近年来随着农业废弃物的转化利用，农村空气质量变好了，可以看出，空气质量变化的农户福利感知偏低，在一定程度上说明，食用菌产业发展并没有带来空气质量的实质性改变。第二，水质变化的农户感知。在403个调查对象中，48.88%的农户认为近年来农村水质变差了，29.28%的农户认为当前农村水质没有变化，仅有22.08%的农户认为近年来随着食用菌产业发展，水质变好了，可以看出水质变化的农户福利感

① 调查对象的选择与食用菌产业经济研究室的农户固定观察点是结合在一起，农户的食用菌生产规模代表着其在作物秸秆、畜禽粪便及废弃木屑等农业废弃物转化上的转化利用规模。

知偏低，食用菌产业发展对农村水环境的改善作用尚不明显。第三，耕地质量变化的农户感知。食用菌产业实现了农业废弃物的有效转化，有利于改善农业面源污染，且产后菌渣可以转化为优质有机肥料，可以有效改善耕地质量。在403个调查对象中，26.80%的农户认为近年来耕地质量变差了，51.86%的农户认为当前农村耕地质量没有变化，仅有21.34%的农户认为近年来随着食用菌产业发展，耕地质量变好了，可以看出耕地质量变化的农户福利感知依然偏低，食用菌产业发展在改善农业面源污染方面缺乏规模效应。综上可知，虽然各地政府部门在食用菌产业发展及农村生态环境治理等方面出台了很多政策规定，但农户的生态福利感知依然偏低，农户的生态福利尚有很大的提升空间。作者以农户对农业立体环境变化的感知为因变量，以农户个人特征与外部环境因素为自变量，试图探讨影响农户生态福利感知偏低的因素，具有一定的指导意义与应用价值。

4.4.3.2 影响农户生态福利响应的因素分析

利用SPSS16.0统计分析软件，对自变量进行共线性检验，各自变量之间不存在线性相关。进一步估计模型的拟合情况，均通过了1%统计水平下的显著性检验，模型拟合较好。在此基础上分别对空气质量变化的农户感知、水质变化的农户感知、耕地质量变化的农户感知构建有序Logistic回归模型，结果见表4.21。根据模型回归结果，归纳与分析影响农户感知的因素如下。

（1）空气质量变化的农户感知的影响因素分析

空气质量变化的农户感知模型（模型1）回归结果表明，食用菌产业发展过程中，空气质量变化的感知与农户的文化程度呈现显著负相关（在1%的统计水平上显著），与务农年限、对附近公路的满意程度变量显著正相关（分别在5%和1%的统计水平上显著），根据本书变量的赋值情况可知：在食用菌产业发展过程中，文化水平每提高一个层次，其对空气质量变化的评价将降低0.786%个单位，务农年限的延长和周边交通状况的改善可以有效提升农户对空气变化的好感，因此，培养专业化农民与加强基础设施建设是提高农户生态福利水平的有效举措。此外，样本主体的性别、年龄、是否兼业、是否参加培训、附近是否有河流水库（坝）、村中是否有废弃物集中处理设施、是否参加农民专业合作组织、居住地到最近集市或市场的距离等农户个人特征变量与环境变量对空气变化感知的影响均不显著，说明以上8个农户个人特征变量与环境变量对空气质量变感知的影响可以忽略。

（2）水质变化的农户生态福利响应影响因素分析

水质变化的农户感知模型（模型2）回归结果表明，食用菌产业发展过程中，水质变化的农户感知受到性别、文化程度等变量的显著负向影响（分别在

10%和1%的统计水平上显著)，受到居住地到最近集市或市场的距离和对附近公路的满意程度变量的显著正向影响（分别在10%和1%的统计水平上显著)，根据本书变量的赋值情况可知：在食用菌产业发展过程中，具有较高文化水平的男性农民对水质变化的感知与评价较低，居住地到最近集市或市场的距离越近，周边交通状况越畅通，农户对水环境变化的感知与评价越高，因此，加强市场与基础设施建设是提高农户生态福利水平的有效手段。此外，样本主体的年龄、务农年限、是否兼业、是否参加培训、附近是否有河流水库（坝)、村中是否有废弃物集中处理设施、是否参加农民专业合作组织等农户个人特征变量与环境变量对水质变化感知的影响均不显著，说明以上7个农户个人特征变量与环境变量对水质变化感知的影响可以忽略。

(3) 耕地质量变化的农户生态福利响应影响因素分析

耕地质量变化的农户感知模型（模型3）回归结果表明，食用菌产业发展过程中，耕地质量变化的农户感知受到务农年限、村中是否有废弃物集中处理设施和是否参加农民专业合作组织等变量的显著负向影响（分别在5%、10%和1%的统计水平上显著)，根据本书变量的赋值情况可知：在食用菌产业发展过程中，越是务农年限长，其对农业立体环境的变化感知越发深刻，觉得耕地质量变得越来越差；调查中得知，有59.35%的调查样本表示村中没有建设废弃物集中处理设施，86.00%的被调查样本表示未参与农民专业合作组织，这在很大程度上影响了变量对农户对耕地质量变化的感知，结果具有一定的局限性。此外，样本主体的性别、年龄、文化程度、是否兼业、是否参加培训、附近是否有河流水库(坝)、居住地到最近集市或市场的距离、对附近公路的满意程度等农户个人特征变量与环境变量对耕地质量变化感知的影响均不显著，说明以上8个农户个人特征变量与环境变量对农户的耕地质量变化感知的影响可以忽略。

表4.21 模型估计结果

变量	空气质量变化的农户感知模型（模型1）			水质变化的农户感知模型（模型2）			耕地质量变化的农户感知模型（模型3）		
	β	标准误	Wald值	β	标准误	Wald值	β	标准误	Wald值
性别	0.618	0.536	1.328	-0.901*	0.502	3.222	0.601	0.517	1.350
年龄	0.079	0.242	0.106	0.184	0.244	0.568	0.086	0.241	0.127
文化程度	-0.786***	0.211	13.946	-0.645***	0.208	9.667	-0.120	0.200	0.358
务农年限	1.878**	0.805	5.435	0.596	0.451	1.745	-3.144**	1.292	5.918
是否兼业	-0.281	0.314	0.802	-0.254	0.318	0.637	-0.256	0.313	0.669
是否参加培训	-0.023	0.480	0.002	-0.175	0.471	0.139	0.063	0.468	0.018

续表

变量	空气质量变化的农户感知模型（模型 1）			水质变化的农户感知模型（模型 2）			耕地质量变化的农户感知模型（模型 3）		
	β	标准误	Wald 值	β	标准误	Wald 值	β	标准误	Wald 值
附近是否有河流水库（坝）	-0. 098	0. 539	0. 033	-0. 272	0. 549	0. 245	-0. 167	0. 544	0. 095
村中是否有废弃物集中处理设施	-0. 404	0. 334	1. 463	-0. 456	0. 328	1. 935	-0. 602 *	0. 336	3. 213
是否参加农民专业合作组织	0. 076	0. 483	0. 025	-0. 415	0. 473	0. 770	-1. 440 ***	0. 489	8. 671
居住地到最近集市或市场的距离	-0. 742	1. 080	0. 472	1. 976 *	1. 217	2. 633	0. 747	1. 025	0. 532
对附近公路的满意程度	18. 883 ***	0. 471	1. 607E3	17. 959 ***	0. 503	1. 274E3	0. 249	1. 224	0. 041
	Pseudo R-Square =0. 118 Log Likelihood=341. 209 Chi-Square=46. 829			Pseudo R-Squar=0. 089 Log Likelihood=358. 457 Chi-Square=44. 074			Pseudo R-Squar=0. 099 Log Likelihood=354. 59 Chi-Square=40. 558		

* 表示在 10% 的统计水平下显著；** 表示在 5% 的统计水平下显著；*** 表示在 1% 的统计水平下显著

综上，上述模型回归结果给予较为一致的意见有：积极培养具有较高文化水平的专业型农民，同时，加强食用菌产业发展的基础设施建设（周边道路的改善）可以显著改善与提高农户对农业立体环境的感知态度，而年龄、性别、兼业与否、是否参加相关技术培训等农户主体特征，以及村中是否有废弃物集中处理设施、居住地到最近集市或市场的距离等外部环境变量也是影响农户生态福利感知的重要因素，但尚得到有效的数据支撑，深层次的原因有待探究，并引起相关主体的关注与重视。

4. 4. 4 主要结论与政策启示

以食用菌产业发展过程中引致的农业立体环境变化为研究对象，构建食用菌产业发展的农业立体环境变化的生态福利感知的有序 Logistic 模型，探讨农户对农业立体环境变化的生态福利感知以及影响因素，并分析农户个人特征变量与外部环境变量等因素对农户生态福利感知的作用方向及程度，得出如下结论和启示：农户对食用菌产业发展的生态福利感知整体偏低，食用菌产业发展并未给农户的农业立体环境感知带来根本性的变化，这与农户的个人特征与外部环境有显著关系，而且由于农业立体环境（水、大气、耕地）的差异性，其影响因素有所差异。食用菌产业发展虽然具有显著的生态效益，但是为什么农户的生态福利感知依然整体偏低？除了农户个人特征与外部环境因素的影响，是否还受到其他因素的制约，成为我们需要考虑的核心问题。产业的规模化与集约化是否是影响农户生态福利感知的重要因素？当前我国食用菌基质产业的生产方式依然是以家庭为单位的小作坊式生产，这是否严重影响产业发展的可持续性及产业生态功能的实现？基于上述研究结论与疑问，给予的政策含义有：第一，积极推进食用菌产业对农业废物转化利用的产业化、规模化发展。食用菌产业发展在改善农村空气质量、农村水环境和农业耕地质量方面具有重要作用，实现食用菌产业对农业废物转化利用向产业化、规模化和标准化发展，加快实现其农业立体环境改善的规模效应，有效提高农户生态福利感知积极性。第二，积极培养具有高知识水平的专业农民。本节结论显示，文化程度与务农年限对农户生态福利响应具有显著影响，培养具有高知识水平的职业农民可以有效增强其农业立体环境的保护与改善意识，并起到一定的模范带动效应。第三，加强农村基础设施建设。一般来讲，交通状况的改善可以为农户与外界接触提供便利，提高其自身的知识水平与技能，从而增强农户行为的生态功能效应，加强农村基础设施建设，为食用菌产业的规模化发展提供基础设施保障。

（李　鹏　张俊飚　颜廷武）

5 效益分析

5.1 中国食用菌产业布局变迁的经济和生态因素分析

5.1.1 引言

2016年中央一号文件指出，在保证粮食安全和生态环境保护的前提下，优化农业生产结构和区域布局，形成与市场需求相适应、与资源禀赋相匹配的现代农业生产结构和区域布局。食用菌作为"高产、优质、高效、生态、安全"的绿色循环产业，已成为我国农业产业中继粮食、果品和蔬菜之后的第四大种植产业，具有巨大的发展潜力。我国是世界食用菌第一生产大国，食用菌年生产量已占世界的75%以上。与此同时，我国食用菌产业布局也随之不断调整。1998年，我国食用菌生产位于前十的省份依次为福建、浙江、河南、四川、江西、山东、辽宁、河北、湖南和江苏，生产区域主要集中在南方；2015年，福建和浙江退居到第五和第十四位，山东和河南分别上升至第二和第一位，生产布局在整体上呈现出"南菇北移"和"东菇西迁"的趋势。

食用菌产业空间布局的变化不仅对国内食用菌的供给总量产生一定的作用，而且对国内外食用菌价格和食用菌产业的可持续发展也会带来深远的影响。合理布局食用菌产业不仅有利于现代食用菌产业的进步和食用菌产业链的发展，也有利于农业增效、菇农增收和生态环境改善。鉴于此，本节拟从经济和生态两个方面对我国食用菌产业布局发展变化规律及其影响变迁的相关因素进行分析研究，以期为优化我国食用菌产业布局和制定科学合理的食用菌产业发展规划，提升我国食用菌的竞争力提供参考。

5.1.2 中国食用菌产业布局变迁状况

5.1.2.1 中国食用菌产量及产值状况

2001~2015年，我国食用菌生产发展呈现出稳步上升的趋势（图5.1）。其中，生产总量从781.9万t增长至3476.15万t，年平均增长率达到11.25%；总产值相应地从314.7亿元增长到2516.38亿元，年均增长率也达到了16.01%。

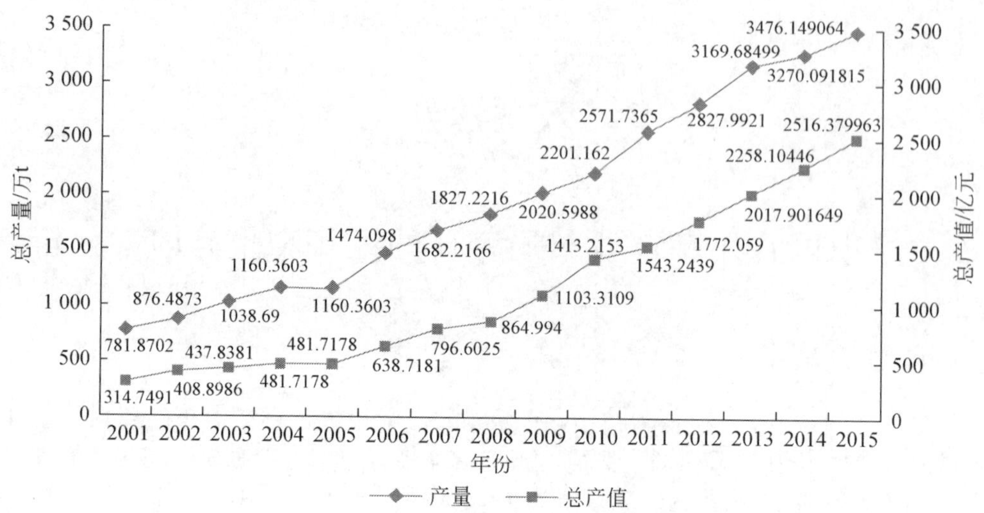

图 5.1　2001 ~ 2015 年国内食用菌总产量、总产值

资料来源：历年《中国农产品加工业年鉴》

5.1.2.2　中国食用菌主产地分布情况

我国食用菌生产地主要集中在河北、河南、山东、福建、江苏、湖北、四川、浙江和黑龙江 9 个省份（图 5.2）。2001 年，这 9 个省份食用菌总产量为 558.4 万 t，占当年全国食用菌总产量的 71.4%。从 2005 年开始，这 9 个省份的食用菌产量均在 50 万 t 以上，且其食用菌总产量占全国总量的比例逐年增大。至 2015 年，9 个省份食用菌产量之和达到 2400.8 万 t，占全国总量的比例为 69.1%。总体上，2001 ~ 2015 年，9 个食用菌大省的产量增加了 4.30 倍，年均增长速度为 10.98%。

连续 15 年产量均居于前 10 位的省份分别为河南、山东、福建、河北、江苏 5 个省份（表 5.1），15 年食用菌产量共计 14 936.9 万 t。其中，河南 15 年累计的总产量为 4109.7 万 t，居总产量榜首，2009 年增幅同比下降 3.93%，2012 年增幅最大，为 83.76%，2014 年产量有所下降，其他年份小幅度增长。山东列居第二，15 年的总产量为 3442.0 万 t，且期间年产量连续增加，其中 2011 年增幅最大，为 27.89%。福建总产量为 2918.4 万 t，位列第三，除 2003 年增幅同比下降 8.97% 外，其他年份均呈现小幅增长。江苏产量变化波动较大，其中 2003 年增幅最大，为 45.11%，2005 年增幅下降 12.16%，15 年总产量共计 2277.5 万 t。河北总产量为 2189.3 万 t，2009 年和 2010 年的年产量相近。

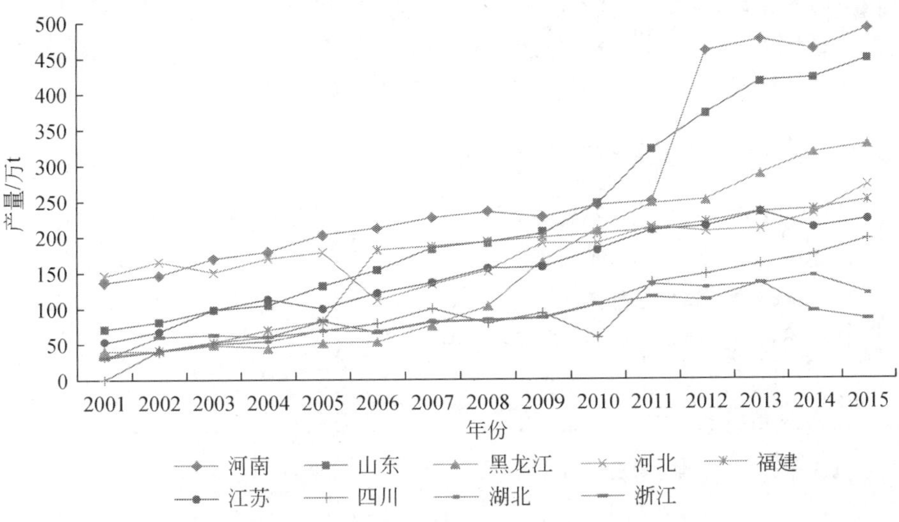

图 5.2　2001～2015 年我国食用菌主产省食用菌产量

资料来源：历年《中国农产品加工业年鉴》

表 5.1　各年总产量排名均在前 10 位省份的产量　　（单位：万 t）

年份	河南	山东	福建	江苏	河北
2001	140.51	72.06	146.60	49.72	30.63
2002	146.51	78.74	165.88	68.00	40.00
2003	169.90	100.35	151.00	98.68	52.00
2004	180.21	108.97	170.33	114.30	72.05
2005	201.43	132.61	178.34	100.40	86.18
2006	212.38	154.47	181.06	121.70	112.61
2007	225.37	182.64	186.02	131.44	134.03
2008	235.31	191.82	191.67	158.05	154.18
2009	226.07	206.14	196.98	157.62	190.77
2010	242.37	249.84	203.60	184.24	190.80
2011	249.18	319.53	212.06	210.18	205.40
2012	457.90	366.14	220.08	212.70	210.09
2013	473.71	412.51	231.60	233.37	209.70
2014	460.21	419.95	236.16	212.97	230.00
2015	488.65	446.31	247.00	224.15	270.84
总计	4 109.71	3 442.02	2 918.38	2 277.52	2 189.28

资料来源：历年《中国农产品加工业年鉴》

从总体情况看，我国食用菌产量大省主要集中在我国东南沿海地区及中部地区，沿海地区的中心地位由福建逐渐被山东所代替，中部地区则以河南为核心，居领先地位，以黑龙江为代表的东北地区发展迅速。

5.1.2.3 中国食用菌的产业布局变动

为了更加清晰地反映我国食用菌生产区域的变动，本节将中国分为以东北地区、华北地区、西北地区为代表的北方地区和以东部沿海地区、西南地区、华南地区、华中地区为代表的南方地区进行研究。表 5.2 反映了 2001 ~ 2015 年我国食用菌生产不同区域的增长率及产量比例的变化情况。

表 5.2 中国食用菌生产的不同区域的增长率及产量比例的变化 （单位:%）

地区	年均增长率	占全国比例及其变化率		
		2001 年	2015 年	变化率
全国	11.25	100.00	100.00	—
北方地区平均	15.99	17.42	31.27	13.85
华北地区	16.76	5.33	10.50	5.17
西北地区	8.75	4.00	2.91	-1.09
东北地区	17.73	8.08	17.86	9.78
南方地区平均	9.80	82.58	68.73	-13.85
东部沿海地区	11.33	22.03	22.26	0.23
华中地区	9.58	31.07	25.14	-5.93
华南地区	6.99	21.82	12.63	-9.19
西南地区	12.25	7.67	8.70	1.03

注：东北地区包括黑龙江、辽宁、吉林，华北地区包括河北、山西、北京、天津、内蒙古，西北地区包括陕西、甘肃、青海、宁夏、新疆，这三个地区合称北方地区；华中地区包括湖北、湖南、河南、江西、安徽，西南地区包括四川、云南、贵州、重庆、西藏，华南地区包括广东、广西、海南、福建，东部沿海地区包括上海、山东、江苏、浙江，这四个地区合称南方地区

资料来源：历年《中国农产品加工业年鉴》

从年均增长率方面看，2001 ~ 2015 年，我国北部地区食用菌年均增长率整体高于南方地区。其中，北方地区食用菌年均增长率东北地区最高，华北地区次之，西北地区最低。具体而言，东北地区食用菌产业发展潜能大，势头强劲，年均增长率高达 17.73%。华北地区食用菌产业发展增速也较快，年平均增长率为 16.76%。西北地区由于受自然条件等因素的制约，食用菌产业发展速度相对较缓慢。南方地区食用菌年均增长率西南最高，东部沿海地区、华中地区次之，华南地区最低。其中，西南地区因其资源最为丰富，也是全国年均增长率最高的地

区。东部沿海地区食用菌产量在全国所占的比例增幅不大，但发展增速较为稳定。华中地区继续保持平稳增长，年平均增长率为9.58%。华南地区因产业转型调整，发展增速放缓，年平均增长率仅为6.99%，是全国年均增长率最低的地区（表5.2）。

从全国占比及变化率来看，食用菌产量占全国食用菌总产量的比例在经济较发达的华南地区下降较快，而在经济相对落后的华北和东北地区则保持持续增长，东部沿海地区依旧保持相对优势。东北地区产量比例从2001年的8.08%提高到2015年的17.86%，增加了9.78个百分点。华北地区产量比例则从2001年的5.33%增长至2015年的10.05%，增长趋势稳定。西北地区虽存在小规模特色珍稀菌业发展的相对优势，受制于生态环境、经济水平及技术等影响，发展势头放缓。东部沿海地区食用菌产量在全国所占的比例增幅不大，2015年产量占全国比例的22.26%。华中地区食用菌产量占全国总产量的比例，从2001年的31.07%下降到2015年的25.14%，但依旧占据了较高比例。华南地区早期凭借得天独厚的自然条件和悠久的发展历史，生产量比例曾占据全国总产量的21.82%；但近年来，由于产业由“粗放型”向“精细型”发展方向转变，2015年食用菌生产量占比降至12.63%。

总体而言，北方地区食用菌的平均增长速度高于南方地区，西部地区受制于自然条件等因素发展相对滞后，但呈缓慢缩小差距的趋势，我国食用菌呈现出“南菇北迁”和“东菇西迁”的趋势。

2001～2015年我国食用菌在各省份的生产布局也发生了较大的变化（表5.3）。2001年，我国食用菌产量位于前十位的省份依次是福建、河南、山东、江苏、浙江、重庆、黑龙江、湖北、江西和河北，食用菌主产区主要集中于南方。其中，福建的食用菌产量在2003年被河南省超越，之后呈现出位次逐步后退的趋势，2015年，则退居到全国第五的位置。河南的食用菌产量一直在全国名列前茅，2003年超越福建居全国第一，并连续7年蝉联，但在2010年被山东反超退居第二，2012年重新回到全国第一。2007年以前，山东的食用菌产量稳定在全国第三的水平，2008年超越福建上升至第二名，到2010年首度超越河南排名全国第一，之后稳居全国第二的水平。黑龙江的食用菌产量一直呈现稳定上升的趋势，位次也从2001年的第七名上升至2015年的第三名；江苏的位次则一直相对稳定，基本保持在第四、第五名。河北食用菌产量波动较大，2001年其仅排名居于全国第十，2015年排在全国第四。四川从2002年开始步入食用菌主产省的行列，之后产量排名波动变化，2015年位居全国第八。至2015年，我国食用菌产量位于前十的省份依次是河南、山东、黑龙江、河北、福建、江苏、吉林、四川、广西、湖北，生产格局出现了一定程度的变化。

表 5.3　2001～2015 年中国食用菌主产省排名变动情况

排名	2001 年	2002 年	2003 年	2004 年	2005 年
1	福建	福建	河南	河南	河南
2	河南	河南	福建	福建	福建
3	山东	山东	山东	江苏	山东
4	江苏	江苏	江苏	山东	江苏
5	浙江	浙江	浙江	河北	河北
6	重庆	黑龙江	河北	浙江	四川
7	黑龙江	四川	四川	四川	浙江
8	湖北	河北	黑龙江	湖北	湖北
9	江西	湖北	湖北	陕西	湖南
10	河北	湖南	陕西	湖南	黑龙江
排名	2006 年	2007 年	2008 年	2009 年	2010 年
1	河南	河南	河南	河南	山东
2	福建	福建	山东	山东	河南
3	山东	山东	福建	福建	黑龙江
4	江苏	河北	江苏	河北	福建
5	河北	江苏	河北	黑龙江	河北
6	四川	四川	黑龙江	江苏	江苏
7	湖北	湖北	湖北	浙江	吉林
8	浙江	浙江	浙江	四川	湖北
9	湖南	黑龙江	四川	吉林	辽宁
10	广东	湖南	湖南	湖北	浙江
排名	2011 年	2012 年	2013 年	2014 年	2015 年
1	山东	河南	河南	河南	河南
2	河南	山东	山东	山东	山东
3	黑龙江	黑龙江	黑龙江	黑龙江	黑龙江
4	福建	福建	江苏	河北	河北
5	江苏	江苏	福建	福建	福建
6	河北	河北	河北	江苏	江苏
7	辽宁	四川	四川	四川	吉林
8	四川	辽宁	湖北	吉林	四川
9	湖北	吉林	浙江	湖北	广西
10	吉林	浙江	吉林	广西	湖北

注：表中数据不包含港、澳、台地区的数据

资料来源：历年《中国农产品加工业年鉴》

总体而言，东部沿海地区食用菌主产省份的位次均出现了不同程度的下降，而华中和东北地区部分食用菌主产省份的位次则有所上升，我国食用菌的生产布局由原来的东部沿海地区、中部地区、华南地区、东北地区为主的格局，逐渐演变为以东部沿海地区、华中地区、华北地区和东北地区为主的新格局。

5.1.3 影响我国食用菌产业布局变化的经济因素分析

根据产业布局理论和农业区域形成要素论，我国食用菌生产空间布局变迁既是菇农种植选择行为变化所导致的结果，同时也受到经济、技术、政策等综合因素的影响。依据理性经济人假设及收益最大化原则，菇农的食用菌种植选择行为是在权衡食用菌生产成本收益后进行选择的结果，因而各区域的菇农按各自利益格局重组资源进行食用菌生产，从而导致食用菌总体生产布局发生变化。因此，经济因素是影响我国食用菌生产布局变化最直接最重要的原因，分析其对我国食用菌生产布局变化的影响具有十分重要的作用。本节将从地区经济发展及城镇化和非农就业机会两方面对其进行深入分析。

5.1.3.1 地区经济发展

社会经济条件的不同会对食用菌的生产布局产生差异化的影响。近年来，我国社会经济迅猛发展，各地农业劳动力价格不断上升，而农业的比较优势相对较低，因而，以劳动密集型为主导的食用菌产业因不断上升的劳动力成本及各地经济发展程度差异所带来的价格差异，使各地食用菌的种植成本发生一定程度的变化。东部沿海地区是我国经济发达的地区，其生产线、食用菌工厂化栽培技术发展相对迅速，但由于农业劳动力成本较高，其种植成本高于经济相对落后的中部地区、西南地区及偏远的西北地区。因此，在劳动力成本的逐年升高的背景下，我国食用菌生产布局正逐步从传统的经济发达的东部沿海地区向劳动力价格相对较低的东北、华中、西北等地区转移。

5.1.3.2 城镇化和非农就业机会

随着我国经济的发展和城镇化进程的加快，大量的农村劳动力从农村流向城市，从农业转向非农产业，因而菇农的食用菌种植意愿也会受到产业内部的比较利益和非农就业机会的影响。理性的菇农不但会比较食用菌和其他农作物的相对经济效益，还会权衡其与非农产业的收入差异。若种植食用菌所获得的收入小于同时间所能获取的非农收入，菇农则会放弃种植食用菌；反之，则会选择种植食用菌。另外，随着非农就业机会所带来的收入不断增加，菇农种植食用菌的机会成本也越来越大；但各地区经济发展水平存在较大差异，因此各地区菇农的非农就业机会也不同。东部沿海地区经济发展水平相对较高，非农产业发达，菇农的非农就业机会较多，其食用菌种植的机会成本也相对较高，因而菇农往往选择不种或少种食用菌。而在经济发展水平相对较低的华中、西南及西北内陆地区，非农产业发展较为滞后，其就业机会相对有限，因此在条件满足的情况下，菇农会选择进行食用菌生产。这种源自地区社会经济发展的差异所产生的食用菌生产的机会成本差异会对菇农的生产决策产生影响，进而对食用菌生产布局产生影响。

5.1.4 食用菌生产的生态环境影响分析

充足的自然资源和良好的生产环境是食用菌生产种植经营活动的基础，而农业生产经营活动又将会对生态环境产生多种影响。食用菌产业的发展由于其生产原料的独特性质，越来越受到现代产业发展的青睐；但目前我国食用菌发展还处于较低的水平，对菌渣的不当处理对生态环境会产生一定的不利影响。因此，基于我国食用菌当前的产业现状，本节从资源利用和地区资源环境两个方面对食用菌生产的生态影响进行分析。

从资源利用的角度，食用菌生产主要以木屑、农作物秸秆、畜禽粪便等农业有机废弃物为原料，而食用菌产业则可以实现这些生物资源的循环利用。东北地区林业资源丰富，气候寒冷，适宜栽培平菇、金针菇；福建、浙江地区木屑资源丰富，适宜栽培香菇；中部和西部地区作物秸秆和畜禽粪便量大，适宜发展草腐菌（如双孢蘑菇）。食用菌将农业废弃料循环利用并转化为美味农产品，在创造经济效益的同时，又因地制宜地实现了区域资源优化配置。与此同时，食用菌生产过程中不占用太多耕地并能够立体生产，具有不与人争粮，不与粮争地，不与地争肥的特征，对生物资源节约和生态农业发展意义重大。

从地区资源环境的角度，由于我国食用菌生产以分散的小规模家庭生产为主，粗放的生产过程和简单的栽培设施致使菇农对环境因素控制能力较弱。如果生产行为过于粗放和环境意识淡薄，则容易造成资源浪费，且对生态环境形成严重破坏。尤其是生态相对脆弱的西部地区，尽管其在人力成本方面存在一定优势，但在“东菇西迁”的大趋势下，食用菌废弃物处理不善或过多消耗林木资源等，将易于造成周边环境恶化，不利于当地食用菌产业的健康持续发展。尤其是在以香菇为代表的木腐菌品种占比过大的生产结构中，对森林资源的过多消耗，在一定程度上必然与地方生态环境保护相矛盾，虽然产出了经济效益，但是失去了长远的生态效益，失去了绿色发展空间。

5.1.5 结论与建议

5.1.5.1 主要结论

本节通过从经济和生态两个层次对我国食用菌产业布局变迁进行分析，得出以下结论：

第一，2001～2015年，我国食用菌的生产布局由原来的东部沿海地区、中部地区、华南地区、东北地区为主的格局，逐渐演变为以东部沿海地区、华中地区、华北地区和东北地区为主的新格局，食用菌产业呈现出“南菇北迁”和“东菇西迁”的变化趋势。从区域方面看，北部地区食用菌的平均增长速度高于南部地区，西部地区受制于自然条件等因素发展相对滞后，但呈缓慢缩小差距的趋势。从省域看，我国食用菌产量大省份主要集中在我国东南沿海及中部地区；东部沿海地区食用菌主产省份的位次均出现了不同程度的下降，沿海地区福建的中心地位逐渐被山东所代替；华中地区和东北地区部分食用菌主产省份的位次则有所上升，以河南为核心的华中地区依旧保持相对优势，以黑龙江为代表的东北地区发展迅速。

第二，经济因素是导致我国食用菌生产布局变化最直接原因。从地区经济发展层面看，劳动力成本的不断上升及各地经济发展程度差异带来的价格水平不一，使各地食用菌的种植成本发生变化，我国食用菌的生产布局正逐步从传统的东部沿海地区向劳动力价格较低的东北、华中、西北等地区转移。从城镇化和非农就业机会层面看，农民非农就业机会及其收入的不断增加使农民种植食用菌的机会成本也在不断提高，经济发展水平较高的东部沿海地区的菇农非农就业机会较多，往往选择不种或少种食用菌，而在经济相对发展较低地区的菇农种植食用菌的机会成本有限，大多从事食用菌生产活动。

第三，食用菌的生产经营活动对生态环境会产生多种影响。从资源利用的角度，食用菌产业将废弃料循环利用变为农业生产的原料，在创造经济效益的同时，又因地制宜地实现区域资源优化配置。从地区资源环境来看我国的食用菌生产布局转移，粗放的生产过程和简单的栽培设施，致使菇农对环境控制较弱，食用菌菌渣的随意堆弃或直接焚烧，对食用菌生产区域的生态环境造成严重破坏。

5.1.5.2 对策建议

第一，正确认识并遵循食用菌生产布局变化的一般规律，发挥各区域比较优势，进一步优化我国食用菌生产的空间结构，推进食用菌产业健康可持续发展。

我国食用菌生产布局状况的变化不但会影响国内食用菌的供给总量，而且对国内外食用菌价格稳定和中国食用菌产业的可持续发展产生深远影响。因此，相关部门应高度重视，合理引导优化现有食用菌生产布局，从我国食用菌的区位综合比较优势出发，正视食用菌生产“南菇北移”和“东菇西迁”的现实，合理引导食用菌产业区域转移，进一步发挥各区域的比较优势，优化产业布局。我国西北地区应利用小规模特色珍稀菌业的相对优势，使其成为推动当地农村经济发展、农民增收和脱贫致富奔小康的路径选择。大力扶持东北地区食用菌产业，从政策上加大对东北地区的支持，充分利用当地丰富的林业资源，努力变资源优势为竞争优势。我国华中地区、东部沿海地区应在现有的水平上，根据当地经济发展形势和实际状况普及食用菌工厂化生产，推动产业由“粗放型”向“精细型”发展方向转变。

第二，提高食用菌产业在农业体系中的比较效益，增加菇农的种植收益，降低菇农种植食用菌的机会成本。

食用菌产业和其他大产业的比较优势、食用菌和其他农产品的综合比较优势、非农就业机会、城镇化水平等经济因素对食用菌生产布局的影响尤为突出。因此，在优化食用菌产业布局，提高食用菌产业竞争力的过程中，不仅要考虑各区域的自然资源条件，更应该综合考虑包括比较优势、非农就业机会、劳动力成本、城镇化水平等在内的经济因素，从种植规模、种植布局和品种结构方面与当地经济、资源、社会相协调，努力提高食用菌产业在农业体系中的比较效益，增加菇农的种植收益，提高菇农食用菌种植的积极性。

（李芬妮　张俊飚　沈　雪）

5.2　香菇不同栽培模式的技术效益分析

5.2.1　引言

我国是食用菌生产和出口大国，香菇是我国重要的出口产品之一，占到世界香菇总产量的77%~88%。随着食用菌产业的不断发展，香菇出现了各种不同的种植模式，如按照季节划分的春季栽培模式、秋季栽培模式及反季节栽培模式；按照生产基质划分的段木栽培模式、代料栽培模式等。面对不同栽培模式的技术效益差异，农户如何选择有效的栽培模式便成为生产经营主体值得关注的问题。

目前有学者对香菇的栽培模式进行了研究，其研究重点主要集中在栽培技术方面，对于技术效益方面的分析还比较欠缺。香菇栽培技术研究主要从栽培季节选择、品种选择、培养料配制、装袋灭菌、接种、栽培管理、采收等方面进行总结和介绍（张峰，2008；高进梅，2009；孙晓钰，2011；李现合，2011；丁毅等，2012）。对于不同栽培模式的技术效益的实证研究较为欠缺。本节以香菇不同栽培模式为研究对象，对其技术效益进行分析，对农户进行栽培模式的选择具有一定的指导价值。

5.2.2 香菇的生产现状分析

5.2.2.1 香菇的基本特性

香菇，又称香蕈、冬菇、厚菇或香信。由于它味道鲜美，香气沁人，营养丰富，位列草菇、三卜菇、白蘑菇之上，素有“菇中皇后”之称。香菇是由菌丝体和子实体两部分构成的，子实体由菌盖、菌柄、菌褶、菌环四部分组成。优良品质的香菇要求菇体完整，没有霉变和破碎，无病虫害和机械损伤，菌盖圆形、菇面平滑稍带白霜，菇肉厚实，菇褶紧实而细白，菇柄短而粗壮，色泽为黄褐或黑褐色。香菇在中国已有800多年的栽培历史，浙江省龙泉市、景宁县、庆元县三市县交界地带是世界人工栽培香菇的发源地。

（1）香菇的营养价值

香菇具有丰富的营养价值，鲜菇和干菇有所差异。鲜菇除含水85%～90%外，固形物中含粗蛋白9.9%，粗脂肪4%，可溶性无氮物质67%，粗纤维7%；干香菇每100g可食用部分中含水13g、脂肪1.8g、碳水化合物54g、粗纤维7.8g、灰分4.9g、钙124mg、磷415mg、铁25.3mg、维生素$B_1$0.07mg、维生素$B_2$1.13mg、烟酸18.9mg。香菇中还含有多种矿物质，对促进人体新陈代谢，提高机体适应力有很大作用。此外，香菇中含有18种氨基酸，其中8种是人体必需，并有大量谷氨酸、赖氨酸和精氨酸。

（2）香菇的药用价值

现代医学研究表明，香菇具有一定的保健和药用价值。香菇多糖是香菇特有的一种多糖成分，香菇一方面具有影响免疫器官生长发育的作用，可调节人体免疫细胞的活性，并且香菇中的多糖成分能刺激抗体的产生，显著提高巨噬细胞率和巨噬细胞指数，从而发挥提高人体免疫力的作用。另一方面，香菇具有延缓衰老，抗氧化作用，能明显提高肝糖原的水平和运动能力。除此之外，还具有抗肿瘤及防止基因突变的作用。

（3）香菇的经济价值

香菇通过加工使其经济价值不断增加，香菇产品开发越来越广泛。在传统的加工食品中香菇主要是被加工成干品和罐头，与鲜菇相比有利于运输并且能更好地保存其营养价值。新型的加工方便食品主要有：香菇肉干、香菇蜜饯、香菇脯、香菇速溶冲剂、香菇面条、香菇奶糖、香菇饼干、香菇糕点等。香菇调料品主要有营养强化保健酱油、香菇调味酱、香菇营养醋、香菇调味精、香菇调味汁等。除此之外还有香菇饮品、香菇保健品及香菇药品。

5.2.2.2 香菇的生产结构分析

(1) 我国香菇生产总量分析

我国是世界上认识和利用食用菌最早的国家之一，同时也是栽培食用菌最早的国家。香菇是我国传统食用菌栽培品种，自1985年推广木屑袋栽技术后，我国香菇产业发展迅猛。1989年以来干香菇产量每年以近万吨增加，1985年为5000t，占世界产量13.92%，到1991年已增至3.8万t，占世界产量的57.43%，至1997年达7.68万t，占世界产量的77.09%。在我国众多品种中，香菇是仅次于平菇的第二大类食用菌，其栽培历史经历了段木栽培和代料栽培两个阶段。在2001～2012年，虽然香菇产量占全国总产量的比例有所下降，从2001年28.46%下降到2015年22.06%，但是其产量却一直处于稳步增加态，从2001年的207.22万t增加到2015年的766.66万t，增长了270%。

(2) 我国香菇生产的区域结构分析

1）比较优势的测算方法。资源禀赋系数通常用于反映一个国家或地区某种资源的相对丰富程度，等于一国或一地区i资源在世界或全国的份额与该地区国民生产总值在世界或全国国民生产总值中的份额之比。

资源禀赋系数计算公式为

$$EF=(V_i/V_{wi})/(Y/Y_w) \tag{5.1}$$

式中，V_i为某一国或某一地区拥有的i资源数量；V_{wi}为世界或全国拥有的i资源数量；Y为该国或该地区国民生产总值；Y_w为世界或全国国民生产总值。如果EF>1，则某国或一地区i资源拥有比较优势；反之则不具有比较优势。在本书中，V_i为某省份的香菇产品产量；V_{wi}为全国拥有的香菇产品产量；Y为该省份的农业总产值；Y_w为全国农业总产值。

2）我国不同省份的比较优势测算。在我国，香菇的栽培几乎遍及全国，据中国食用菌协会统计，2012年香菇产量排名前10位的省份依次为河南（2 352 136t），湖北（819 155t），辽宁（620 831t），河北（533 116t），浙江（500 000t），福建（386 239t），山东（298 790t），湖南（156 600t），江西（117 635t），广西（113 443t）。各省份2001～2012年的香菇产量情况见表5.4。

表 5.4　2001～2012 年全国各省份香菇产量一览表

（单位：t）

地区＼年份	2001	2002	2003	2004	2005	2006	2007	2008	2009	2010	2011	2012
北京	2 189	3 025	2 704	2 774	3 365	11 701	32 141	38 917	42 671	65 016	45 293	40 382
天津	700	700	700	220	6 000	4 000	6 000	15 000	15 600	35 000	165 920	32 000
河北	33 000	46 060	62 000	108 089	107 059	177 144	224 961	217 208	341 604	391 540	72 000	533 116
山西	31 000	31 000	20 000	3 200	3 479	3 580	4 600	5 980	5 150	7 710	9 800	10 300
内蒙古	3 964	3 964	3 964	3 964	—	—	—	—	—	—		
辽宁	42 000	85 000	123 930	134 009	134 775	98 820	125 356	206 717	310 293	461 630	715 142	620 831
吉林	1 200	1 200	7 000	30 000	45 000	47 000	30 000	30 000	20 000	25 000	30 000	47 160
黑龙江	21 004	25 000	30 000	26 250	13 080	13 080	13 800	19 800	81 660	97 860	107 860	34 466
上海	4 834	6 550	4 146	9 163	6 578	8 525	7 356	5 197	5 571	4 700	5 281	3 685
江苏	21 938	7 852	15 416	14 177	17 640	24 278	31 877	69 520	66 560	92 580	133 839	104 476
浙江	375 540	378 000	396 000	370 000	330 000	350 000	380 000	380 000	410 000	450 000	480 000	500 000
安徽	27 380	31 399	20 561	22 357	31 120	29 055	43 075	43 075	50 264	—		
福建	600 000	620 000	429 000	435 900	387 200	402 000	461 321	423 991	415 526	391 735	411 689	386 239
江西	110 000	110 000	50 000	50 000	140 500	145 500	100 000	115 000	115 000	96 350	107 560	117 635
山东	100 000	133 200	142 200	148 400	155 100	173 900	191 300	172 100	150 003	210 044	207 688	298 790
河南	259 169	303 893	337 816	340 178	333 562	342 097	344 550	400 343	416 378	545 836	775 326	2 352 136
湖北	170 000	187 000	221 000	254 150	217 000	280 360	387 500	398 600	438 600	780 000	1 047 926	819 155
湖南	65 000	68 000	13 000	72 000	85 000	97 000	116 300	148 400	136 600	155 600	155 600	156 600
广东	33 000	12 000	8 244	15 300	33 600	26 000	28 000	23 500	24 900	23 500	25 850	27 213
广西	10 000	11 000	16 200	50 490	47 931	55 014	69 472	90 367	94 169	93 704	104 760	113 443
重庆	786	2 631	2 840	19 215	26 440	22 210	9 880	9 017	7 660	8 426		

续表

地区\年份	2001	2002	2003	2004	2005	2006	2007	2008	2009	2010	2011	2012
四川	4 080	40 820	40 500	42 500	40 200	50 200	56 500	70 500	75 500	78 000	93 600	112 320
贵州	3 000	3 000	3 000	3 000	—	6 500	1 600	1 300	4 500	9 000		38 730
云南	7 000	900	547	6 750	8 500	10 000	11 000	1 200	4 800	—		
陕西	144 500	101 150	274 975	305 875	251 406	97 084	206 360	202 403	198 925	284 999	319 254	
新疆	300	300	280	300	310	1 460	1 820	1 900	1 800	3 500	3 500	4 600
宁夏	610	800	700	700	—	500	—	1 080	1 713	—		
合计	2 072 194	2 214 444	2 227 623	2 468 961	2 424 845	2 477 008	2 884 769	3 091 115	3 435 447	4 276 530	5 017 888	6 354 777

注：①数据来源于2002～2013年的《中国农产品加工年鉴》；②部分年份资料不包括内蒙古、海南、甘肃、青海、西藏及香港、澳门、台湾地区的数据；③产量均按鲜品统计，干品折鲜品比按1：10计算

2001～2012年浙江、福建的资源禀赋系数一直保持在较高水平，说明这两个省的香菇生产的比较优势最强。次之为陕西、辽宁、江西、河南、湖北、河北，这些省份在2001～2012年中绝大多数年份的资源禀赋系数都大于1，说明这些地区香菇生产的比较优势较强。资源禀赋系数在1周围徘徊的省份主要有天津、湖南，说明其比较优势稍弱一点。其余地区香菇资源享赋系数都远小于1，因此是不具备香菇生产比较优势的区域，具体情况见表5.5。

表5.5　2001～2012年我国各省份香菇资源禀赋系数表

地区＼年份	2001	2002	2003	2004	2005	2006	2007	2008	2009	2010	2011	2012
北京	0.17	0.23	0.2	0.22	0.27	0.93	2.38	2.76	2.72	3.61	2.32	1.79
天津	0.06	0.05	0.05	0.02	0.5	0.33	0.44	1.07	1.00	1.78	7.72	1.21
河北	0.26	0.34	0.43	0.7	0.69	1.1	1.17	1.12	1.59	1.36	0.22	1.27
山西	1.13	0.92	0.54	0.08	0.1	0.1	0.12	0.15	0.08	0.10	0.11	0.09
内蒙古	0.09	0.08	0.08	0.07	—	—	—	—	—	—	—	—
辽宁	0.58	1.06	1.66	1.61	1.7	1.2	1.28	2.09	3.04	3.47	4.58	2.98
吉林	0.02	0.02	0.11	0.45	0.63	0.68	0.4	0.36	0.23	0.25	0.25	0.30
黑龙江	0.33	0.35	0.4	0.31	0.15	0.14	0.12	0.16	0.61	0.61	0.50	0.11
上海	0.35	0.45	0.28	0.62	0.48	0.62	0.5	0.34	0.34	0.26	0.27	0.16
江苏	0.13	0.05	0.1	0.08	0.11	0.15	0.18	0.36	0.31	0.35	0.42	0.26
浙江	4.95	4.79	4.99	4.59	4.08	4.27	4.41	4.24	4.18	3.70	3.49	3.00
安徽	0.28	0.3	0.22	0.2	0.31	0.28	0.35	0.33	0.35	—	—	—
福建	9.67	9.41	6.14	6.09	5.48	5.56	5.75	5.04	4.51	3.44	3.03	2.26
江西	1.89	1.76	0.87	0.75	2.23	2.27	0.93	1.50	1.41	1.03	0.98	0.87
山东	0.5	0.63	0.59	0.58	0.62	0.68	0.63	0.54	0.42	0.49	0.45	0.56
河南	1.36	1.51	1.98	1.56	1.51	1.49	1.31	1.42	1.32	1.32	1.80	4.39
湖北	1.8	1.88	2.01	2.03	1.88	2.39	2.88	2.59	2.60	3.48	3.81	2.43
湖南	0.68	0.69	0.13	0.61	0.73	0.82	0.8	0.93	0.77	0.65	0.54	0.44
广东	0.28	0.1	0.06	0.12	0.25	0.18	0.18	0.14	0.14	0.11	0.11	0.09
广西	0.16	0.16	0.22	0.6	0.54	0.58	0.61	0.74	0.74	0.60	0.55	0.49
重庆	0.02	0.07	0.07	0.42	0.6	0.57	0.21	0.18	0.13	0.12	0.00	0.00
四川	0.04	0.34	0.34	0.32	0.31	0.41	0.37	0.40	0.37	0.32	0.32	0.30
贵州	0.07	0.07	0.07	0.07	0	0.16	0.03	0.03	0.08	0.13	0.00	0.33
云南	0.11	0.01	0.01	0.1	0.12	0.14	0.14	0.01	0.05	—	—	—

续表

年份 地区	2001	2002	2003	2004	2005	2006	2007	2008	2009	2010	2011	2012
陕西	2.99	1.93	5.49	5.43	4.3	1.59	0	2.37	2.16	2.21	1.96	—
新疆	0.01	0.01	0	0	0	0.02	0.02	0.02	0.02	0.02	0.02	0.02
宁夏	0.09	0.1	0.09	0.07	0	0.05	0.68	0.07	0.10		0.00	0.00

注：以上数据不含港、澳、台地区

香菇种植出现地区差异，主要原因有以下两个方面：第一，区域自身资源条件的差异。一方面受气候因素影响，在北方地区由于平均气温低，比较适合选择春季栽培模式，这使栽种品种受限，而南方地区平均温度较高，可以根据自身优势进行栽培模式选择。另一方面，传统种植技术及种植香菇所需的各种资源拥有量的差异影响香菇的栽种。第二，各区域政策引导及政策扶持力度也有差异。例如，湖北随州市香菇栽培标准化示范区被国家标准化管理委员会批准为第七批“全国农业标准化示范区”而获得支持；2013 年 9 月 1 日中共福建省委福建省人民政府发布《关于加快推进现代农业发展的若干意见》，要求大力发展设施农业，省级财政每年安排专项资金 1000 万元，用于扶持设施食用菌温控菇棚（房）建设。各省扶持政策力度差异会影响农户的种植积极性，影响食用菌的区域发展水平。

5.2.3 香菇的不同栽培模式

5.2.3.1 根据出菇季节划分

（1）春栽模式

该模式 1 ~5 月制袋，越夏后，秋末冬初出菇，以生产干花、厚菇为主。春栽脱袋出菇，于每年 3 ~4 月接种，在室外菇棚中进行脱袋转色。菌棒完成转色后，于 6 月下旬进入越夏管理，到 8 月下旬结束。出菇时间一般在 9 月上旬，出菇场地可采取小棚立体遮阴模式。在经过一次充分浸水后，便可出菇，由于出菇时外界气温较高，香菇子实体生长快，可采收多次菇，至 12 月上旬出菇基本结束。

（2）秋栽模式

该模式一般于 8 月下旬至 9 月下旬接种，经 60 ~ 80 天养菌，于冬季出菇。发菌与接种时，将栽培袋及时移入 25℃的菇棚或发菌室内上架培养。栽培袋排列要紧密，注意调节温度至 25℃，空气相对湿度为 70% 。菌丝转色菌块、菌丝成熟脱袋后，接受空气、光照，培养基的温度和营养成分发生变化，菌棒长出白色毛状菌丝，接着倒伏，形成薄的菌膜并分泌色素，菌丝慢慢由白色变为粉红色，再变为棕褐色，最后变成似树皮状的褐色菌膜，温度调至15~20℃，空气相对湿度为85%~90%。转色后，将袋温度提高到26~28℃，空气相对湿度在75%~80%，保持空气新鲜，提高香菇产量和质量。

(3) 反季节栽培模式

该模式也称夏季出菇，1~5月为发菌培养阶段，5~9月出菇，并且只能生产鲜菇。为了降温多采用覆土或畦栽方式，选在每年12月到次年3月装袋接种。在夏季出菇温度较高时，主要通过菇棚降温、蓄水降温、喷水降温等方式而降低菌棒温度。

5.2.3.2 根据栽培方式划分

香菇主要有段木栽培和代料栽培两种栽培方式。段木栽培生产的香菇质量较代料栽培的要好，但代料栽培的生物学效率较前者要高。我国是传统的农业大国，可用于栽培香菇的农副产品很多，代料栽培具有广阔的发展空间。随着代料栽培技术的不断完善和人们保护森林意识的增强，近几年段木栽培已经很少。

(1) 段木栽培模式

段木栽培就是把纯菌丝体接种于木段上进行培养出菇，适宜种香菇的段木种类不少于200种，我国各产区可大量用于段木栽培的树种有栓皮栎、麻栎、茅栗、黑桦、化香和枫香等。该模式的生产过程主要包括段木选择、菇场选择、接种、上堆发菌、发菌管理、立木出菇，出菇管理，只有把握好每一个环节，才能带来较高的出菇量和较好的经济效益。

(2) 代料栽培模式

代料栽培，就是利用各种工农业生产的下脚料或附属产品为主要原料，添加适量的辅助材料，制成培养基，来代替传统的段木栽培方式。香菇栽培起初因为易受树木、地区、季节的限制，发展速度很慢。而代料栽培模式具有成本低、易操作和效益可观等优势，加上栽培技术不断发展，代料栽培模式近几年发展迅速。用来栽培香菇的主要代用料有阔叶树木屑、部分针叶树木屑（如柳、杉、红松），以及刨花、纸屑、棉籽壳、废棉、甜菜渣、稻草、玉米秆、玉米芯、麦草、高粱壳、花生壳、谷壳等，也有人在国内香菇栽培料常规配方基础上，研发出了用盐酸取代常规配方中的蔗糖的新工艺。代料栽培主要有脱袋斜置式栽培、不脱袋层架式栽培、脱袋作畦覆土栽培、半熟料与生料陆地栽培和周年生产等几种生产模式。

5.2.4 不同模式的技术效益分析

5.2.4.1 研究内容及数据来源

由于科技进步的原因，目前段木栽培模式逐渐消失，取而代之的大多是代料栽培模式。香菇代料栽培主要存在季节差别，不同季节的栽培模式对栽培技术要求不同，因而产生的技术效益存在区别。因而本节主要对春季、秋季及反季节栽培模式综合技术效益进行分析。

本节研究数据是来源于课题组食用菌调研数据，选取春栽、秋栽、反季节栽培模式的样本农户各 10 户，针对经济效益评价指标，本节选取指标产量、价格数据进行评估，其中由于家庭自身劳动力有差别，为更加准确反映成本数据，本节将家庭每个劳动力进行货币赋值算入劳动力用工成本数据中。对于社会效应指标，选取劳动力用工成本数据，劳动力用工成本越大其能提供的就业机会就会相应较多。对于生态环境效益指标，选取农药成本、薄膜成本数据作为评估依据。

5.2.4.2 研究方法及结果

本节具体采用无量纲加权汇总法分析综合技术效益，无量纲加权汇总的计算公式如下：

$$B = \sum_{i=1}^{n} w_i B_i \tag{5.2}$$

式中，B 为综合技术效益；B_i 为给足部分或个别效益指标量；w_i 为各指标的对应权重，$\sum_{i=1}^{n} w_i = 1$。无量纲加权汇总计算式不仅适用于技术对象总体效益汇总，还适用于各层次的汇总，由于选取样本数据有部分数据缺失，汇总会出现误差，因此本节采用样本数均值进行补充。在进行评价前对数据进行无量纲化处理。

本节中的指标皆为对效应具有正向强化作用的指标，其中 $\max_j\{y_{ij}\}$，$\min_j\{y_{ij}\}$ 分别为不同技术某指标的最大值和最小值，归一化公式为

$$r_{ij} = \frac{y_{ij} - \min_j\{y_{ij}\}}{\max_j\{y_{ij}\} - \min_j\{y_{ij}\}} \tag{5.3}$$

本节采用层次分析法确定指标权重，该方法主要是运用系统分析思想把复杂的问题分层，每个层次分为若干方面，从而构建一个相互联系的层次体系。采用成对比较方法，对每一层的各因素进行比较，把各因素的重要性予以定量化，运用规定的计算方法确定各因素权重；并采用一致性检验，一致性率越大，说明认识越缺乏一致性，一致性率越小，说明认识具有一致性，以保证评价人思维判断前后的一致性。首先，建立香菇种植模式的技术效益指标层次分析模型，第一层次为综合技术效益 B_{11}，第二层包括经济效益 B_{21}、社会效益 B_{22}、生态效益 B_{23}，第三层指标包括价格效益 B_{31}、产量效益 B_{32}、劳动用工费用 B_{33}、农药 B_{34} 以及薄膜 B_{35}（图 5.3）。

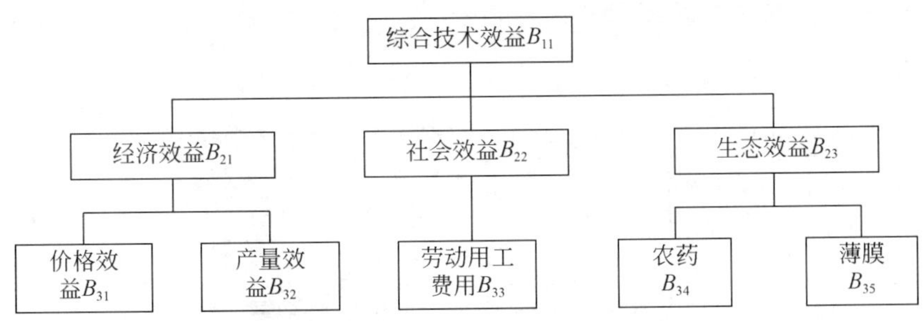

图 5.3　香菇种植模式的技术效益指标层次分析模型

其次，根据层次分析法确定各效益的权重，假设对于农户来说经济效益最重要，社会效益和生态效益同样重要，通过两两比较得出各效益权重值，经济效益权重值为0.6，社会效益和生态效益权重值为0.2（表5.6）。一致性率为0，说明权重结果与之前比较时认识是一致的。对于第3层因素只有两个，层次分析法不太适用，根据其对第二层效益的影响作用，假设其权重相等，都为0.5进行评估。

表 5.6　技术综合效益层次下的各指标权重值

	经济效益	社会效益	生态效益	各列平均值
经济效益	0.6	0.6	0.6	0.6
社会效益	0.2	0.2	0.2	0.2
生态效益	0.2	0.2	0.2	0.2
各列分别求和	1	1	1	1

根据数据计算的各个指标结果见表5.7。经济效益评估结果显示反季节香菇栽培模式的经济效益最高，值为1.30，秋季栽培模式经济效益值为0.94，春季栽培模经济效益值为0.85。在经济效益中可知香菇的价格效益和产量效益较高的是反季节栽培模式，由于反季节香菇有较好的价格优势，在价格效益中占据优势。社会效益中秋季香菇的栽培模式的用工量最大，社会效益值为1.02，一定程度上能够为社会提供一些就业机会，次之的是春季栽培模式，最低的是反季节栽培模式。由于生态效益选取农药和薄膜指标存在一定缺陷，这样测算值越大对于总体效益的贡献是越小的，本节对生态效益值取负值加入总体效益测算，能够保证结论的正确性。就生态效益而言，春季栽培模式的生态效益最好，生态效益评估值为-0.55，农药的使用量相比其他两种栽培模式更少，使生态效益值会较好。三种栽培模式的综合效益由高到低依次为反季节栽培模式1.36、春季栽培模式1.18、秋季栽培模式1.01。由此可见，对于不同香菇栽培模式而言，反季节栽培

模式的综合技术效益是最优的。

表 5.7　香菇不同栽培模式技术效益评估表

效益指标	指标量	指标权重	春季栽培模式	秋季栽培模式	反季节栽培模式
经济效益	B_{21}	0.6	1.02（B_{31}） 0.40（B_{32}）	1.06（B_{31}） 0.51（B_{32}）	1.27（B_{31}） 0.89（B_{32}）
			0.85	0.94	1.30
社会效益	B_{22}	0.2	4.38（B_{34}）	5.12（B_{34}）	3.97（B_{34}）
			0.88	1.02	0.79
生态效益	B_{23}	0.2	0.8（B_{35}） 1.96（B_{36}）	2.25（B_{35}） 2.50（B_{36}）	1.65（B_{35}） 2.29（B_{36}）
			−0.55	−0.95	−0.73
技术总效益	B_{11}	1	1.18	1.01	1.36

5.2.5　研究结论与启示

本节主要对香菇的生产状况及不同栽培模式的技术效益进行了研究。首先，根据食用菌总产量与香菇总产量数据关系图可知，虽然香菇总产量占食用菌总产量的比例不断下降，但绝对产量在不断增加。其次，对地区资源禀赋的研究表明，不同地区的资源禀赋状况存在差异，以浙江、福建、陕西、辽宁、浙江、福建、江西、河南、湖北、河北的资源禀赋较高，其他省份相对较弱。最后运用无量纲加权汇总法对春季、秋季、反季节栽培三种模式进行技术效益分析，根据调研数据分析表明，反季节栽培模式的综合技术效益最好，秋季栽培模式和春季栽培居后。就具体效益而言，反季节栽培模式的经济效益比其他两种模式更优，但是就生态效益而言，春季栽培模式最优，就社会效益而言，秋季栽培模式最好。由于调研数据限制及理论支撑不足，本节的指标体系构建还有待完善，在后续的研究中将进一步完善。

对于农户而言，如何选择有效的栽培模式是十分重要的。在综合考虑三种模式综合技术效益的情况下，应该注意以下两方面的问题。第一，因地制宜，合理选择。根据自身所拥有的资源条件进行选择，对于气候受限的北方地区，要根据气候因素进行选择，最适宜的模式是春季栽培模式，结合现有的技术在具有可行性条件下选择其他栽培模式。对于劳动力较丰富的地区可以考虑秋季栽培模式，这种模式经济效益是比较高的，对于劳动力要求也相对较高，能够促进当地经济发展。对于劳动力资源相对不足的地区，可以考虑其他模式。第二，运用所选模式的技术指导，解决种植过程中的问题。三种栽培模式在种植过程中都有各自的注意事项及技术要求，要熟练掌握技术保证种植过程的顺畅，保证出菇产量及质量，有利于模式技术效益的发挥。

（李容容　罗小锋）

5.3 不同栽培模式下的黑木耳生产效益分析——基于棚架、地栽模式的比较

众所周知，黑木耳具有丰富的营养价值和非常明显的药理药效作用。较好的经济效益使黑木耳产业在带动区域经济发展和增加农民收入方面，也发挥出了较大的作用。牡丹江市的海林市、东宁县分别享有“中国黑木耳之乡”与“中国黑木耳第一县”的美称，是我国重要的黑木耳生产基地，黑木耳是当地富民的重要支柱产业。近年来，随着生产技术的不断发展，两地均采用了新型的棚架吊袋栽培模式进行黑木耳生产，基于此，本节对两地不同栽培模式下的黑木耳生产效益进行了比较分析，以明确判断两种栽培模式下的投入产出水平，以便为黑木耳产业健康发展和提升技术效率寻找更佳的努力方向和趋势。

5.3.1 海林市和东宁县基本情况

5.3.1.1 海林市基本情况

海林市位于黑龙江省东南部，长白山张广才岭东麓，东与牡丹江市、林口县接壤，南与宁安市毗邻，西靠尚志市，北连方正县，西南一隅与吉林省交界。全市辖 8 镇 1 乡，拥有 3 个森工林业局和 2 个国有农场，总面积约为 9902km^2，人口密度约为 44 人/km^2。海林市地势西高东低，属于山区和丘陵浅山区地貌，寒温带大陆性气候，四季分明，春秋季短，气候多变，夏季高温多雨，冬季漫长而寒冷。海林市森林覆盖率为 72.4%，年均气温为 4.2°C，降水充沛，年均降雨量为 450 ~ 1000mm，年均日照为 2388.9 小时。海林市素有“林海雪原”“中国雪乡”“中国虎乡”与“中国猴头菇之乡”的美称。

5.3.1.2 东宁县基本情况

东宁县地处黑龙江省最南端，因位于宁古塔之东而得名。该县南与吉林省相邻，东与俄罗斯接壤，北与穆棱市和牡丹江市毗邻，西与宁安市搭界，是东北亚国际大通道上重要的交通枢纽，为国家一类陆路口岸。全县土地面积约为 7117km^2，人口密度约为 29 人/km^2。在地貌环境上，北、西、南三面环山，中部为绥芬河河谷盆地，属于大陆性季风气候区，县域年平均气温 6℃，无霜期有 150 天左右，年均降水量为 530mm，森林覆盖率达到 80%，气候温和，土质肥

沃，物产丰富，素有塞北“小江南”的美誉。

5.3.2 两地黑木耳生产基本情况

2012 年，牡丹江市生产了约占黑龙江省 1/2、中国 1/3、全球 1/4 的黑木耳，是我国黑木耳行业增速最快、农民增收效益最为突出的地区。海林市、东宁县的地貌特征均为“九山半水半分田”，气候温和，拥有肥沃的土壤和充沛的水资源，森林覆盖率较高，具有发展黑木耳的得天独厚优势。两地黑木耳栽培总量约占全市 2/3，产业发展水平高于其他地区。

黑木耳栽培模式主要包括地栽与棚架。其中，地栽模式单位面积摆袋有限，且需考虑地势（平坦）、水源（较近）等因素；棚架吊袋栽培模式可以根据吊袋位置的差异，将大棚构架分为一体式、分体式两种形式。棚架模式虽投入成本较地栽模式高，但能有效解决地栽木耳生长不均、易生杂菌、采摘期集中，以及难以抗防气候灾害（如连阴雨、低温）等弊端，同时还可降低采耳费用与运输费用，并增强其抵御自然灾害的能力。因此，本节分别对海林和东宁的两种生产模式进行了效益比较，以探求一种优质、高效的黑木耳栽培模式。

5.3.2.1 海林市黑木耳生产情况

2013 年，海林市食用菌基地的种植大户每户黑木耳种植规模集中在 30 万 ~ 60 万袋，一些零散小户也可达到 3 万 ~ 10 万袋，基地外一般农户种植规模为 5 万袋左右。黑木耳产业已成为当地农户收入增加的重要来源。通过对海林市海林镇宏宇食用菌专业合作社、长汀镇食用菌基地及海林市食用菌示范基地的调研，得到了海林市黑木耳棚架吊袋、地栽的基本生产情况，具体见表 5.8 ~ 表 5.10 。

表 5.8 海林市棚架、地栽黑木耳的共同之处

分类	备注
培养料	木屑，麦麸，豆粉，石灰或石膏；
	木屑，稻壳糠，豆粉，玉米粉，石灰或者石膏
	木屑，稻壳糠，真麸皮，石灰或石膏；
菌袋种类	聚乙烯塑料袋
菌袋制作	自制
	购买成品菌包
湿度管理	人工和定时器智能化管理相结合
技术人员工资	4000 ~ 8000/月
地租	约 500 元/亩

表 5.9　海林市棚架黑木耳生产情况

分类	备注
大棚构架	一体式和分体式，以分体式为主
大棚规格	面积：320 ~ 360m^2；宽：8 ~ 12m；长：30 ~ 40m；高：3.5m 左右
大棚成本	4.2 万 ~ 6 万/棚，7 年折旧
管道数量	9 ~ 11 个/棚
用水量	10t/(棚·天)
吊袋方法	2 绳或 3 绳吊袋，一组绳吊 7 ~ 8 个菌袋
吊袋数量	60 ~ 100 袋/m^2，2.3 万 ~ 3 万袋/棚
菌袋规格	直径：16 ~ 16.5cm；袋高：20 ~ 21cm
吊袋成品率	99.85% ~ 99.93%
菌袋孔数	小孔，170 ~ 208 个孔/袋
人工工资	女工：80 ~ 100 元/天
	男工：90 ~ 120 元/天

表 5.10　海林市地栽黑木耳生产情况

分类	备注
菌袋规格	直径：16 ~ 16.5cm；袋高：23 ~ 24cm
菌袋密度	15 ~ 18 袋/m^2，1 万 ~ 1.2 万/亩
菌袋孔数	小孔，80 ~ 200 个孔/袋
	V 孔，13 ~ 15 个孔/袋
人工工资	7 ~ 8 元/小时

通过表 5.8 并结合实际调研情况发现，海林市棚架黑木耳与地栽黑木耳的培养料是相同的，主要包括 3 种配方。所有配方中，均以粗细混合型木屑为主料，所占比例超过 78%，其中粗、细木屑比约为 4 : 1；辅料则包括麦麸、豆粉、稻壳糠、玉米粉、石灰与石膏等，其中，稻壳糠比例大于 10%，豆粉比例为 2% ~ 3%。耳农多使用聚乙烯塑料袋，此类塑料袋的特点是袋膜薄、张力大，易于出耳。菌袋制作主要包括两种形式：一是耳农购买一级菌种或者二级菌种，自己发酵制作菌包；二是耳农直接从菌包厂购买成品菌袋，但此类农户数量较少。在集约化方式生产的大型农户中，有的在技术方面采用了较为先进

的管理方式，如运用定时器对木耳喷灌及湿度等进行智能化管理，从而节省了更多的时间。技术人员工资差异较大，月工资在4000～8000元，主要受经济发展水平高低与食用菌基地效益好坏的影响。全市黑木耳产业园生产地租约为500元/亩，若地块平整，靠近河流，且交通便利，每亩地租约为667元，最高可达934元。

海林市大棚构架以分体式为主，主要是为了抵御自然灾害，解决一体式棚架易倒塌问题（表5.9）。大棚面积为300m^{2}左右，每个大棚的平均造价约为5万左右，使用周期为7年；每个大棚拥有9～11个管道，每天用水量在10t左右。通常采用2～3绳进行吊袋，一组可吊7～8个直径16cm左右、袋高约20cm的菌袋，并将下摆固定以防止菌袋摆动。每棚可吊2.3万～3万袋，吊袋成品率为99.85%～99.93%，耳农自制菌包成品率参差不齐。人工成本方面，女工工资为80～100元/天，男工工资为90～120元/天。

根据表5.10可知，海林市地栽黑木耳菌袋直径为16～16.5cm，袋高为23～24cm；每亩菌袋摆放数量为1万～1.2万个，仅相当于同等面积下棚架吊袋数的1/5；菌袋孔型包括小孔、V孔两种形式，其中，单个菌袋的小孔数为80～200个，V孔数为13～15个，由于小孔木耳销售价格高于V孔木耳，易采收且采耳成本较低，海林市地栽黑木耳多以小孔为主，V孔菌袋所占比例较少；人工工资为7～8元/小时。

5.3.2.2 东宁县黑木耳生产情况

东宁县的黑木耳产业一直被作为全县第一富民支柱产业而备受当地政府高度重视，技术创新水平方面也相对较高，其吊袋木耳技术起步较早，技术较成熟。分析其地栽、棚架黑木耳栽培技术与效益，是有利于探索和实现整个产业健康持续发展的有效路径。通过对东宁县食用菌示范基地与大城子村黑木耳标准化示范园区的调研，获得并且了解了东宁县黑木耳棚架、地栽的基本生产情况，具体见表5.11～表5.13。

表5.11 东宁县棚架、地栽黑木耳的共同之处

分类	备注
培养料	木屑，麦麸，豆饼粉，石灰，石膏
	木屑，玉米芯，麦麸，豆粉，生石灰
菌袋种类	聚乙烯塑料袋
菌袋制作	自制
	外购

续表

分类	备注
湿度管理	运用定时器智能化管理
人工工资	12 ~ 15 元/小时
地租	约 1167 元/亩

表 5.12　东宁县棚架黑木耳生产情况

分类	备注
大棚构架	一体式和分体式
大棚规格	面积：200 ~ 320m^2；宽：8 ~ 12m；长：20 ~ 30m；高：3 ~ 3.5m
	面积：200 ~ 320m^2；宽：6 ~ 10m；长：10 ~ 30m；高：2.2m 左右
大棚成本	1.6 万 ~ 2.56 万/棚
管道数量	10 个/棚
吊袋方法	2 绳或 3 绳吊袋
	网上拖袋或者鱼刺状吊袋，
吊袋数量	80 ~ 100 袋/m^2，2.4 万 ~ 2.68 万袋/棚
菌袋规格	直径：16cm 左右；袋高：20 ~ 21cm
吊袋成品率	感染率较低
菌袋孔数	小孔，180 个孔/袋
春耳秋管	吊袋采收后摆地再次出耳

表 5.13　东宁县地栽黑木耳生产情况

分类	备注
菌袋规格	直径：16 ~ 16.5cm；长：33cm 左右；高：18cm 左右
菌袋密度	约 15 袋/m^2，约 1 万袋/亩
菌袋孔数	小孔，80 ~ 180 个孔/袋

由表 5.11 可知，在培养料的配方、菌袋的选择与制作、黑木耳的湿度管理方面，东宁县与海林市基本一致。两地不同之处在于东宁的木屑多为杂硬木屑，细木屑占 20% ~ 25%，并逐步运用松木屑、陈木屑、玉米芯、米糠、菌糠、麦麸与苹果渣等代料进行生产；人工工资方面，东宁要高于海林县，达 12 ~ 15 元/小时，且还随着天气的变化波动；东宁县产业园平均地租约为 1167 元/亩，为海林市的 2.33 倍，高额的地租也在客观上推动了东宁县棚栽吊袋木耳生产模式的发展。

由表5.12并结合调研情况可知，东宁大棚以一体式为主，面积集中在 $300m^2$ 左右，每个棚有10个管道，单棚造价为1.6万~2.56万元，远低于海林市；其棚架使用年限约为5年，也低于海林市。结合调研进一步发现，相比海林，东宁一体式棚架在阴雨天气易出现倒塌现象。东宁县吊袋技术较先进，除运用尼龙绳吊袋外，还存在鱼刺状挂袋与网上拖袋两种方式，鱼刺状挂袋数量为100袋/m^2，绳吊袋约80袋/m^2。根据棚的弧度，采用“1-2-2-2-1”的方式进行吊袋，下摆基本不固定，一组绳可吊6~9个。东宁县在木耳生产上主张“少而精”，平均每棚吊袋数量为2.4万~2.5万袋，最高也只2.68万袋，低于海林市。菌袋孔型与海林相同但孔数较少，每袋约180个孔。春耳秋管是东宁提高黑木耳产量的另一个重要的创新之处，即在吊袋木耳采收后，摆地再次出耳，吊袋一端划“×”口或直接脱袋摆放，每袋平均可多产0.03~0.04斤①，按照2013年地栽黑木耳25元/斤的销售价格，每袋可实现增收0.75~1.0元。

结合表5.13可知，相对于海林地栽黑木耳菌袋，东宁菌袋直径不变，但长、高值略小，分别约为33cm与18cm，且菌袋摆放的密度略小，仅为15袋/平方米，约1万袋/亩。同于海林，东宁菌袋孔以小孔为主，V孔菌袋极少，但菌袋孔数为80~180个孔/袋，低于海林。

5.3.3 海林市与东宁县黑木耳效益比较分析

海林市与东宁县棚架、地栽两种栽培模式下单个菌袋黑木耳的成本均由培养料费用、生产设备与物资费用、人工成本、水电费及地租五个部分构成。两种模式的培养料均以木屑为主，麦麸、豆粉、石灰、石膏等为辅；生产设备与物资费用均包括塑料袋、燃料、药物、装袋机、灭菌室、养菌室、周转筐等设备、物资费用；此外，还有一些杂项费用，如制造晾晒架、购买草帘、酒精、手套、温度计、镊子等未列出物品的费用；人工成本主要由装袋费用、打孔费用、运输费用、采摘费用构成；水电费包括水费、电费两项费用；地租是指租用土地的费用。两种栽培模式成本构成不同之处在于，在生产设备与物资费用方面，除上述费用外，棚架栽培模式还包括大棚构建成本；人工成本方面，棚架还包括吊袋及下架、摆袋（东宁）费用，地栽则包括做床、分床费用。

对同一地区棚架、地栽两种不同栽培模式下的黑木耳生产进行效益比较分析，有利于明确两种模式的投入产出与黑木耳产业对社会经济、生态环境

---

① 1斤=250g。

的影响；对同一栽培模式下不同地区（海林市、东宁县）黑木耳生产进行效益比较分析，可得两地在黑木耳生产上的差异与优劣；通过效益比较分析，有利于了解黑木耳产业整体的发展方向和趋势，使整个产业发展更加高效、健康。

5.3.3.1 海林市棚架、地栽单个菌袋黑木耳效益比较分析

经调研可知，海林市黑木耳产业虽然起步较晚，但产业发展较好。海林市被称为“中国黑木耳第一乡”、海林黑木耳成为国家地理标志性产品，一方面与海林市适宜黑木耳生长的气候、温度、湿度等自然条件有关，同时还得益于该市菇农黑木耳栽培技术与政府的各项惠农政策能够充分的对接起来。依据海林市食用菌产业办公室的相关数据及调研汇总可计算出海林市地栽、棚架两种栽培模式下单个菌袋黑木耳的成本利润情况，如表5.14所示。

表5.14 海林市棚架、地栽生产模式下单个菌袋的成本构成

棚架成本				
成本构成		金额/元	占分成本比例/%	占总成本比例/%
培养料费用	木屑	0.7	81.16	33.79
	麦麸	0.1	11.59	4.83
	豆粉	0.06	6.96	2.90
	石灰	0.0025	0.29	0.12
	总计	0.8625	100.00	41.64
生产设备与物资费用	塑料袋	0.04	7.85	1.93
	燃料	0.05	9.81	2.41
	药物	0.0065	1.28	0.31
	装袋机	0.0025	0.49	0.12
	灭菌锅	0.005	0.98	0.24
	养菌室	0.025	4.90	1.21
	周转筐	0.0015	0.29	0.07
	大棚	0.3292	64.59	15.89
	其他	0.05	9.81	2.41
	总计	0.5097	100.00	24.61

地栽成本				
成本构成		金额/元	占分成本比例/%	占总成本比例/%
培养料费用	木屑	0.7	81.16	40.56
	麦麸	0.1	11.59	5.79
	豆粉	0.06	6.96	3.48
	石灰	0.0025	0.29	0.14
	总计	0.8625	100.00	49.98
生产设备与物资费用	塑料袋	0.04	22.16	2.32
	燃料	0.05	27.70	2.90
	药物	0.0065	3.60	0.38
	装袋机	0.0025	1.39	0.14
	灭菌锅	0.005	2.77	0.29
	养菌室	0.025	13.85	1.45
	周转筐	0.0015	0.83	0.09
	其他	0.05	27.70	2.90
	总计	0.1805	100.00	10.46

续表

棚架成本					地栽成本				
成本构成		金额/元	占分成本比例/%	占总成本比例/%	成本构成		金额/元	占分成本比例/%	占总成本比例/%
人工费用	装袋	0.2	29.63	9.65	人工费用	装袋	0.2	32.00	11.59
	打孔	0.025	3.70	1.21		打孔	0.025	4.00	1.45
	运输	0.025	3.70	1.21		运输	0.025	4.00	1.45
	吊袋	0.075	11.12	3.62		做床	0.005	0.80	0.29
	采摘	0.35	51.85	16.90		分床	0.02	3.20	1.16
	总计	0.675	100.00	32.59		采摘	0.35	56.00	20.28
						总计	0.625	100.00	36.22
水电费	水费	0.001	6.25	0.05	水电费	水费	0.001	6.25	0.06
	电费	0.015	93.75	0.72		电费	0.015	93.75	0.87
	总计	0.016	100.00	0.77		总计	0.016	100.00	0.93
地租		0.0083		0.40	地租		0.0417		2.42
总计		2.0715		100.00	总计		1.7257		100.00

由表5.14可知，海林市棚架单个菌袋黑木耳成本主要来自于培养料及人工费用，生产设备与物资费用次之，其次为水电费与地租。培养料费用主要由木屑与麦麸构成，人工费主要来自采耳、装袋及吊袋，生产设备与物资费用主要来自大棚构建成本，水电费主要来自电费。棚架模式下单个菌袋总成本为2.0715元。其中，培养料总费用为0.8625元，占总成本金额的41.64%，木屑、麦麸、豆粉、石灰费用分别占培养料费用的81.16%、11.59%、6.96%及0.29%。生产设备与物资总费用为0.5097元，占总成本金额的24.61%，其中，位于前3位的分别是大棚构建成本、燃料费用及塑料袋费用，所占生产设备与物资总费用比例依次为64.59%、9.81%与7.85%。人工费用为0.675元，占总成本比例为32.59%，采摘、装袋费用分别占人工费用的51.85%与29.63%，其余费用所占比例不足9%。水电费为0.016元，所占总成本比例较小，仅为0.77%，其中，电费占水电费比例为93.75%。棚架地租为0.0083元，占总成本比例较小，仅为0.40%。

地栽模式下单袋黑木耳成本构成与棚架栽培基本相同，不同之处是地栽的地租高于水电费，且生产设备与物资费用主要来源是塑料袋及燃料费。地栽单袋黑木耳的总成本为1.7257元，地栽模式培养料总费用为0.8625元，占总成本比例为49.98%，培养料中木屑占总成本费用比例为40.56%。生产设备与物资费用为0.1805元，占总成本比例为10.46%，其中燃料、塑料袋及养菌室费用较高，所占生产设备与物资费用比例分别为27.70%、22.16%与13.85%。人工费用为0.625元，占总成本比例的36.22%，采摘与装袋费用占人工费用比例分别为56%与32%。地租为0.0417元，占总成本金额的2.42%。水电费总额为0.016元/袋，占总成本的0.93%，其中，电费占水电费的比例高达93.75%。

因此可知，棚架单袋黑木耳总成本为2.0715元，高于地栽的1.7257元。两种模式的单袋黑木耳培养料费用相同均为0.8625元，所占总成本比例最大。次之为人工费用，棚架、地栽模式单袋黑木耳该项费用分别为0.675元与0.625元，除装袋、打孔、运输、采摘等共有成本外，棚架模式还包括吊袋费用0.075元，而地栽则包括做床费用0.005元、分床费用0.02元，故两种模式人工成本相差0.05元。相对于棚架模式单袋生产设备与物资费用0.5097元，地栽模式仅为0.1805元，原因在于棚架模式包含0.3292元/袋的大棚构建费用。两种模式的水电费相同，由于棚架每亩的吊袋数大于地栽摆袋数，故地租存在差异分别为0.0083元与0.0417元。

2013年，由于受阴雨连绵等气候因素的影响，棚架和地栽出耳时间集中，黑木耳质量整体下滑，棚架、地栽销售价格均较低，且差价减少。结合实际调研情况可知，棚架、地栽黑木耳的最低销售价格分别为35元/斤和25元/斤，单袋产量均量为0.1斤/袋，可计算出单袋棚架、地栽的利润分别约为1.4285元和0.7743元。由利润盈亏点可知，当单袋棚架、地栽黑木耳售价分别为2.0715元与1.7257元时，耳农即可获利。耳农可以通过提高销售价格或减少成本，尤其是培养料与人工成本来增大黑木耳利润。

5.3.3.2 东宁县棚架、地栽单个菌袋黑木耳效益比较分析

相对于海林市，东宁县的木屑成本略高，为0.45元/斤，单个菌袋木屑费用为0.7875元；除单个菌袋大棚构建成本为0.0944元外，其余生产设备与物资成本基本同于海林；人工费用中的采摘费用为0.4元，春耳秋管的下袋摆袋费用为0.035元；棚架、地栽模式下单个菌袋的地租分别为0.0228元与0.0584元。东宁棚架、地栽生产模式下单个菌袋的成本构成如表5.15所示。

表5.15 东宁县棚架、地栽生产模式下单个菌袋的成本构成

棚架成本					地栽成本				
成本构成		金额/元	占分成本比例/%	占总成本比例/%	成本构成		金额/元	占分成本比例/%	占总成本比例/%
培养料费用	木屑	0.7875	82.89	38.91	培养料费用	木屑	0.7875	82.89	41.89
	麦麸	0.1	10.53	4.94		麦麸	0.1	10.53	5.32
	豆粉	0.06	6.32	2.96		豆粉	0.06	6.32	3.19

续表

棚架成本					地栽成本				
成本构成		金额/元	占分成本比例/%	占总成本比例/%	成本构成		金额/元	占分成本比例/%	占总成本比例/%
培养料费用	石灰	0.0025	0.26	0.12	培养料费用	石灰	0.0025	0.26	0.13
	总计	0.95	100.00	46.94		总计	0.95	100.00	50.53
生产设备与物资费用	塑料袋	0.04	14.55	1.98	生产设备与物资费用	塑料袋	0.04	22.16	2.13
	燃料	0.05	18.19	2.47		燃料	0.05	27.70	2.66
	药物	0.0065	2.36	0.32		药物	0.0065	3.60	0.35
	装袋机	0.0025	0.91	0.12		装袋机	0.0025	1.39	0.13
	灭菌锅	0.005	1.82	0.25		灭菌锅	0.005	2.77	0.27
	养菌室	0.025	9.09	1.24		养菌室	0.025	13.85	1.33
	周转筐	0.0015	0.55	0.07		周转筐	0.0015	0.83	0.08
	大棚	0.0944	34.34	4.66		其他	0.05	27.70	2.66
	其他	0.05	18.19	2.47		总计	0.1805	100.00	9.60
	总计	0.2749	100.00	13.58					
人工费用	装袋	0.2	26.32	9.88	人工费用	装袋	0.2	29.63	10.64
	打孔	0.025	3.29	1.24		打孔	0.025	3.70	1.33
	运输	0.025	3.29	1.24		运输	0.025	3.70	1.33
	吊袋	0.075	9.87	3.71		做床	0.005	0.74	0.27
	采摘	0.4	52.63	19.77		分床	0.02	2.96	1.06
	下摆袋	0.035	4.61	1.73		采摘	0.4	59.26	21.28
	总计	0.76	100.00	37.55		总计	0.675	100.00	35.91
水电费	水费	0.001	6.25	0.05	水电费	水费	0.001	6.25	0.05
	电费	0.015	93.75	0.74		电费	0.015	93.75	0.80
	总计	0.016	100.00	0.79		总计	0.016	100.00	0.85
地租		0.0228		1.13	地租		0.0584		3.10
总计		2.0237		100.00	总计		1.8299		100.00

由表5.15可知，棚架模式下单个菌袋费用主要来自于培养料与人工费，次之为生产设备与物资费用，地租与水电费所占比例较少。其中，培养料费用主要来源于木屑与麦麸，人工费主要由采摘、装袋及吊袋费用构成，生产设备与物资费用主要来自大棚构建、燃料及塑料袋费用，水电费中电费所占比例较高。东宁棚架单个菌袋总成本为2.0237元。其中，培养料费用为0.95元，占总成本比例

为46.94%，木屑费用为0.7875元，约占培养料费用的82.89%。生产设备与物资费用总计为0.2749元，占总成本的13.58%，该项费用主要由大棚构建费用、燃料费用与塑料袋费用构成，所占比例分别为34.34%、18.19%与14.55%。人工费用为0.76元，占总成本的37.55%，其中，采摘、装袋及吊袋袋是该项费用的主要来源，分别占该项费用的52.63%、26.32%、9.87%。水电总费用为0.016元，占总成本的0.79%，其中电费占水电费比例为93.75%。地租为0.0228元，占总成本比例为1.13%。

地栽模式下单袋黑木耳各项费用所占总成本比例依次为培养料（50.53%）、人工费（35.91%）、生产设备物资费用（9.60%）、地租（3.10%）及水电费（0.85%）。相比棚架栽培模式，地栽生产设备与物资费用主要来自燃料、塑料袋及其他小件物资购买费用。东宁县地栽模式下单个菌袋总成本为1.8299元，培养料费用、人工费用、生产设备与物资费用、地租及水电费分别为0.95元、0.675元、0.1805元、0.0584元及0.016元。培养料费用中，木屑、麦麸所占该项费用比例分别为82.89%与10.53%；人工费以采摘与装袋为主，所占该项费用比例为59.26%与29.63%；生产设备与物资费用主要由燃料、塑料袋及其他小件物资购买费用构成。

综上所述，东宁棚架栽培模式单个菌袋黑木耳总成本为2.0237元，略高于地栽成本1.8299元。棚架、地栽最大费用来自培养料，次之为人工费用。培养料成本、水电费方面，两种模式均为0.95元与0.016元，且培养料均以木屑与麦麸为主，其余辅料所占比例不足6%。在生产设备与物资费用、人工成本方面，棚架成本均高于地栽，生产设备与物资成本中，棚架栽培包含大棚构建费用0.0944元；人工成本方面，除装袋、打孔、运输、采摘等共同费用外，棚架栽培模式下人工吊袋费用与春耳秋管的下袋、摆袋费用远大于地栽的做床、分床费用。地租方面，棚架地租为0.0228元，低于地栽的0.0584元，主要受棚架、地栽每亩挂袋数的影响。根据调研，按照黑木耳棚架、地栽的最低销售价格（棚架黑木耳35元/斤，地栽25元/斤），计算可得，东宁棚架、地栽单个菌袋的利润分别为1.4763元与0.6701元，由利润盈亏点可知，当棚架、地栽每斤黑木耳售价分别高于20.24元与18.30元时，菇农即可实现盈利。

5.3.3.3 两地单个菌袋黑木耳效益比较分析

通过对海林市与东宁县的棚架、地栽两种不同模式下单个菌袋黑木耳的效益分析可知，两地棚架单个菌袋黑木耳成本、收益高于地栽黑木耳，且棚架的利润较大。接下来对两地的成本收益进行比较分析，以期找出两地的差异，具体数据如表5.16所示。

表 5.16 海林市、东宁县棚架、地栽单个菌袋黑木耳效益比较

成本构成	海林市单个菌袋黑木耳生产成本				东宁县单个菌袋黑木耳生产成本			
	棚架成本		地栽成本		棚架成本		地栽成本	
	金额/元	占总成本比例/%	金额/元	占总成本比例/%	金额/元	占总成本比例/%	金额/元	占总成本比例/%
培养料	0.8625	41.64	0.8625	49.98	0.95	46.94	0.95	50.53
生产设备与物资	0.5097	24.61	0.1805	10.46	0.2749	13.58	0.1805	9.60
人工	0.675	32.59	0.625	36.22	0.76	37.55	0.675	35.91
水电	0.016	0.77	0.016	0.93	0.016	0.79	0.016	0.85
地租	0.0083	0.40	0.0417	2.42	0.0228	1.13	0.0584	3.10
成本总计	2.0715		1.7257		2.0237		1.8299	
销售价格	3.5		2.5		3.5		2.5	
利润	1.4285		0.7743		1.4763		0.6701	
投资回报率/%	68.96		44.87		72.95		36.62	

由表 5.16 可以看出，海林单个菌袋黑木耳的棚架总成本高于东宁，利润低于东宁；地栽模式总成本低于东宁，利润高于东宁。棚架模式下，海林市生产设备与物资费用高于东宁，培养料费用、人工费用及地租均低于东宁，两地水电费相等。地栽模式下，海林培养料费用、人工费及地租也均低于东宁，两地的生产设备与物资费用与水电费相等。

海林市棚架、地栽单个菌袋黑木耳生产成本分别为 2.0715 元与 1.7257 元，东宁县所对应的总成本为 2.0237 元与 1.8299 元，两地棚架与地栽单个菌袋黑木耳平均成本分别为 2.0476 元与 1.7778 元。基于 2013 年的最低销售价格，可计算出海林市棚架、地栽单个菌袋黑木耳生产利润分别为 1.4285 元与 0.7743 元、东宁则为 1.4763 元与 0.6701 元。通过比较可知，东宁县棚架利润高出海林 0.0478 元，地栽利润低了 0.1042 元。由投资回报率可知，两地棚架盈利能力均大于地栽，且海林棚架模式下单个菌袋盈利能力为 68.96%，均低于东宁的 72.95%，地栽模式盈利能力为 44.87%，高于东宁的 36.62%。

综合分析可知，海林市、东宁县棚架栽培模式下黑木耳生产成本虽高于地栽模式，但其产品质量较好、买价高、利润空间大、耳农的投资回报率较高。随着食用菌产业的发展，棚架栽培模式会逐渐成为黑木耳生产栽培的主导模式，究其原因，主要体现在以下几个方面：①空间及土地利用率高于地栽，每个大棚占地较少，面积仅为 320m^2 左右，但其每亩菌袋吊袋数是地栽的 2 ~ 3 倍；②菌包质量高于地栽，其缩袋率较低，且菌袋的感染率较低；③人工利用率高于地栽，棚

架模式，耳农平均每天采摘 3000 ~ 4000 个菌袋，地栽则为 2000 ~ 3000 个菌袋；④产品质量高于地栽，棚架黑木耳耳型好、含沙量少且色泽纯正；⑤产品销售价格高于地栽，棚架黑木耳下菜时间约早于地栽 20 天，其产品上市早，弥补市场空缺；⑥有效抵御自然灾害，如 2013 年，若逢阴雨连绵的天气，棚架栽培模式受影响较小，地栽黑木耳则无法进行正常采摘，易于腐烂。

5.3.4 黑木耳产业发展中的主要问题分析及应对策略

5.3.4.1 黑木耳产业发展的问题分析

作为当地的支柱性产业，黑木耳生产极大地带动了海林、东宁两地的经济发展，且随着产业链条的不断延伸与产品深加工的进一步兴起，为广大农民提供了大量就业机会，有效促进了农民增收。成绩固然令人欣喜，但其发展也存在一些亟待解决的问题，主要体现在以下方面：

1）培养料以木屑为主，菌林矛盾逐渐凸显。黑木耳属于木腐菌，其栽培基质多以木屑为主，占培养料比例高达 81% ~83%。随着产业规模的扩大，对林木资源的需求和消耗不断增加，这在一定程度上致使林木资源不断减少和森林生态环保功能的不断减弱；与此同时，也引发了木屑价格的过快上涨而提高市场成本和降低产业受益。为此，推进替代原料和开发新型基质，迫在眉睫。但现阶段由于运用替代原料培养生产的黑木耳质量和数量均不稳定，对替代原料的使用多处于试验阶段，故菇农仍以木屑为培养料主料，必然对黑木耳产业的持续发展形成影响。

2）劳动力缺乏，人工成本较高。劳动力对黑木耳产业发展至关重要。如今，由于种粮比较收益的减少，农民大量外出务工，农村剩余劳动力较少；加之乡镇企业对农村剩余劳动力的吸纳与转移，进一步加剧了黑木耳生产用工荒的问题；此外，黑木耳生产具有明显的季节性，用工时间短且集中，这就意味着黑木耳采收完毕，雇工即面临失业。随着黑木耳产业种植规模的不断扩大，劳动力缺乏现象将更为明显，劳动力供求矛盾愈演愈烈。劳动力成为制约其发展的主要因素。

3）信息化程度较低，市场服务体系不够健全。为促进黑木耳产业的进一步发展，当地建立了生产资料交易大市场及木耳批发市场，形成了一个简单地以“耳农+交易市场+批发商+零售商”的产品集散、现货交易的流通服务模式。但分析发现，菇农与市场、批发商与零售商之间多是短期的交易行为，且关系不稳定。市场商户需自己上门收购黑木耳，菇农不会将产品送往市场销售，且批发商几乎没有固定的客户群，交易多是随机性的。与此同时，市场服务能力有限且信息渠道较少，供求信息对接难度较大，引发了较大的价格波动，许多时候出现了上下午价格不同或一天一个价格的现象。

4）设施基础较为薄弱，规模化效益难以体现。虽建立了食用菌基地、食用菌合作社及多种形式的示范园区，但其基础设施参差不齐，高产优质潜力不大。主要体现在以下 3 个方面：①大棚构造简单，使用周期短，抵御自然灾害能力差。棚架吊袋栽培模式以一体式为主，分体式为辅，相对于分体式大棚，一体式使用年限较短，仅为 5 年，且不能有效地抵御自然灾害。②蓄水池防渗程度不同。调研发现，菇农均采用开敞式蓄水池，主要包括矩形蓄水池与圆形蓄水池，其中，矩形蓄水池多位于地上，占地面积较大，且多选择在开阔地段直接挖建，并将塑料袋铺于底部与周边，以防止渗水；相对而言，圆形蓄水池占地面积较小，池底及边墙多采用浆砌石、钢筋混凝土进行加固，防渗性较好。③基地缺乏养菌室、发菌室，且路况较差。基地每户菇农只有一间不足 $20m^2$ 的临时休息室，更没有养菌室、发菌室等其他可以存放菌袋的场所，摆袋时，一旦遇上阴雨连天的天气，菌袋无处放置，只能外租地方，增加了菌袋的倒运与堆放成本。

5）产地环境保护意识较弱。一方面由于菇农环保意识较差，认识不到环境污染、生态破坏的后果；另一方面当地缺乏加工、利用废弃菌袋及菌糠的企业，以至于不能使生产废弃物得到有效处理而使环境污染。此外，缺少管制黑木耳产业废弃物的相关法规与奖惩机制也是造成上述现象的原因之一，最终导致废弃菌袋、菌糠多被直接燃烧或随意丢弃，产生了较严重的白色污染和生态环境破坏。

6）规范化管理重视程度不够，存在巨大潜在风险。规模化和集约化生产方式必然需要严格的管理措施跟进。但从目前看，由于棚化和吊带栽培收益的巨大性，扩张速度很快，但在管理措施方面却并没有严格确立规范标准，没有开展认真的探索和管理创新，依然采取与以往不是很大区别的管理方式，尤其是在病虫害防控方面，由于集约度的提高增大了病害传播的巨大风险。这是吊带栽培过程中需要非常关注的重大事项。

5.3.4.2 推进黑木耳产业健康发展的对策措施

针对黑木耳产业发展所存在的这些问题，可以从以下六个方面予以改进：

1）加大替代原料的研发与推广，不断缓解菌林矛盾。作为木腐菌的黑木耳，其产业发展对木材资源消耗较大。要实现其健康发展，就不能以牺牲森林资源为代价，必须开发新型基质，寻求新的替代原料和研究新型替代料的配方。在确保产品质量和产量的情况下，尽量利用果树枝桠、豆秸、玉米芯、甘蔗渣、陈木屑等替代料进行生产，以实现黑木耳产业的经济与生态效益。

2）不断完善棚架栽培模式。首先，相关技术专家、协会组织及有经验的菇农应积极探索并改进棚架黑木耳生产模式，降低棚架构建成本，并研发适用于棚架栽培的小型机械设备；其次，设计并构建科学合理的棚架内部空间结构，实现棚架栽培的规范化和标准化；再次，运用典型示范等方式，有序推广棚架栽培模式；最后，地方政府应积极落实菇农的农机补贴，鼓励农户在生产的装袋、灭菌、打孔等环节尽量采用机械生产，提高产业发展的机械化水平。

3）培育新型食用菌产业发展主体。面对当前分散生产农户占多数的情况，要将专业生产大户、协会组织和企业等新型主体作为现代食用菌产业健康持续发展的重要内容加以扶持和培育壮大，在切实提高农民组织化程度基础上，强化和规范产业发展中的生产、流通、加工等各个环节的主体行为，培育壮大龙头企业，建立基地带动、农户参与的联动机制，构建和完善“龙头企业+基地+合作社+农户”生产模式。推进专业化分工，完善社会化服务体系，不断提升产业组织化程度，着力促进产业内涵发展。

4）强化产业发展基础设施建设。全面规划黑木耳标准化生产示范基地，统一采用分体式棚架栽培与圆形蓄水池，保证各个基地水、电供给充足，管道、路网建设完好。建设市场基础设施，构建高效的市场流通环境。加大产业技术信息网络建设，畅通产业经营主体技术交流管道和信息共享机制，准确把握产业发展动态与发展趋势，引领产业发展方向。

5）全面推进产地环境保护。环境资源的公共属性和食用菌产品的微生物特性，使产地环境质量对产业发展具有重大影响。政府应运用一系列的激励和约束措施，不断提升产地环境质量。要在鼓励、引导和扶持以废弃菌袋、菌糠为原料的加工企业进入产业链条和积极转化菌渣、菌袋等生产废弃物的同时，通过制定和完善相关标准来规范和约束农户的生产行为，确保生态环境和产地环境质量的不断提升。

6）加大管理模式探索，构建新型的管理模式。要根据棚架栽培集约型生产特点，引进工业化理念和工厂化设施设备，增强对管理方式的跟进与创新，防控可能存在的巨大风险，尤其是要强化病虫害防控意识，提高科学化管理水平，将集约化生产中所潜在的病虫害风险保持在可控的范围之内，降低产业风险损失发生的可能性。

（陈祺琪　吴贤荣）

5.4 黑龙江省牡丹江市黑木耳产业发展调研报告

作为农业领域中的朝阳产业，食用菌产业集经济效益、生态效益和社会效益于一体，具有占地少、成本低、周期短、效益高等优势，对建设“资源节约型和环境友好型”农业，进一步解决农民增收、农业增长、农村稳定等“三农”问题具有非常重要的意义。黑木耳是我国重要的食用菌品种之一，其可食用、可入药、可进补，素有“素中之荤”“中餐中的黑色瑰宝”等美誉。

为全面了解黑木耳产业的投入产出水平，深入分析其种植效益，以此促进黑木耳产业平稳、健康发展，在国家食用菌产业技术体系牡丹江综合试验站站长王延锋同志及相关人员①的陪同下，调研队先后对牡丹江市下属海林市、东宁县的黑木耳生产基地及交易市场进行了实地考察。此次调研对象包括两家食用菌生产企业、3 位食用菌生产技术员、10 家黑木耳生产专业户及 5 位黑木耳购销个体工商户等。此外，调研队还走访了当地农科所及食用菌产业政府管理部门，围绕当地黑木耳地栽、吊棚两种栽培模式下的投入产出及技术等方面的相关问题进行了深入访谈与调查。现从牡丹江市黑木耳产业发展现状、优劣势及对策三方面对本次调研情况予以分析总结。

5.4.1 牡丹江市黑木耳产业发展基本情况

享有“世界黑木耳之都”美称的牡丹江市，位于黑龙江省的东南部，地处中、俄、朝合围的三角地带，区位发展优势非常明显，是东北地区重要的区域中心城市。该地区拥有天然的气候资源、林业资源、水利资源优势，是黑木耳生长的最优选地之一。

据了解，2012 年，牡丹江市黑木耳产量已占全球总产量的 1/4，全国的 1/3 和黑龙江省的 1/2。牡丹江市现有 17 家食用菌龙头企业，年加工总量可达 11 万 t，实现产值超过 13 亿元。其中，雨润绥阳黑木耳大市场年交易量达到 12 万 t，交易额突破 62 亿元，成为全国最大的黑木耳产业集散中心。2011 年，牡丹江市农民人均纯收入达 11 198 元，成为黑龙江省首个突破万元大关的地级市，其中相当部分收入源自黑木耳产业。尤其是位于市南部的东宁县，被中国食用菌协会授予“中国黑木耳第一县”荣誉称号。2012 年，该县黑木耳生产规模达 15 亿袋，干品总产量 7.5 万 t，约占全国总产量的 1/4，产值 45 亿元，仅此一项就帮助农民人均增收 2 万元。借用当地的一句流行话：一袋袋黑木耳就是老百姓致富的“钱袋子”。无论是东宁县，还是整个牡丹江市，黑木耳产业都堪称当地第一富民支柱产业。

---

① 在调研的过程中，得到了牡丹江综合试验站站长王延锋及其团队成员的大力支持，也得到了海林市食用菌产业办公室、东宁县供销社企业总公司领导及产业负责人和技术骨干的大力帮助与协助，为此表示衷心的感谢！

5.4.2 牡丹江市黑木耳产业发展基本经验

5.4.2.1 政府部门重视，基础设施完善

自2001年开始，牡丹江市委、市政府在调整农业结构，培育产业发展的过程中，就将食用菌产业列为全市农业发展主导产业之一，给予了大力财政扶植，推动了全市食用菌产业的跨越式发展，尤其是黑木耳产业，作为一大优势产业与支柱产业，备受各界关注与政府重视。以海林市为例，自2009年成立海林食用菌产业办公室以来，海林市先后建成多处黑木耳生产示范园区，在园区内统一完善基础设施建设、配置专业技术指导人员、购置大型设备，实行水、土、林综合治理，切实做到水源充足、浇灌定时、道路平坦、池床标准、排水畅通、绿化标准，全面提高了黑木耳生产防灾抗灾能力和综合生产能力。又如东宁县由政府投资创建黑木耳集中化生产基地，并统一搭建大棚，规范黑木耳吊袋栽培，实现规模化、集约化、高效化、标准化生产；同时完善绿色黑木耳栽培技术规程，争取通过省级或国家标准化管理委员会的审核认证，力争上升为省级和国家级标准。此外，牡丹江市有关部门全面规划黑木耳标准化生产示范区，认真做好黑木耳科技项目的谋划与申报，积极争取各级立项，努力加大国家和上级的财政资金扶持力度，以进一步完善黑木耳生产基础设施建设。

5.4.2.2 先进的技术支撑

在调研过程中，通过与当地技术人员的座谈发现，在牡丹江市尤其是东宁县，黑木耳生产各环节技术一直走在全国前列。具体表现在以下五个方面：一是吊棚式栽培模式代替地栽模式。传统地栽模式由于存在费人工、占地广、风险大、不便管理等缺陷，现已逐步缩减，改用吊棚培育。相比之下，吊棚模式不但省地、省工、省水，还具有品质好、收益高等多重优势。在大棚设计上，以棚架一体式逐渐改进为分体式，大大降低了遭受风雨灾害的风险，在吊袋方式上，进行了两线式、三线式、鱼刺型、网托型等多种尝试，力求最佳。据了解，东宁县2013年共建大棚2531栋，吊棚6500多万袋。二是大孔改小孔。小孔木耳以耳片小、成熟早、易晾晒、加工容易等优点，备受耳农青睐，近年来已在礼品及出口市场占据一席之地，价格明显高于大朵木耳，市场潜力巨大，当地的多孔小耳技术为黑木耳产业提供了一个新的发展方向。三是替代料栽培。替代料栽培技术在很大程度上解决了黑木耳栽培过程中的林木过度砍伐难题。走访中发现，当地不少农户已开始运用秸秆等替代部分木屑原料，试验站也在进一步探索玉米芯、梨木枝、苹果渣、亚麻杆等原料的替代功效。四是春耳秋管。据当地农户介绍，这

种新型黑木耳栽培技术在东宁县十分常见，其做法是将采摘后的春耳从吊棚转移到地上，在菌袋不动的情况下进行二次管理，只需定期喷水，不必追加资金和物资投入，每袋春耳秋管的木耳菌袋可生产秋耳 1.5 钱[①]（干重）以上，每袋增收 0.4 元以上。五是水稻育秧棚的二次利用。近年来，黑龙江省水稻产区广泛应用大棚育苗，但多数农户在稻秧移栽后，除在大棚内种一些短季节生长蔬菜以供自给外，多数大棚闲置，造成资源和土地的浪费。在育秧棚里进行黑木耳吊、挂、串袋立体栽培，可大大提高育秧大棚的综合利用率和经济效益。在先进的技术支撑下，牡丹江市已由最初的求量方针转变为现在的“重质轻量”战略，全市统一规划，控制黑木耳发展规模，加强吊棚、小耳、秋耳种植，追求更高品质。

5.4.2.3 机械化生产程度较高

通过实地走访与调查发现，除采摘环节外，牡丹江市黑木耳生产整个过程均已实现机械化操作。在相同工序下，食用菌生产全程机械化不仅大大减少了人工投入，而且可节省大量木材，在增加经济效益同时，又能保护森林资源，具有良好的社会效益与生态效益。牡丹江市的黑木耳产业，从原料制备到成品销售，主要生产环节基本上实行了机械化生产，代料粉碎机、搅拌机、自动装袋机、扎口机、打孔器、高压灭菌锅、接菌（种）箱、鼓风机、水泵、微喷管、（干湿）温度计、浇灌定时器、干品分级筛等机械化生产设备均已投入使用，这标志着该地区的黑木耳机械化生产已初具规模。据技术人员介绍，当地正努力改进与解决人工采摘环节，若能实现机械化采摘，劳动力可得到极大解放，该地区黑木耳产业也将迈入一个新的发展阶段。

5.4.2.4 龙头企业带动，搭建物流集散中心

雨润批发大市场依托东宁雨润绥阳黑木耳有限公司于 2009 年 5 月开工建设，现已晋升为国家级农产品批发市场，该市场设施完善、功能完备、管理先进、运营规范，是当地黑木耳物流集散中心、信息传播中心、科技交流中心和会展贸易中心，总投资 30.8 亿元，占地 67hm^2，集市场交易、产品加工、仓储物流、质量检测、科技研发、文化展示等功能于一体。目前，雨润市场拥有交易门市 643 间，黑木耳交易量占到全国总交易量的一半左右，真正实现了“买全国，卖全国”的目标，同时出口韩国、日本、俄罗斯等国，以及东南亚、欧美等地区。作为全国最大的黑木耳交易平台和集散中心，其极大地促进了牡丹江市、黑龙江省乃至全国黑木耳产业的发展，推动了黑木耳产业集群整体化、规模化进程。

---

① 1 钱=5g。

5.4.3 牡丹江市黑木耳产业发展SWOT分析

5.4.3.1 资源与技术优势

牡丹江市位于北温带中部，属温带大陆季风气候，半湿润地区，年平均气温6.1℃，平均降水量579.7mm，日照长度2339.8小时，平均相对湿度64%，该地四季分明，植物茂盛，得天独厚的气候条件十分利于黑木耳生长。全市共有10个林业局、14个营林局，森林覆盖率达到60.18%，此外，所属黑龙江省的森林面积、森林总蓄积和木材产量均居全国前列，是我国最重要的国有林区和最大的木材生产基地，丰富的林业资源为黑木耳生产提供了充足的栽培原料，奠定了良好的物质基础。辖区内有牡丹江、乌苏里江、穆棱河、绥芬河等300多条河流，还有大量地下水资源，丰富的水利资源保证了黑木耳生长的水量需求。总之，牡丹江市具备黑木耳生长的各种自然资源优势，极适宜黑木耳种植，是发展黑木耳产业不可多得的宝地。牡丹江市黑木耳生产历史悠久，可上溯至唐朝时期，而人工栽培黑木耳也已有三十多年历史，长期的积累与沉集，使该地具备了种植黑木耳的先进技术优势，吊袋式栽培、多孔小耳技术、春耳秋管等多项先进技术均源于此地。牡丹江市不仅是全国菌种培制、研发、推广的发源地，也是各种黑木耳种植技术试验、推行的领头者。

5.4.3.2 经验劣势

牡丹江市人工栽培黑木耳已经历了30余年的发展历程，但集中栽培时间并不长。作为朝阳产业，黑木耳产业存在组织率低、经验不足等问题。首先表现为产业协会组织效率低下、功能闲置。食用菌协会成立和运作的初衷是使食用菌生产、销售具有组织性，相对于个体农户单枪匹马闯市场更具主动性。然而调研了解到，协会、合作社等产业组织并未参与黑木耳的采收、销售等环节，当地只存在国家园区、批发市场等地理集聚现象，非政府组织的功能发挥严重不足。其次，由于整个黑木耳产业的发展经验不足，菇农对市场掌控、价格走势意识不强，生产盲目跟风，销售“价涨坐观，价跌快卖”等不良现象普遍存在，严重影响了产业的平稳、良性发展。此外，黑木耳栽培技术尚处于不断摸索改进阶段，每一次技术革新都会引起相关企业生产设备更新，造成原有设备废弃与闲置；土地流转也存在“擦边球”现象，黑木耳生产用地被界定为农业用地，但不少生产企业为加强大棚稳固性，使用水泥固桩、石块铺地，严重破坏了农地性质，影响了土地流转，而目前当地并未出台相关政策对该行为进行规范。

5.4.3.3 国际市场机遇

黑木耳作为国际公认的健康食品，在国内外市场极为畅销，中国已成为世界第一黑木耳生产、消费、出口大国。牡丹江市黑木耳除供应国内市场外，还畅销日本、韩国、俄罗斯等国及东南亚等地区，是当地重要的出口农产品之一。由于黑木耳产业目前尚未实现全程自动化生产，许多经济发达国家并不提倡这一劳动密集型产业，加之牡丹江市拥有世界上较为先进的核心生产技术，产量逐年提升，国际黑木耳市场份额不断提升，不少国家逐渐放弃黑木耳种植，改为从中国进口，因而中国黑木耳产业还有很大的成长空间，市场前景十分广阔。在调研中了解到，当地食用菌产业办人员近期前往俄罗斯调查市场发现，欧洲人也非常认可黑木耳这道健康佳肴，这也打破了欧美人不食黑木耳的传统观念，为开发欧美市场，进一步拓展国际市场增强了信心。

5.4.3.4 环境威胁

黑木耳产业发展对当地的环境威胁主要表现在两个方面：一是林木大量砍伐加速林业资源消耗，破坏森林植被；二是废弃菌渣容易导致生态环境污染。黑木耳属于典型的木腐菌，营养需求以碳水化合物和含氮物质为主，其生产基础是林木，对林木尤其是阔叶林木的大量砍伐，既消耗了森林资源，又破坏了生态环境。目前已尝试利用工业废弃松杉木屑进行栽培，并提倡替代料使用，以减少对阔叶林木的砍伐，保护区域生态环境，促进生态良性循环，但仍难以满足逐年增长的消费需求。同时，调研过程中发现，黑木耳生产后的废弃菌袋随处可见，对当地环境造成了严重污染。黑木耳废弃菌渣目前主要有作燃料、生物有机肥及二次出耳三种处理方式，但均限于理论层面。在实际生产中，由于菌渣燃料存在热值小、余灰重的问题，当地仅有部分居民采用，外销他处情况并不乐观；作生物有机肥有利于长期土质改善，但见效缓慢，农户更愿意选择化肥；废弃菌袋二次出耳少、人工耗费大，菇农多不愿采纳。

5.4.4 政策建议

5.4.4.1 积极引导产业协会步入规范化发展轨道

在推进产业协会不断发展的过程中，要明确本地黑木耳产业发展规划，尽快以市场经济规律完善协会组织机构和运行机制。协会不仅要为菇农提供销售市场信息服务，还应在拓展销售渠道的基础上，向前后延伸，组织菇农进行生产技术交流培训，促进黑木耳采后处理和深加工发展。加快推进协会专业化发展步伐，扩大协会影响力，服务更大范围的黑木耳生产农户及购销商户。同时，为引导产业协会的规范发展，相关政府部门应予以大力支持，如在技术培训、信息指导等方面辅助协会共同为黑木耳产业发展做贡献。

5.4.4.2 进一步完善黑木耳销售市场体系

目前牡丹江市最大的黑木耳集散市场为雨润绥阳黑木耳批发大市场，其基础设施完善，物业管理规范。但据门市人员反映，无论是收购还是出售环节，均是各户单独行动，缺乏良好的信息沟通与长期合作机制，生产农户和购销商户对市场价格波动都十分被动。批发市场以量取胜，应引入市场机制适当控制黑木耳购销从业人员数量，防止人员过多降低收入，同时要预防和抵制单家囤货形成价格垄断。为此，一方面，建议雨润绥阳黑木耳批发大市场发挥当地龙头企业的领头作用，进一步完善黑木耳销售市场体系，在建立统一的供需信息公布机制基础上，提供可靠的价格波动指导服务，运用网络渠道及时追踪、更新市场供需信息及价格波动走势；另一方面，建议每一个黑木耳生产园区内成立销售集中点，既能缓解农户盼收购商、商户寻生产户的尴尬局面，同时也可保障货源充足、价格合理，节约双方的劳动力与时间成本。

5.4.4.3 拓展国际消费市场的同时，开拓国外生产要素市场

随着牡丹江市黑木耳产量逐年提升以及黑木耳产业不断发展，当地领导在与农民分享喜悦的同时，也不免心生忧虑：当一个产业尤其是新兴产业发展过快时，必有弊端生成。正如当地一位老者所言，“黑木耳不是大米，不能天天、吃顿顿吃”，一旦国内消费市场达到饱和，将不得不转向海外开拓更大的国际消费市场。黑木耳产业虽符合循环农业发展理念，但也必须认识到它对林木资源的大量消耗及对水土环境的严重污染，这对当地乃至整个国家都构成了不小的威胁。我们要学习欧美发达国家高技术行业跨国公司的经营模式，掌握该产业核心技术，在海外建立黑木耳生产基地，实行原料进口、产品转售他国的全球流通方式。

5.4.4.4 不断更新技术，促进良性发展

当前，黑木耳产业正由劳动力密集型向技术密集型转变，科学技术对黑木耳产业发展的推动作用毋庸置疑。随着我国在农业领域科研投入不断加大，应进一步增大对黑木耳这一高收益产业的科研工作投入，重视黑木耳专业科技人才的培养和使用，着力提高黑木耳产业的技术创新能力。继续坚持“稳量、提质、增效”的发展理念，强力推进节能环保灭菌，春耳、秋耳、越冬耳连作和绿色基地

生产，切实加快产品深加工，做好废弃菌渣的综合利用，精心打造知名品牌，进一步增强市场集散功能，不断提升工厂化、集约化水平，延伸产业链条，促进良性发展，推动黑木耳产业全面升级。作为世界黑木耳产业领头者与先行军，牡丹江黑木耳产业发展应站在全球高度，积极承担起技术更新的重任，降低现有资源消耗、培育新型原料资源，走可持续发展之路，力求在利用更少资源、产生较少废渣的前提下，不仅追求高产、高质目标，更要强化健康、绿色保障。

（吴贤荣　陈祺琪　张俊飚）

参考文献

安礼伟. 2010. 我国出口产品需求弹性分析. 世界经济与政治论坛，(3)：52-62.

白丽，张润清，赵邦宏. 2015. 我国食用菌产品出口结构及竞争力分析. 北方园艺，(10)：162-165.

保建云. 2008. 中国与东盟各国双边贸易发展前景及存在的问题. 国际经贸探索，(4)：35-39.

边银丙. 2006. 我国秸秆资源状况对食用菌产业发展的影响. 中国食用菌，(1)：5-7.

蔡亚庆，仇焕广，徐志刚. 2011. 中国各区域秸秆资源可能源化利用的潜力分析. 自然资源学报，26（10）：1637-1646.

曹佳，安玉发，陈丽芬. 2006. 中国食用菌生产和贸易分析. 农业展望，(7)：14-17.

曹明宏，阳敏. 2014. 中国食用菌出口集中度与依赖度分析. 华中农业大学学报（社会科学版），(4)：50-56.

曹晓青，李涛，曹文彬. 2013. 基于 VAR 模型的农产品价格传导机制研究——以无锡市蔬菜批发、零售市场为例. 中国农业信息，(13)：284-286.

曹阳，李剑武. 2006. 人民币实际汇率水平与波动对进出口贸易的影响—— 基于 1980 ~ 2004 年的实证研究. 世界经济研究，(8)：56-59.

常微，娄策群. 2010. 我国农产品销售信息流动模式分析. 情报科学，(8)：1170-1173.

陈龙江，王厚俊. 2011. 人民币汇率变动对广东农产品出口的影响：基于 ARDL-ECM 模型的实证研究. 农业技术经济，(6)：4-12.

陈龙江. 2007. 人民币汇率变动的农产品出口效应：理论与实证研究. 杭州：浙江大学博士学位论文.

陈祺琪，张俊飚. 2014. 棚架、地栽两种模式下黑木耳的比较效益分析. 华中农业大学学报(社会科学版)，(5)：8-16.

陈晓坤，李鹏，王鹏程. 2011. 我国食用菌产业发展面临的新问题与对策思考. 北京：2011 年中国食用菌产业经济研究报告.

程国强. 2004. 中国农产品出口：增长、结构与贡献. 管理世界，(11)：85-96.

崔琛. 2013. 基于引力模型的中日韩 FTA 水产品贸易问题研究. 青岛：中国海洋大学硕士学位论文.

崔明，赵立欣，田宜水，等. 2008. 中国主要农作物秸秆资源能源化利用分析评价. 农业工程学报，24（12）：291-296.

邓丽春. 2013. 基于引力模型的中日双边贸易研究. 湘潭：湘潭大学硕士学位论文.

邓燕，薛龙飞，曹明宏. 2015. 中国食用菌贸易的时空格局、出口竞争力及其影响因素分析. 湖北农业科学，54（14）：3570-3579.

丁丽红，朱智洺. 2016. 我国对东盟农产品出口效率及潜力研究——基于随机前沿引力模型. 江西农业学报，(10)：106-110.

丁毅，王新俭，杜顺刚. 2012. 香菇栽培模式与品种选配的关系. 食药用菌，20（6）：356-357.

丁玉梅，李鹏，张俊飚，等. 2014. 农业废弃物循环利用：技术推广与农户采纳的协同创新及深度衔接机制. 中国科技论坛，(6)：154-159.

董桂才. 2008. 中国农产品出口市场结构及依赖性研究. 国际贸易问题，(7)：16-21.

董雪梅，王延锋，孙靖轩，等. 2013. 食用菌菌渣综合利用研究进展. 中国食用菌，32（6）：4-6.

樊孝凤，过建春. 2005. 海南省主要农产品出口需求弹性的测算. 农业技术经济，(1)：2-6.

樊雅莉. 2009. 生态福利的引入与社会化——一个社会政策的研究视角. 河北学刊，29（6）：132-135.

范斐，杜德斌，李恒，等. 2013. 中国地级以上城市科技资源配置效率的时空格局. 地理学报，68（10）：1331-1343.

范震，马开平，姜顺婕，等. 2016. 基于改进GM（1，N）模型的我国大豆价格影响因素分析及预测研究. 大豆科学，35（5）：847-852.

方虹，彭博，冯哲，等. 2010. 国际贸易中双边贸易成本的测度研究——基于改进的引力模型. 财贸经济，(5)：71-76.

方燕，马艳. 2014. 我国大豆价格波动及其未来走势预测. 价格理论与实践，(6)：67-69.

付宇. 2014. 人力资本及其结构对我国经济增长贡献的影响. 长春：吉林大学博士学位论文.

傅碧忠. 2009. 我国食用菌出口面临的形势与对策. 浙江食用菌，(3)：14-16.

傅龙波，钟甫宁，徐志刚. 2001. 中国粮食进口的依赖性及其对粮食安全的影响. 管理世界，(3)：135-140.

高进梅. 2009. 香菇栽培技术操作要点. 安徽农学通报，(15)：235-236.

高士友，周绪元. 2010. 黑木耳菌糠综合利用技术的研究. 中国果菜，(10)：55-57.

耿维，胡林，崔建宇. 2013. 中国区域畜禽粪便能源潜力及总量控制研究. 农业工程学报，29（01）：171-179.

耿小丽，刘宇，赵爽，等. 2012. 食用菌菌糠再利用研究. 中国食用菌，31（1）：24-25.

宫志远，韩建东，魏建林，等. 2012. 金针菇菌渣有机肥在油菜上施用技术研究. 中国食用菌，31（5）：42-44.

谷国玲，戴秀英，刘杰. 2015. 基于改进GM（1，1）模型的猪肉价格预测研究. 郑州轻工业学院学报（自然科学版），(2)：105-108.

郭静利，郭燕枝. 2008. 我国食用菌的技术创新与国际贸易. 中国科技论坛，(6)：109-111.

郝妙，傅新红，陈蓉. 2014. 灰色系统理论在生猪价格预测中的应用. 中国农学通报，(14)：310-314.

何可，张俊飚. 2011. 湖北省新洲区食用菌产业发展调研报告. 北京：2011年中国食用菌产业经济研究报告.

何秀荣，Thomas I W. 2002. 中国农产品贸易：最近20年的变化. 中国农村经济，(6)：9-14.

贺满桥. 2012. 蘑菇栽培废弃物的生物转化记载蔬菜育苗基质中的应用. 杭州：浙江大学硕士学位论文.

侯立娟，姚方杰，高芮，等. 2008. 食用菌菌糠再利用研究概述. 中国食用菌，27（3）：6-8.
胡清秀，张瑞颖. 2013. 菌业循环模式促进农业废弃物资源的高效利用. 中国农业资源与区划，34（6）：113-119.
胡清秀，张瑞颖. 2014. 食用菌废弃物再利用的 N 个模式. 农家之友，（5）：12-13.
胡信国. 2013. 澳大利亚农产品出口贸易的影响因素分析. 沈阳：辽宁大学硕士学位论文.
黄飞雪，李成. 2011. 汇改前后人民币实际汇率对外汇储备增长的非线性影响的实证研究. 国际贸易问题，（4）：135-149.
黄锦明. 2010. 人民币实际有效汇率变动对中国进出口贸易的影响——基于 1995 ~ 2009 年季度数据的实证研究. 国际贸易问题，（9）：117-122.
黄年来. 1998. 中国食用菌产业的现状与展望. 中国食用菌，（5）：3-4.
黄文清，张俊飚. 2010. 基于资源禀赋约束下的我国食用菌产业可持续发展问题研究. 湖湘论坛，（4）：86-90.
黄亚东. 2005. 俄罗斯成为食用菌新兴市场. 农业知识：瓜果菜，（12）：36.
甲斐谕，王志刚. 2002. 关于中日蔬菜贸易摩擦和日本紧急进口限制的经济分析. 农业经济问题，（1）：59-63.
江松颖. 2011. 浙江丽水市食用菌产业发展调研报告. 北京：2011 年中国食用菌产业经济研究报告.
姜庆. 2011. 四川食用菌产业循环经济模式研究. 雅安：四川农业大学硕士学位论文.
蒋磊，张俊飚. 2011. 湖北省随州市食用菌产业发展调研报告. 北京：2011 年中国食用菌产业经济研究报告.
乐静. 2012. 中国与东盟贸易成本对双边贸易发展的影响研究. 南宁：广西大学硕士学位论文.
李波，张俊飚. 2014. 农作物秸秆基质化栽培食用菌的资源空间与经济潜力（上）. 食药用菌，22（5）：249-254.
李广众，Lan P V. 2004. 实际汇率错位、汇率波动性及其对制造业出口贸易影响的实证析：1978 ~ 1998 年平行数据研究. 管理世界，，（11）：22-28.
李孟刚. 2008. 产业经济学. 北京：高等教育出版社.
李鹏，逯志刚，张俊飚. 2012. 新型贸易保护措施的国际特征及对中国食用菌出口影响的实证分析. 湖北农业科学，（4）：1699-1702.
李鹏，杨志海，张俊飚，等. 2013. 资源性农业废弃物循环利用绩效的区域差异性问题研究. 经济地理，33（3）：150-155.
李鹏，张俊飚，丁玉梅，等. 2012. 农业生产废弃物循环利用的产业联动绩效及影响因素的实证研究. 中国农村经济，（11）：69-77.
李鹏，张俊飚，颜廷武. 2014. 农业废弃物循环利用参与主体的合作博弈及协同创新绩效研究. 管理世界，（1）：90-104.
李鹏，张俊飚. 2010. 食用菌产品贸易竞争力的国际比较分析. 中国食用菌，29（6）：58-60.
李现合. 2011. 豫西地区夏季代料香菇栽培技术. 河南农业，（3）：30.
李妍，周淑芬. 2014. 人民币汇率波动对中日农产品贸易影响的实证研究. 农业经济，（6）：111-113.

李玉. 2011. 中国食用菌产业发展态势. 食药用菌，19（1）：1-5.

梁枝荣，张清文，周志强. 2002. 玉米秸秆栽培双孢蘑菇高新技术研究. 中国食用菌，21（3）：11-13.

刘家富，李秉龙，李孝忠. 2010. 基于VAR模型的国内大豆和豆油市场价格传导研究. 农业技术经济，(8)：33-38.

刘靖，毛学峰，辛贤. 2006. 中国农产品出口地理结构的衡量与分析. 世界经济，(1)：40-49.

刘柳锋，陶红军. 2014. 我国食用菌出口影响原因分析——以福建省顺昌县为例. 中国农业信息，(3)：54-60.

刘荣茂，黄丽. 2014. 欧元汇率变动及对我国对欧农产品出口贸易的影响研究. 农业技术经济，(3)：83-88.

刘晓庆，张宇萌. 2013. 基于IMA模型的食用菌价格预测分析——以江苏省杏鲍菇为例. 产业观察，(7)：298-300.

刘艺卓. 2009. 基于恒定市场份额模型对我国乳品进口的分析. 国际商务（对外经济贸易大学学报），(4)：36-40，46.

卢敏，李玉，张俊飚. 2010. 农民视角的食用菌生产信息获取与相关决策行为分析. 农业技术经济，(4)：107-113.

卢敏，李玉. 2012. 中国食用菌产业发展新趋势. 安徽农业科学，(5)：3121-3124，3127.

鲁丰先，王喜，秦耀辰，等. 2012. 低碳发展研究的理论基础. 中国人口资源与环境，22（9）：8-14.

路青梅. 2009. 我国食用菌行业的网络销售研究. 资源开发与市场，(6)：522-523.

吕熊华，王芳. 2012. 我国食用菌出口贸易结构对其贸易竞争力指数的灰色动态模型分析. 广东农业科学，(4)：159-162.

罗信昌. 2010. 中国菇业大典. 北京：清华大学出版社.

罗永恒，文先明. 2012. 我国农产品价格波动与PPI和CPI的关系. 求索，(7)：11-13.

马雄威，朱再清. 2008. 灰色神经网络模型在猪肉价格预测中的应用. 内蒙古农业大学学报（社会科学版），10（4）：91-93.

庞燕，鄢小蓝. 2010. 循环经济下农业废弃物物流模式的构建与实施——以农作物秸秆资源回收利用为例. 系统工程，28（11）：82-85.

彭瑛，李丽立，吴信. 2011. 洞庭湖区畜禽排泄物的环境效应. 长江流域资源与环境，20（1）：73-78.

仇焕广，莫海霞，白军飞. 2012. 中国农村畜禽粪便处理方式及其影响因素——基于五省调查数据的实证分析. 中国农村经济，(3)：78-87.

乔雯，杨平，易法海. 2008. 世界蘑菇的贸易动向分析. 国际贸易问题，(8)：27-33.

屈小博，霍学喜. 2007. 我国农产品出口结构与竞争力的实证分析. 复印报刊资料：农业经济导刊，291（3）：130-136.

阙树玉，王升. 2010. 人民币汇率波动对中国农产品进口价格影响的研究. 农业技术经济，(5)：15-23.

沈恒胜，陈君琛，汤葆莎. 2005. 食用菌产业的可持续发展与再生资源利用. 中国食物与营养，(10)：17-19.

史双兰．2011. 食用菌栽培与资源综合利用研究．科技情报开发与经济，29（21）：227-228.

史亚千，刘莹，朱崧琪，等．2013. 技术性贸易壁垒对我国食用菌出口影响及对策．中国食用菌，(2)：55-57.

宋长鸣，李崇光，徐娟．2013. 中美农产品市场整合及其价格传导机制研究——以大豆市场为例．世界经济研究，(3)：35-40.

宋金田．2013. 新制度经济学视角农户生产经营行为实证研究——以柑橘种植农户为例．武汉：华中农业大学博士学位论文．

孙国琴，郭九峰，郭金榜．2002. 发展食用菌生产，培植高效生态农业．内蒙古农业科技，(5)：7-9.

孙丽超．2015. “21 世纪海上丝绸之路”对中国——东盟贸易潜力的影响研究．大连：大连海事大学硕士学位论文．

孙晓钰．2011. 香菇栽培技术．现代农业科技，(2)：158，162.

孙笑丹．2007. 国际农产品贸易的动态结构和增长研究．北京：中国农业科学院博士学位论文．

孙致陆，李先德．2015. 中国与欧盟农产品贸易的比较优势和增长前景研究．农业现代化研究，36（4）：521-527.

唐述权．2006. 中国去年取代意大利成为叙利亚最大的贸易伙伴．http：//world. people. com. cn/GB/41217/4814207. html［2006-09-13］．

田云，张俊飚．2011. 甘肃反季节食用菌发展现状、问题及对策．北京：2011 年中国食用菌产业经济研究报告．

涂响，曾光明，陈桂秋，等．2006. 香菇培养基废料吸附水体中 Pb^{2+}．中国环境科学，26（S1）：45-47.

屠年松，李彦．2016. 中国与东盟国家双边贸易效率及潜力研究——基于随机前沿引力模型．云南社会科学，(5)：84-89.

王琛，胡玉福，魏晋．2011. 区域农业废弃物资源存量估算及利用现状．四川农业大学学报，29（1）：119-123.

王方浩，马文奇，窦争霞．2006. 中国畜禽粪便产生量估算及环境效应．中国环境科学，26（5）：614-617.

王宏杰．2011. 我国食用菌国际竞争力研究．湖北农业科学，(6)：1085-1087.

王会娟，肖佳宁，曲双石．2013. 中国玉米批发价格的短期预测及预警．中国农村经济，(9)：44-53.

王建忠．2011. 平菇菌糠生物有机肥在保护地番茄上的应用效果．湖北农业科学，50（9）：1762-1764.

王金贺，王延锋，孙靖轩，等．2013. 不同比例的黑木耳菌糠提取液对五种蘑菇菌丝生长的影响．北方园艺，(4)：156-158.

王晶，郭翔宇．2012. 中国冷、鲜蘑菇产品贸易发展现状及国际竞争力分析．世界农业，(10)：129-132.

王姝．2014．人民币汇率波动性对农产品贸易量的影响研究．北京：北京航空航天大学硕士学位论文．

王翾．2012．陕西省食用菌产业发展对策研究．杨凌：西北农林科技大学硕士学位论文．

王亚静，毕于运，高春雨．2010．中国秸秆资源可收集利用量及其适宜性评价．中国农业科学，43（9）：1852-1859．

王莹，马宏伟．2013．食用菌废渣改良土壤理化性质的研究．吉林农业，299（1）：59-60．

王颖梅，程国强．2015．"一带一路"背景下的中国农业发展．农经，（7）：74-77．

韦佳培，张俊飚，吴洋滨．2011．农民对农业生产废弃物的价值感知及其影响因素分析——以食用菌栽培废料为例．中国农村观察，（4）：77-85．

卫智涛，周国英，胡清秀．2010．食用菌菌渣利用研究现状．中国食用菌，29（5）：3-6，11．

魏浩，马野青．2006．中国出口商品的地区结构分析．世界经济，（5）：22-31．

温广蝉，叶正钱，王旭东，等．2012．菌渣还田对稻田土壤养分动态变化的影响．水土保持学报，26（3）：82-86．

温思美，苏国宝．2012．基于CMS模型的中国水果出口增长因素分析．农业经济问题，（9）：17-23．

吴素蕊，赵春艳，侯波，等．2013．近5年我国食用菌生产区域布局情况分析．中国食用菌，32（1）：51-53．

吴学谦．2005．香菇生产全书．北京：中国农业出版社．

武深树，谭美英，黄璜．2009．湖南洞庭湖区农地畜禽粪便承载量估算及其风险评价．中国生态农业学报，17（6）：1245-1251．

谢国娥，杨逢珉，陈圣仰．2013．我国食品贸易竞争力的现状与对策研究——基于食品安全体系的视角．国际贸易问题，（1）：68-77．

熊巍，祁春节，高瑜，等．2015．基于组合模型的农产品市场价格短期预测研究——以红富士苹果、香蕉、橙为例．农业技术经济，（6）：57-65．

徐明凡，刘合光．2014．关于我国鸡蛋价格的预测及分析．统计与决策，（6）：104-107．

徐萍，卫新，王美青，等．2014．浙江省食用菌产业可持续发展对策研究．中国食用菌，33（1）：59-62．

徐颖君．2006．中国出口贸易能稳定增长吗——关于出口集中度和比较优势的实证分析．世界经济研究，（8）：36-43

薛龙飞，李鹏，曹明宏．2014．中国食用菌出口贸易特征及波动原因分析．世界农业，（9）：115-120．

严玲，姜庆，王芳．2011．食用菌菌渣循环利用模式剖析——以成都市金堂县为例．中国农学通报，27（14）：94-99．

晏青华，文仕军．2015．安宁市野生食用菌资源利用探析．绿色科技，（2）：130-131．

杨国川．2010．中加贸易互补性及贸易潜力探析．经济经纬，（2）：39-42

杨立卓，刘雪娇，余稳策．2015．"一带一路"背景下我国与中亚国家贸易互补性研究．上海经济研究，（11）：94-103．

姚利，袁长波，王艳芹，等．2014．菌渣厌氧发酵制取沼气研究．山东农业科学，46（2）：

77-81.
叶红英，张宗庆，肖明举，等．2011．菌糠饲料饲喂可乐育肥猪的试验．饲料研究，(3)：85-86.
于敏．2015．“一带一路”带农业“走出去”．农村·农业·农民（B版），(4)：9-10.
郁建强，殷戎一．1999．略论食用菌产业在我国农业可持续发展中的作用．上海农学院学报，17（2）：148-153.
郁维荣，龚胜萍．1997．国内外食用菌生产和消费状况．食用菌，(5)：2-3.
袁明宝，朱启臻，赵扬昕．2013．农业文化视角下的循环农业发展变迁及其反思．华中农业大学学报（社会科学版），104（2）：24-30.
袁燕华．2011．湖北省食用菌产业可持续发展评价与对策研究．武汉：华中农业大学硕士学位论文.
张伯伟，田朔．2014．汇率波动对出口贸易的非线性影响——基于国别面板数据的研究．国际贸易问题，(6)：131-139.
张娣，向殿军，王淼，等．2013．菌糠二次利用栽培平菇试验研究．食用菌，(3)：34-36.
张锋．2008．香菇栽培技术研究进展．食品工程，(2)：28-30，40.
张金霞，陈强，黄晨阳，等．2015．食用菌产业发展历史、现状与趋势．菌物学报，(4)：524-540.
张金霞．2011．中国食用菌菌种学．北京：中国农业出版社.
张俊飚，李波．2012．对我国食用菌产业发展的现状与政策思考．华中农业大学学报（社会科学版），(5)：13-21.
张俊飚，李鹏，李平．2012．湖北省食用菌产业的现状、存在问题及发展对策．食药用菌，(3)：13-18.
张俊飚，李鹏．2014．我国食用菌新兴产业发展的战略思考与对策建议．华中农业大学学报（社会科学版），(5)：1-7.
张俊飚，田云，程琳琳．2014．2012-2013年度中国食用菌价格变化特征分析．食药用菌，22（4）：198-203.
张俊飚．2013．中国食用菌产业经济发展研究．北京：科学出版社.
张莉敏，刘合光，罗良国．2011．我国农业废弃物资源化利用的激励机制研究．农业环境与发展，(6)：71-75.
张茜．2011．菇农销售渠道选择的影响因素分析．经济视角，(4)：100.
张庆庆，李鹏，曹明宏．2014．中国食用菌对外贸易时空格局变化的阶段性分析．世界农业，(1)：161-167
张汝锦，缪小志，罗国楷．1985．香菇培养基残渣喂兔．食用菌，(3)：3.
张燕，高志刚．2015．基于随机前沿引力模型的中澳双边贸易效率及潜力研究．国际经贸探索，31（12）：20-30.
张芝萍．2007．我国纺织品出口需求弹性的区域性比较．国际贸易问题，(10)：11 -17.
赵春艳，刘蓓，侯波，等．2012．近五年我国食用菌出口情况分析．中国食用菌，31（6）：58-61.
赵海燕，何忠伟．2013．中国大国农业国际竞争力的演变及对策：以蔬菜产业为例．国际贸易问题，(7)：3-14.
赵继亮. 2009. 食用菌生产经营管理之我谈. 食用菌，31 (4)：3.
赵亮，穆月英. 2012. 东亚“10+3”国家农产品国际竞争力分解及比较研究——基于分类农产品的CMS模型. 国际贸易问题，(4)：59-72.
赵梦平，符刚. 2009. 信息成本对农产品销售影响的理论分析. 农村经济，(12)：50-52.
郑鹏. 2012. 基于农户视角的农产品流通模式研究. 武汉：华中农业大学博士学位论文.
钟全林，郑达贤，曾从盛. 2006. 食用菌产业发展对社会经济与资源环境的影响——以福建古田县为例. 林业经济，(6)：71-74.
周其仁. 2013. 改革的逻辑. 北京：中信出版社.
朱晶，陈晓艳. 2006. 中印农产品贸易互补性及贸易潜力分析. 国际贸易问题，(1)：40-46.
朱婧，范亚东，徐勇. 2016. 基于改进GM (1，1) 模型的中国大豆价格预测. 大豆科学，(2)：315-319.
朱再清，刘敏志. 2012. 我国棉花进口市场集中度与价格弹性的研究. 国际贸易问题，(2)：33-42.
邹永生，董娇，李洁实，等. 2013. 新农药残留限量标准对食用菌标准的影响分析. 中国食用菌，(02)：53-54.
Ahmadi-Esfahani F Z. 2006. Constant market shares analysis: Uses, limitations and prospects. The Australian Journal of Agricultural and Resource Economics, 50 (4): 510-526.
AleneA D, Manyong V M, Omanya G, et al. 2008. Smallholder market participation under transactions costs: Maize supply and fertilizer demand in Kenya. Food Policy, 33 (4): 318-328.
Beck N, Katz J N. 1995. What to do (and not to do) with time-series cross-section data. American Political Science Review, 89 (3): 634-647.
Berdegue J A, Reardon T, Balsevich F, et al. 2006. Supermarts and Michoacán Guava Farmers in Mexico. Staff Paper Series of Department of Agricultural Economics. Michigan State: Michigan State University.
Bevington K B. 1992. Report on a study tour to attend the 7th International Citrus Congress in Italy and to review high density planting. Applied Optics, 52 (13): 3079-3087.
Cameron A C, Trivedi P. 2005. Micro-econometrics: Methodand Applications. Cambridge: Cambridge University Press.
Ciccone A, Papaioannou E. 2009. Human capital, the structure of production, and growth. Review of Economics and Statistics, 91 (1): 66-82.
de Vries J W, Groenestein C M, de Boer I J M. 2012. Environmental consequences of processing manure to produce mineral fertilizer and bio-energy. JournalofEnvironmental Managment, (102): 173-183.
Degla P K. 2012. Transaction costs in the trading system of cashew nuts in the North of Benin: Afield study. American Journal of Economics and Sociology, 71 (2): 277-297.
Fagerberg J, Sollie G. 1987. The method of constant market share analysis reconsidered. Applied economics, (19): 1571-1583.

Frank S D, Henderson D R. 1992. Transaction costs as determinants of vertical coordination in U. S. food industries. American Journal of Agricultural Economics, 74 (4): 941-950.

Grauwe P D. 1988. Exchange rate variability and the slowdown in growth of international trade. IMF Economic Review, 35 (1): 63-84.

Guo X M, Trably E, Latrille E, et al. 2010. Hydrogen production from agricultural waste by dark fermentation: A review. International Journal of Hydrogen Energy, 19 (35): 10660-10673.

Gutierrez L, Piras F, Paolo Roggero P. 2014. A global vector auto-regression model for the analysis of wheat export prices. American Journal of Agricultural Economics, 97 (5): 1494.

Hasson J A, Tinbergen J. 1962. Shaping the world economy: Suggestions for an international economic policy. Economica. 31 (123): 327.

Jepma C J. 1986. Extensions and Application Possibilities of the Constant Market Analysis: The Case of the Developing Countries' Exports. Groningen: University of Groningen Press.

Kim S, Dale B E. 2004. Global potential bioethanol production from wasted crops and crop residues. Biomass & Bioenergy, 26 (4): 361-375.

Lal R. 2005. World crop residues production and implications of its use as a biofuel. Environment International, 31 (4): 575-584.

Leamer E E, Stern R M. 1970. Quantitative International Economics. Chicago: Aldine Publishing Company.

Medina E, Paredes C, Perez-Murcia M D, et al. 2009. Spent mushroom substrates as component of growing media for germination and growth of horticultural plants. Bio-Resource Technology, 100 (18): 4227-4232.

Menardo S, Balsari P. 2012. An analysis of the energy potential of anaerobic digestion of agricultural by-products and organic waste. Bioenergy Research, 5 (3): 759-767.

Polat E, Uzun H, Topsuoglu B, et al. 2010. Effects of spent mushroom compost on quality and productivity of cucumber grown in greenhouses. African Journal of Biotechnology, 8 (2): 176-180.

Portia Ndou, Ajuruchukwu Obi. 2011. The business environment and international competitiveness of the South African citrus industry. Frankfurt: The International Food and Agribusiness Management Association (IFAMA) 21st Annual World Symposium.

Pöyhönen Pentti. 1963. A tentative model of the volume of trade between countries. Weltwirtschaftliches Archiv. 90: 93-100.

Rani P, Kalyani N, Prathiba K. 2008. Evaluation of lignocellulosic wastes for production of edible mushrooms. Applied Biochemistry and Biotechnology, 151 (2-3): 151-159.

Shen L, Liu L T, Yao Z J, et al. 2010. Development potentials and policy options of biomass in China. Environmental Management, 46 (4): 539-554.

Sims C A. 1980. Macroeconomics and reality. Econometrica, 48 (1): 1-48.

Sun H. 2010. Competitive strategies for Chinese mushroom export to the Japanese market. http://stud. epsilon. slu. se/1933/1/sun_h_101020. pdf [2016-05-17].

Tenreyro S. 2007. On the trade impact of nominal exchange rate volatility. Journal of Development

Economics, 82 (2): 485-508.

Tyszynski M. 1951. World trade in manufacturing commodities 1899 ~ 1950. Manchester School of Economic and Social Studies, (19): 272-304.

Tzong R L, Cheng H F. 2000. Application of Gray's theory to predict prices of agricultural products-the case of adzuki beans . Journal of Agriculture and Forestry, 49 (2): 83-92.

Viaene J M, de Vries C G. 1992. International trade and exchange rate volatility. European Economic Review, 36 (6): 1311-1321.

Yang Y, Zhang P, Zhang W, et al. 2010. Quantitative appraisal and potential analysis for primary biomass resources for energy utilization in China. Renewable & Sustainable Energy Reviews, 14 (9): 3050-3058.

Zeng X, Ma Y, Ma L. 2007. Utilization of straw in biomass energy in China. Renewable & Sustainable Energy Reviews, 11 (5): 976-987.